普通高等教育"十四五"规划教材

化工过程安全

田震 赵杰 主编

中国石化出版社

内 容 提 要

本教材在介绍现代化工过程安全的原理、方法与应用的基础上,针对化工安全设计、化工工艺过程安全、化工基本单元操作与运行安全、化学品储存运输过程安全、化工反应安全风险评估、化工过程安全管理等有关化工安全生产的理论及实践做了系统的介绍。

本书的内容接近工程实际,具有很强的综合性和实践性,既可作为高等学校安全工程、化学工程与工艺、应用化学等专业的教材和参考用书,亦可作为化工工程设计人员、安全评价人员、安全管理人员培训教材、参考资料。

图书在版编目(CIP)数据

化工过程安全/田震,赵杰主编. —北京:中国石化出版社,2022.3(2025.1 重印)
ISBN 978 - 7 - 5114 - 6573 - 3

Ⅰ.①化⋯　Ⅱ.①田⋯ ②赵⋯　Ⅲ.①化工过程 -安全工程 - 教材　Ⅳ.①TQ02

中国版本图书馆 CIP 数据核字(2022)第 022065 号

中国石化出版社出版发行

地址:北京市东城区安定门外大街 58 号
邮编:100011　电话:(010)57512500
发行部电话:(010)57512575
http://www.sinopec-press.com
E-mail:press@sinopec.com
宝蕾元仁浩(天津)印刷有限公司印刷
全国各地新华书店经销
＊
787 毫米×1092 毫米 16 开本 15 印张 326 千字
2022 年 3 月第 1 版　2025 年 1 月第 2 次印刷
定价:45.00 元

前　　言

化学工业是我国国民经济的支柱性行业，也是安全生产风险较高的行业。化工过程伴随易燃易爆、有毒有害等物料和产品，涉及工艺、设备、仪表、电气等多个专业和复杂的工程系统。加强化工过程安全管理，是企业预防化工过程事故、及时消除安全隐患、事故应急管理、构建安全生产长效机制的重要基础性工作。

就如何强化安全工程专业学生在化工安全生产理念、知识、技术及能力等方面的培养，编者根据自己多年来在化工过程安全的研究成果和工作经验，编写了《化工过程安全》，力求结合最新的安全生产法规标准，阐述化工过程安全的技术、方法和管理体系；同时，针对化工过程安全学科交叉的特点，贯彻实施教育部和国家安全监管总局联合发布的《教育部　国家安全监管总局关于加强化工安全人才培养工作的指导意见》（教高〔2014〕4 号）提出的要求："使学生掌握化工安全生产特点、化工厂主要风险、化工生产主要安全操作原理与基本技能，具备基本的化工生产风险识别能力、事故预防和处理能力"。

本书得到了广东省本科高校教学质量与教学改革工程特色专业建设项目（粤教高函〔2018〕179 号）、广东省高等教育教学改革项目（粤教高函〔2018〕180号）、华南理工大学第一批新工科专业建设和新工科研究项目（教务〔2017〕48号）、"中央高校教育教学改革专项资金"专业综合改革项目（专业认证）、广东省安全生产科技协同创新中心（项目编号：2018B020207010）等的支持，在此表示感谢！

化工过程安全内容涉及多个学科，受编者水平所限，书中的错误与不当之处在所难免，敬请广大读者批评指正。

编者

2021 年 8 月

目　　录

第1章 绪 论

1.1 化工安全生产面临的形势

1.1.1 化工行业的发展概况

化工行业是国民经济的基础工业。目前，我国石油和化学工业从石油、天然气等矿产资源的勘探开发到石油化工、天然气化工、煤化工、盐化工、国防化工、化肥、纯碱、氯碱、电石、无机盐、基本有机原料、农药、染料、涂料、新领域精细化工、橡胶加工、新材料等，已经形成具有20多个行业、可生产4万多个品种、门类比较齐全、品种大体配套并有一定国际竞争能力的工业体系。石油和化工行业效益持续较快增长。2018年全行业利润总额增速逾30%，大幅领先于全国规模工业利润平均增速（10.3%），主营业务收入12.40万亿元，占全国规模工业主营收入的12.1%。经过多年发展，我国化工行业已积累了相当的实力，尤其是近几年技术提升速度极快，不断有世界级装置投产，无论是规模还是先进性都居于全球前列，随着盈利的大幅改善，未来技术升级速度还会更快。

同时，我国区域化工产业带已初步形成。据不完全统计，省级以上人民政府批准建设的新建化工园区达60多家。如依托长江水系形成长江经济带和长江三角洲地区，上游有重庆长寿化工园、四川西部化工城，下游有南京、无锡、常州、镇江、南通、泰兴、常熟、扬子江和苏州工业园，以及上海化学工业区；依托珠江水系的珠江经济带和泛珠三角地区，主要有广东湛江、茂名、广州、惠州、深圳、珠海等；沿海地区的化工园区，如环杭州湾地区形成精细化工园区，山东半岛和环渤海地区的青岛、齐鲁、天津、沧州、大连和福州湄州湾的泉港、厦门、莆田等均建立了化工园区；一批具有特色的内陆地区化工园区正在崛起，如内蒙古包头、鄂尔多斯和巴盟化工园区、陕西的煤化工神华工业园、青海西宁经济技术开发区、新疆独山子、乌鲁木齐、克拉玛依、库车和塔里木五大园区和贵州正在形成的依托铝、钛、锰、磷、煤炭、石油以及天然气资源的贵阳–遵义产业带等。截至2015年底，全国有危险化学品企业近29万家，其中生产企业1.8万家，经营企业26.5万家，储存企业0.55万家，从业人员近千万人，陆上油气输送管道总里程超过12万公里。同时，我国危险化学品安全生产工作面临诸多挑战。

化学工业是我国的主要支柱产业之一，做好危险化学品的安全生产和管理，促进化学工业持续、稳定、健康发展，对国家和人民具有十分重要的意义。

1.1.2 化工企业安全生产面临的形势

化学工业是我国国民经济的重要支柱产业，又是潜在危险性较大的行业。由于危险化学品所固有的易燃易爆、有毒有害的特性，随着高参数、高能量、高风险的化工过程的出现，化工事故隐患越来越多，事故也更加具有灾害性、突发性和社会性，可造成严重的人员伤亡、财产损失和重大环境污染。

如 1984 年 11 月 19 日，墨西哥的首都近郊，国家石油公司所属的一个液化气供应中心站，发生瓦斯爆炸着火，使 54 个储罐及设施全部被摧毁，死亡 490 余人，4000 多人受伤，900 多人失踪，经济损失巨大。

1984 年 12 月 3 日，印度一家农药厂，发生甲基异氰酸酯毒气泄漏事件，造成 2500 多人死亡，5 万人双目失明，近 10 万人终身致残。

近年来，我国的化工安全形势比较严峻，各类事故和职业危害频繁，已成为制约我国化学工业健康发展的重要问题，全国各类伤亡事故总数居高不下。

如 2010 年 7 月 28 日，江苏省南京市栖霞区原南京塑料四厂旧址平整拆迁土地过程中，挖掘机挖穿了地下丙烯管道，丙烯泄漏后遇到明火发生爆燃，造成 22 人死亡。事故还造成周边近 2km² 范围内的 3000 多户居民住房及部分商店玻璃、门窗不同程度破碎，建筑物外立面受损，少数钢架大棚坍塌。

2013 年 11 月 22 日，山东省青岛市东黄输油管道发生泄漏爆炸，约 1000m² 路面被原油污染，部分原油沿着雨水管线进入胶州湾，海面过油面积约 3000m²，事故共造成 62 人死亡，136 人受伤，直接经济损失 7.5 亿元。

2015 年 8 月 12 日，位于天津滨海新区天津港的瑞海公司危险品仓库发生了一起特大火灾爆炸事故，危险品仓库内的爆炸物总量约为 450t TNT 当量，爆炸带来的巨大冲击波毁坏了周边的居民楼以及工厂，这起特别重大的安全事故共导致 165 人遇难，798 人受伤，造成直接经济损失 68.66 亿元。

2018 年 11 月 28 日，位于河北张家口望山循环经济示范园区的盛华化工有限公司氯乙烯泄漏扩散至厂外区域，遇火源发生爆燃，致 24 人死亡，21 人受伤。

2019 年 3 月 21 日，江苏省盐城市响水县生态化工园区的天嘉宜化工有限公司发生特别重大爆炸事故，造成 78 人死亡，76 人重伤，640 人住院治疗，直接经济损失 19.86 亿元，事故原因是该公司旧固废库内长期违法储存的硝化废料持续积热升温导致自燃，燃烧引发硝化废料爆炸。

化学工业门类繁多、工艺复杂、产品多样，化工生产过程中涉及易燃易爆、有毒有害化学品，固有的危险性高，安全风险大。随着化学工业的发展，超大型石化、化工生产装置、储存装置的日益增多，重大危险源的数量不断增加，在安全方面的问题和潜在威胁日益突出。

1.1.3　危险化学品重大危险源辨识

重大危险源，是指长期地或者临时地生产、搬运、使用或储存危险物品，且危险物品的数量等于或超过临界量的场所和设施，以及其他存在危险能量等于或超过临界量的场所和设施。化工企业重大危险源的类别如下：

生产单元、储存单元内存在危险化学品的数量等于或超过规定的临界量，即被定为重大危险源。单元内存在的危险化学品的数量根据危险化学品种类的多少区分为以下两种情况：

(1)生产单元、储存单元内存在的危险化学品为单一品种时，该危险化学品的数量即为单元内危险化学品的总量，若等于或超过相应的临界量，则定为重大危险源。

(2)生产单元、储存单元内存在的危险化学品为多品种时，按式(1-1)计算，若满足式(1-1)，则定为重大危险源：

$$S = q_1/Q_1 + q_2/Q_2 + \cdots + q_n/Q_n \geq 1 \qquad (1-1)$$

式中　　　　　S——辨识指标；

$q_1, q_2, \cdots, q_n$——每种危险化学品的实际存在量，t；

$Q_1, Q_2, \cdots, Q_n$——与每种危险化学品相对应的临界量，t。

危险化学品储罐以及其他容器、设备或仓储区的危险化学品的实际存在量按设计最大量确定。

对于危险化学品混合物，如果混合物与其纯物质属于相同危险类别，则视混合物为纯物质，按混合物整体进行计算。如果混合物与其纯物质不属于相同危险类别，则应按新危险类别考虑其临界量。

1.2　化学工业的危险因素

1.2.1　化学工业的危险性概述

无论是化学工业还是冶金、石油炼制和能源加工等工业过程，均采用化学方法将原料加工成为有用的产品。化工生产过程如图1-1所示，可分为以下三个组成部分：

(1)原料的预处理　按化学反应的要求，将原料进行处理，例如，提纯原料，除去对反应有害的杂质；加热原料使达到反应要求温度；几种原料的配料混合，以适应反应浓度要求等。这些预处理操作一般属于物理过程。

(2)化学反应　是将一种或几种物质转化为所需的物质；或从一组混合物中脱除某一组分，如汽车尾气中脱除烃和氮的氧化物，使气体净化达到排放标准等等。这些属于化学过程。

(3)产物的分离　由于副反应的存在，生成不希望的产物；又因反应不完全或某些反应物过量，致使反应产物需要进行分离，获得符合规格的纯净产物。如蒸馏、吸收、萃取、结晶、过滤等。

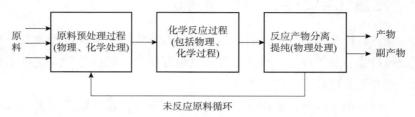

图1-1 典型的化工生产过程

化工生产过程存在着许多不安全生产因素，具有以下特点：

1）化工物料绝大多数具有潜在的危险性

化工生产，从原料到产品，包括工艺过程中的半成品、中间体、溶剂、添加剂、催化剂、试剂等，许多属于易燃易爆物质。在生产中一旦操作失误或物料泄漏，极易发生火灾爆炸事故。例如聚氯乙烯树脂生产使用的原料乙烯、甲苯、中间产品氯乙烯都是易燃易爆物质，在空气中达到一定的浓度，遇火源即可发生火灾爆炸事故。

化工过程中的有毒物质种类多、数量大。许多原料和产品本身即为毒物，在生产过程中添加的一些化学性物质也多属有毒的，在生产过程中因化学反应又生成一些新的有毒性物质，如氰化物、氟化物、硫化物、氮氧化物及烃类毒物等。这些毒物有的属一般性毒物，也有许多高毒和剧毒物质。它们以气体、液体和固体三种状态存在，并随生产条件的变化而不断改变原来的状态。

化工过程还产生一些腐蚀性物质。如在生产工艺过程中使用一些强腐蚀性物质，如硫酸、硝酸、盐酸和烧碱等，它们不但对人有很强的化学性灼伤作用，而且对金属设备也有很强的腐蚀作用。另外，在生产过程中有些原料和产品本身具有较强的腐蚀作用，如原油中含有硫化物腐蚀设备管道。化学反应生成新的具有不同腐蚀性的物质，如硫化氢、氯化氢、氮氧化物等，不但大大降低设备使用寿命，还可使设备减薄、变脆，甚至承受不了设计压力而发生泄漏事故。

2）生产工艺过程复杂、工艺条件苛刻

现代化化工生产过程复杂，从原料到产品，一般都需要经过许多工序和复杂的加工单元，通过多次反应或分离才能完成。例如，炼油生产的催化裂化装置，从原料到产品要经过8个加工单元，乙烯从原料裂解出来需要12个化学反应和分离单元。

化工生产工艺复杂，广泛采用高温、高压、深冷、真空等工艺，有反应罐、塔、锅炉等各种各样的装置，再加上众多的管线，使工艺装置复杂化。加上许多介质有强烈腐蚀性，在温度应力、交变应力等作用下，受压容器常常因此而遭受到破坏。有些反应要求的工艺条件苛刻，如丙烯和空气直接氧化生产丙烯酸的反应，物料配比在爆炸极限附近，且反应温度超过中间产物丙烯醛的自燃点，在安全控制上稍有失误就有发生爆炸的危险。

3）生产规模大型化、生产过程连续性强

化工生产从原料输入到产品输出具有高度的连续性，前后单元息息相关，相互制约，某一环节发生故障常常会影响到整个生产的正常进行。由于装置规模大且工艺流程长，因此使用设备的种类和数量都相当多。如我国年产 30 万吨以上合成氨厂有 32 套，60 万吨以上的纯碱厂 25 个，30 万吨以上的硫酸厂 36 个，12 万吨以上的高浓度磷肥厂 31 个，10 万吨以上的烧碱厂 40 个。

4）生产过程自动化程度高

由于装置大型化、连续化、工艺过程复杂化和工艺参数要求苛刻，因而现代化生产过程仅用人工操作已不能适应其需要，必须采取自动化程度较高的控制系统。近年来随着计算机技术的发展，化工生产中普遍采用了集散型控制系统，对生产过程的各种参数及开停车实行监视、控制和管理，从而有效地提高了控制的可靠性。但是控制系统和仪器仪表维护不好，性能下降，也可能因检测或控制失效而发生事故。

5）事故应急救援难度大

由于大量的易燃易爆物品、复杂的管线布置，增加了事故应急救援的难度，一些管线、反应装置直接阻挡了最佳的扑救线路，扑救必需迂回进行，施救难度大。

1.2.2 化学工业的危险因素及事故原因统计

美国保险协会（AIA）对化学工业的 317 起火灾、爆炸事故进行调查，分析了主要和次要原因，把化学工业危险因素归纳为以下 9 个类型。

1）工厂选址

（1）易遭受地震、洪水、暴风雨等自然灾害；

（2）水源不充足；

（3）缺少公共消防设施的支援；

（4）有高湿度、温度变化显著等气候问题；

（5）受邻近危险性大的工业装置影响；

（6）靠近公路、铁路、机场等运输设施；

（7）在紧急状态下人和车辆难以安全疏散。

2）工厂布局

（1）工艺设备和储存设备过于密集；

（2）有显著危险性和无危险性的工艺装置间的安全距离不够；

（3）昂贵设备过于集中；

（4）不能替换的装置缺乏有效的防护；

（5）锅炉、加热器等火源与可燃物工艺装置之间距离太小；

（6）有地形障碍。

3）结构

（1）支撑物、门、墙等不是防火结构；

（2）电气设备无防护措施；

（3）防爆通风换气能力不足；

（4）控制和管理的指示装置无防护措施；

（5）装置基础薄弱。

4）对加工物质的危险性认识不足

（1）装置内搅拌时，原料在催化剂作用下自然分解；

（2）缺少可燃气体、粉尘等在生产工艺条件下的爆炸极限数据；

（3）未充分掌握因误操作、控制不良而使工艺过程处于不正常状态时的物料和产品的正确处理方法。

5）化工工艺

（1）缺少足够的有关化学反应的动力学数据；

（2）对有危险的副反应认识不足；

（3）未分析化学反应热的危险性，未分析或检测爆炸能量；

（4）对工艺异常情况检测不够。

6）物料输送

（1）在各种单元操作过程中，物料流动未得到良好控制；

（2）产品的安全标示不完全；

（3）风送装置内的粉尘爆炸；

（4）废气、废水和废渣的处理；

（5）装置内的装卸设施。

7）误操作

（1）忽略关于运转和维修的操作教育；

（2）未充分发挥管理人员的监督作用；

（3）开车、停车计划不适当；

（4）缺乏紧急停车的操作训练；

（5）未建立操作人员和安全人员之间的协作体制。

8）设备缺陷

（1）因选材不当而引起装置腐蚀、损坏；

（2）设备不完善，如缺少可靠的控制仪表等；

（3）材料的疲劳；

（4）对金属材料未进行充分的无损探伤检查或没有经过专家验收；

（5）结构上有缺陷，如装置不能停车，未对装置进行定期检查或预防性维修；

（6）设备在超过设计极限的工艺条件下运行；

（7）对运转中存在的隐患或不完善的防灾措施没有及时整改；

（8）没有连续记录开停车和生产过程的工艺参数变化以及中间罐和受压罐内的压力值。

9）防灾计划不充分

（1）没有得到管理部门的大力支持；

（2）责任分工不明确；

（3）装置运行异常或故障仅由安全部门负责，只是单线起作用；

（4）没有预防事故的计划，或应急预案不完善；

（5）遇到紧急情况未及时采取有效措施；

（6）未实行由管理部门和生产部门共同进行的定期安全检查；

（7）未对生产负责人和技术人员进行安全生产的继续教育和必要的防灾培训。

瑞士再保险公司统计了化学工业和石油工业的 102 起事故案例，分析了上述 9 类危险因素所起的作用，统计结果如表 1-1 所示。

表 1-1　化学工业和石油工业的事故原因统计

类别	危险因素	危险因素的比例/%	
		化学工业	石油工业
1	工厂选址问题	3.5	7
2	工厂布局问题	2.0	12
3	结构问题	3.0	14
4	对加工物质的危险性认识不足	20.2	2
5	误操作问题	10.6	3
6	物料输送问题	4.4	4
7	误操作问题	17.2	10
8	设备缺陷问题	31.1	46
9	防灾计划不充分	8.0	2

由表 1-1 可以看出，设备缺陷问题是第一位的危险因素。在化学工业中，"对加工物质的危险性认识不足"和"误操作问题"两类危险因素占较大比例。在石油工业中，"结构问题"和"工厂布局问题"两类危险因素占较大比例。

设备缺陷、化学物质的危险性、误操作、工艺安全等危险因素的安全技术与工程对策措施是化学过程安全的重要方面，也是本书的重点。

1.3　化工安全生产科技发展现状

近年来，化工安全科学和技术发展迅速，解决了生产中的大量安全问题，主要表现在以下方面：

1）建立了石化和化学品安全生产的基础理论体系

（1）典型化学事故发生机理、动力学演化过程及其相关数学、力学、热物理问题。针对化工行业的生产特点，通过研究火灾、爆炸和危险品泄漏等的发生机理和动力学演化过程，用数学、力学和热物理理论揭示了化工事故发生发展的规律，为事故预防和灾情控制提供了理论基础。

（2）化工装置安全生产基础理论。主要涉及化工装置的损伤积累和灾变行为的演化规律、失效模式与事故特征、人机环作用规律及安全监测与控制理论。

（3）重大危险源辨识。针对石油和化工行业生产环境和生产工艺过程中灾变因素的耦合作用，研究了危险点、危险源的辨识、风险评估和危险性分析先进技术，开发了事故隐患诊断、鉴别、分级和化学品危险性鉴别与分类技术，提高了对灾害和危险源辨识的科学性，为事故监测、预警和防范创造基础。

（4）安全生产长效机制理论。主要探索了石化及化学品生产的安全规划、风险评估和管理机制，具体内容涉及法律法规体系、标准体系、安全管理长效机制系统、风险评估理论等。通过分析石油和化工工业安全生产长效机制的要素、内容以及与社会经济可持续发展的关系，初步建立了安全生产长效机制理论体系。

2）本质安全设计的方法与理论得到了较大的发展

本质安全（inherent safety）的概念首先由 Kletz 提出。消除事故的最佳方法不是依靠附加的安全设施，而是通过在设计中消除危险或降低危险程度以取代这些安全装置，从而降低事故发生的可能性和严重性。从危害物质最小化（minimize）、低危害的物质取代高危害物质的替代化（substitute）、反应温和化（moderate）以及过程工艺从简化（simplify）4 个方面推进。许多研究开发了本质安全评价指数，对化工过程的本质安全化进行定量分析。

3）化工安全监测技术取得巨大发展

20 世纪 50 年代之后，由于电子通信和自动化技术的发展，出现了能够把工业生产过程中不同部位的测量信息远距离传输并集中监视、集中控制和报警的生产控制装置，初步实现了由"间断""就地"检测到"连续""远地"检测的飞跃，由单体检测仪表发展到监测系统。早期的监测系统，其监测功能少、精度低、可靠性差、信息传输速度慢。

20 世纪 80 年代以来，电子技术和微电子技术的发展，特别是电子计算机的应用，实现了化工生产过程控制最优化和管理调度自动化相结合的分级计算机控制，检测仪器仪表和监测系统，无论其功能、可靠性和实用性都产生了重大的飞跃，使安全监测技术与现代化的生产过程控制紧密地联系在一起。

目前，在化学、化工及石化生产中，对于压力、温度、物位、流量等一些重要参数，已经实现了由仪表进行的自动测量，并与计算机或自动控制装置、执行机构相配合实现了对生产过程的自动控制。大型化工企业中的安全监测系统，检（监）测的模拟量和参数量达上千个，巡检周期短，能同时完成信号的自动处理、记录、报警、联锁动作、打印、计算等；监测参数除可燃气体成分（如 H_2、CO 等）、浓度、可燃粉尘浓度、可燃气体泄漏量之外，还有温度、压力、压差、风速、火灾特性（烟、温度、光）等环境参数和生产过程参数。由于可以从连续监测数据、屏幕显示图形和经过数据处理得到各种图表，及时掌握整个化工生产过程的过程参数、环境参数和生产机械的状态，就保证了生产的连续与均衡，减少停顿和阻塞，防止重大事故发生。

当前化工安全监测技术研究内容主要集中在针对石油和化工工业生产中灾变因素和危

险源的特性，进行各种动态、连续监测技术与装备的研究开发。研究智能传感器、信号转换接口、数据的远距离传输和智能处理技术；研究在线损伤识别、模型修正、健康诊断监测技术，提高监测的准确性、时效性。

4）化工园区风险管控技术取得较大进步

我国近十年来制定了一批化工园区建设标准、认定条件和管理办法。整合化工、石化和化学制药等安全生产标准，解决标准不一致问题，建立健全了危险化学品安全生产标准体系。完善化工和涉及危险化学品的工程设计、施工和验收标准。提高化工和涉及危险化学品的生产装置设计、制造和维护标准。制定了化工过程安全管理导则和精细化工反应安全风险评估标准等技术规范。鼓励先进化工企业对标国际标准和国外先进标准，制定严于国家标准或行业标准的企业标准。

5）化工过程安全评价技术得到广泛的应用

通常的化工评价方法主要有两类，一类是以故障发生概率为基础，如故障类型和影响分析（FMEA）、事件树（ETA）、故障树（FTA）等。这些方法都是用已积累的故障数据，计算其概率，进而算出风险度。另一类方法是指数法，如美国道化学公司1964年提出火灾爆炸指数安全评价方法，以工艺过程中物料的火灾爆炸潜在危险性为基础，结合工艺条件、物料量等因素求取火灾爆炸指数，进而可求出经济损失的大小。评价中定量的依据是以往的统计资料、物质的潜在能量和现行安全措施的状况。该公司在第一版的基础上不断对其实用性和合理性进行调整和修改，到现在为止已修订了7次，使评价结果更符合实际、更趋合理、客观。其他的指数法还包括蒙德法（MOND）、日本劳动省六阶段法、单元危险性快速排序法等。

1.4 化工安全生产科技发展趋势

受科技水平和经济实力的限制，我国石化及危险化学品行业安全生产的科技发展与发达国家相比差距较大，尤其在安全管理机制建设、危险化学品的监控、新型安全设备和材料开发、化学事故应急救援与最优化决策管理等技术方面差距更为显著。应通过共性、关键性重大安全技术的研究开发，有效遏制和减少重特大化学事故，提高对灾害事故的控制能力、对重大危险源的辨识监控能力、应急救援水平和事故分析处理能力，并为国家安全生产监管监察提供技术支撑。根据"国家安全生产科技发展规划石油化工及危险化学品领域研究报告（2004～2010）"，我国在化工过程安全领域近期需要在以下方面加大科研力度：

1）化学事故应急救援和应急预案的技术

主要涉及的科学问题包括行为学、心理学、管理学、数据库、信息科学、自动控制、医学、毒理学、法律等。具体技术包括：

（1）灾害与事故预警 化学灾害与事故的预警对于及时采取有效安全防范措施，最大限度控制事故的可能影响范围和影响程度，保障职工人身安全具有重大作用。

（2）灾害与事故防治　根据灾害事故的发生条件和影响因素的作用规律，开展针对性强的防治技术的科技攻关，研究重大灾变事故的预防措施、控制的方法与技术以及抗灾加固的先进材料、装置和技术。

（3）应急救援　根据重大化学灾害事故发生发展呈现的力学、理化特性，进行应急救援技术与装备的研究开发；研究遇险遇难人员定位与搜救技术；开发重大突发灾害应急预案、救灾辅助决策及指挥调度系统、救灾通信系统，提高应急救援的时效性、准确性、决策的科学性。

（4）事故调查与分析处理　根据化学灾害事故的复杂性，利用现代数字模拟和虚拟现实技术，研究灾害事故智能诊断和仿真模拟技术、重大事故调查分析技术与装备；研究灾害分析的精细模型、方法和现代试验技术，提高事故分析的科学性、准确性和结案的及时性。

2）石油和化工安全生产中的共性、关键性安全技术

实施危险化学品从生产、储存、运输到经营、废弃全过程的动态监控管理，尤其是剧毒品、爆炸品全程的监控管理，化学品运输车辆的监控，长输管道的监控管理。

加强对重大危险源和剧毒化学品的有效监控，重特大生产事故预测，实施快速响应的化学事故应急救援，以及锅炉、压力容器、埋地管道的寿命预测与泄漏检测。

开展以风险为基础的设备检查（RBI）和装置维修计划（RBM），降低设备检维修成本，实现装置的长、满、安、稳、优运行。

研究定量检测和直接显示缺陷图像等化工设备在线智能化安全检测新技术。

3）新材料、新技术、新工艺、新装备的开发，淘汰现有污染大、能耗高的生产工艺和设备设施

通过充分调研和论证，及时淘汰技术落后、安全保障程度低、存在潜在危险的技术装备，对存在重大事故隐患的技术装备，予以限时、强制性淘汰。

积极推广和应用新技术、新工艺、新材料，提倡采用无毒替代有毒、低毒替代高毒，有计划地限制使用或者淘汰危害严重的设备、技术、工艺、材料。

4）用高新技术提升安全生产科技水平，推动安全科技产业化

充分利用数字技术、信息技术等高新技术，提升安全生产的科技水平。加大 GIS、GPS 和网络技术在化学品安全生产中的推广应用力度，建立完善化学品基本信息库、信息管理系统和灾害事故监控预警网络；应用新材料，改进安全装备的质量和安全性能，提高安全可靠性；充分利用各种功能性新材料，提高安全防护用品的科技含量。

第2章　化工过程安全原理

2.1　化学物质及其危险概述

2.1.1　化学品危险性分类及各类化学品的特性

《危险化学品安全管理条例》规定，危险化学品是指各种化学元素、由元素组成的化合物及其混合物，无论是天然的或人造的。危险化学品是指化学品中具有易燃、易爆、有毒、有害及有腐蚀特性，对人员、设施、环境造成伤害或损害的化学品。

依据《化学品分类和危险性公示　通则》(GB 13690—2009)和《危险货物分类和品名编号》(GB 6944—2012)，化学品按理化危险、健康危险或环境危险的性质进行分类。

2.1.1.1　按理化危险划分

1)爆炸物

爆炸物质(或混合物)是这样一种固态或液态物质(或物质的混合物)，其本身能够通过化学反应产生气体，而产生气体的温度、压力和速度能对周围环境造成破坏。其中也包括发火物质，即使它们不放出气体。

发火物质(或发火混合物)是这样一种物质或物质的混合物，它旨在通过非爆炸自持放热化学反应产生的热、光、声、气体、烟或所有这些的组合来产生效应。

爆炸性物品是含有一种或多种爆炸性物质或混合物的物品。

烟火物品是包含一种或多种发火物质或混合物的物品。

爆炸物种类包括：

(1)爆炸性物质和混合物；

(2)爆炸性物品，但不包括下述装置：其中所含爆炸性物质或混合物由于其数量或特性，在意外或偶然点燃或引爆后，不会由于迸射、发火、冒烟、发热或巨响而在装置之外产生任何效应。

(3)在(1)和(2)中未提及的为产生实际爆炸或烟火效应而制造的物质、混合物和物品。

2)易燃气体

易燃气体是在20℃和101.3kPa 标准压力下，与空气有易燃范围的气体。

3）易燃气溶胶

气溶胶是指气溶胶喷雾罐，系任何不可重新灌装的容器，该容器由金属、玻璃或塑料制成，内装强制压缩、液化或溶解的气体，包含或不包含液体、膏剂或粉末，配有释放装置，可使所装物质喷射出来，形成在气体中悬浮的固态或液态微粒或形成泡沫、膏剂或粉末或处于液态或气态。

4）氧化性气体

氧化性气体是一般通过提供氧气，比空气更能导致或促使其他物质燃烧的任何气体。

5）压力下气体

压力下气体是指高压气体在压力等于或大于 200kPa（表压）下装入储器的气体，或是液化气体或冷冻液化气体。压力下气体包括压缩气体、液化气体、溶解液体、冷冻液化气体。

6）易燃液体

易燃液体是指闪点不高于 93℃ 的液体。

7）易燃固体

易燃固体是容易燃烧或通过摩擦可能引燃或助燃的固体。易于燃烧的固体为粉状、颗粒状或糊状物质，它们在与燃烧着的火柴等火源短暂接触即可点燃和火焰迅速蔓延的情况下，都非常危险。

8）自反应物质或混合物

自反应物质或混合物是即使没有氧（空气）也容易发生激烈放热分解的热不稳定液态或固态物质或者混合物。本定义不包括根据统一分类制度分类为爆炸物、有机过氧化物或氧化物质的物质和混合物。

自反应物质或混合物如果在实验室试验中其组分容易起爆、迅速爆燃或在封闭条件下加热时显示剧烈效应，应视为具有爆炸性质。

9）自燃液体

自燃液体是即使数量小也能在与空气接触后 5min 之内引燃的液体。

10）自燃固体

自燃固体是即使数量小也能在与空气接触后 5min 之内引燃的固体。

11）自热物质和混合物

自热物质是发火液体或固体以外，与空气反应不需要能源供应就能够自己发热的固体或液体物质或混合物；这类物质或混合物与发火液体或固体不同，因为这类物质只有数量很大（公斤级）并经过长时间（几小时或几天）才会燃烧。

12）遇水放出易燃气体的物质或混合物

遇水放出易燃气体的物质或混合物是通过与水作用，容易具有自燃性或放出危险数量的易燃气体的固态或液态物质或混合物。

13）氧化性液体

气体性液体是本身未必燃烧，但通常因放出氧气可能引起或促使其他物质燃烧的液体。

14）氧化性固体

氧化性固体是本身未必燃烧，但通常因放出氧气可能引起或促使其他物质燃烧的固体。

15）有机过氧化物

有机过氧化物是含有二价—O—O—结构的液态或固态有机物质，可以看作是一个或两个氢原子被有机基替代的过氧化氢衍生物。该术语也包括有机过氧化物配方（混合物）。有机过氧化物是热不稳定物质或混合物，容易放热自加速分解。另外，它们可能具有下列一种或几种性质：

（1）易于爆炸分解；

（2）迅速燃烧；

（3）对撞击或摩擦敏感；

（4）与其他物质发生危险反应。

16）金属腐蚀剂

腐蚀金属的物质或混合物是通过化学作用显著损坏或毁坏金属的物质或混合物。

2.1.1.2 按健康危险划分

1）急性毒性

急性毒性是指在单剂量或在24h内多剂量口服或皮肤接触一种物质，或吸入接触4h之后出现的有害效应。

2）皮肤腐蚀/刺激

皮肤腐蚀是对皮肤造成不可逆损伤；即施用试验物质达到4h后，可观察到表皮和真皮坏死。腐蚀反应的特征是溃疡、出血、有血的结痂，而且在观察期14d结束时，皮肤、完全脱发区域和结痂处由于漂白而褪色。应考虑通过组织病理学来评估可疑的病变。皮肤刺激是施用试验物质达到4h后对皮肤造成可逆损伤。

3）严重眼损伤/眼刺激

严重眼损伤是在眼前部表面施加试验物质之后，对眼部造成在施用21d内并不完全可逆的组织损伤，或严重的视觉物理衰退。眼刺激是在眼前部表面施加试验物质之后，在眼部产生在施用21d内完全可逆的变化。

4）呼吸或皮肤过敏

呼吸过敏物是吸入后会导致气管超过敏反应的物质。皮肤过敏物是皮肤接触后会导致过敏反应的物质。

5）生殖细胞致突变性

本危险类别涉及的主要是可能导致人类生殖细胞发生可传播给后代的突变的化学品。但是，在本危险类别内对物质和混合物进行分类时，也要考虑活体外致突变性/生殖毒性试验和哺乳动物活体内体细胞中的致突变性/生殖毒性试验。

6）致癌性

致癌物一词是指可导致癌症或增加癌症发生率的化学物质或化学物质混合物。在实施良好的动物实验性研究中诱发良性和恶性肿瘤的物质也被认为是假定的或可疑的人类致癌物，除非有确凿证据显示该肿瘤形成机制与人类无关。

7）生殖毒性

生殖毒性包括对成年雄性和雌性性功能和生育能力的有害影响，以及在后代中的发育毒性。

8）特异性靶器官系统毒性—— 一次接触

由于单次接触而产生特异性、非致命性靶器官/毒性的物质。所有可能损害机能的，可逆和不可逆的，即时和/或延迟的，具有显著健康影响的都包括在内。

9）特异性靶器官系统毒性——反复接触

由于反复接触而产生特定靶器官/毒性的物质进行分类。所有可能损害机能的，可逆和不可逆的，即时和/或延迟的显著健康影响都包括在内。

10）吸入危险

吸入毒性包括化学性肺炎、不同程度的肺损伤或吸入后死亡等严重急性效应。"吸入"指液态或固态化学品通过口腔或鼻腔直接进入或者因呕吐间接进入气管和下呼吸系统。

2.1.1.3　按环境危险划分

按危害水环境的物质的分类可分为急性水生毒性和慢性水生毒性。

急性水生毒性是指物质对短期接触它的生物体造成伤害的固有性质。

2.1.2　影响化学品危险性的主要因素

1）物理、化学性质

（1）沸点　即在标准大气压下，物质由液态转变为气态的温度。沸点越低的物质，汽化越快，越易造成事故现场空气的高浓度污染。

（2）熔点　即物质在标准大气压下的熔化温度或温度范围。熔点反映物质的纯度，可以推断出该物质在各种环境介质（水、土壤、空气）中的分布。

（3）相对密度　即环境温度（20℃）下，物质的密度与4℃时水的密度的比值，它是表示该物质是漂浮在水面上还是沉下去的重要参数。当相对密度小于1的液体发生火灾时，用水去扑灭将是无效的，因为水将沉至燃烧着的液面下，而水的流动使火灾蔓延至更远处。

（4）饱和蒸气压　指化学物质在一定温度下与其液体或固体相互平衡时的饱和压力。蒸气压仅是温度的函数，在一定温度下，每种物质的饱和蒸气压是一个常数。发生事故时的气温越高，化学物质的蒸气压越高，其在空气中的浓度也相应增高。

（5）蒸气相对密度　指在给定条件下化学物质的蒸气密度与参比物质（空气）密度的比值。当蒸气相对密度值小于1时，表示该蒸气比空气轻，能在相对稳定的大气中趋于上升。在密闭的房间里，轻的气体趋向天花板移动或向敞开的窗户逸出房间。其值大于1时，表示重于空气，泄漏后趋向于集中至接近地面，能在较低处扩散到相当远的距离。若气体可燃，遇明火可能引起远处着火回燃。如果释放出来的蒸气是相对密度小于0.9的可燃气体，可能积在建筑物的上层空间，引起爆炸。

(6)蒸气–空气混合物的相对密度　指在与敞口空气相接触的液体和固体上方存在的蒸气与空气混合物相对于周围纯空气的密度。当相对密度值≥1.1时，该混合物可能沿地面流动，并可能在低洼处积累。当其数值为0.9~1.1时，能与周围空气快速混合。

(7)闪点　闪点表示在大气压力(101.3kPa)下，一种液体表面上方释放出的可燃蒸气与空气完全混合后，可以被火焰或火花点燃的最低温度。

(8)自燃温度　一种物质与空气接触发生起火或引起自燃的最低温度，并且在此温度下无火源(火焰或火花)时，物质可继续燃烧。自燃温度不仅取决于物质的化学性质，而且还与物料的大小、形状和性质等因素有关。自燃温度对在可能存在爆炸性气体、空气混合物的空间中使用的电器设备的选择是重要的。

(9)爆炸极限　指一种可燃气体或蒸气与空气的混合物能着火或引燃爆炸的浓度范围。空气中含有可燃气体(如氢、一氧化碳、甲烷等)或蒸气(如乙醇蒸气、苯蒸气等)时，在一定浓度范围内，遇到火花就会使火焰蔓延而发生爆炸。其最低浓度称为爆炸浓度下限，最高浓度称为爆炸浓度上限。浓度低于或高于这一范围，不会发生爆炸。一般用可燃气体或蒸气在混合物中的体积百分数表示。

(10)临界温度与临界压力　一些气体在加温加压下可变为液体，压入高压钢瓶或储罐中，能够使气体液化的最高温度叫临界温度，液化所需的最低压力叫临界压力。

2)毒性

在突发的化学事故中，有毒化学物质能引起人员中毒，其危险性就大大增加。中毒如果按化学物质的毒性作用可分为：

(1)刺激性毒物中毒　如：氨、氯、光气、二氧化硫、硫酸二甲酯、氟化氢、甲醛、氯丁二烯等。

(2)窒息性毒物中毒　如：一氧化碳、硫化氢、氰化物、丙烯腈等。

(3)麻醉性毒作用　主要指一些脂溶性物质，如：醇类、酯类、氯烃、芳香烃等对神经细胞产生麻醉作用的物质。

(4)高铁血红蛋白症　引起高铁血红蛋白增多，使细胞缺氧，如：苯胺、硝基化合物等。

(5)神经毒性　能作用于神经系统引起中毒，如有机磷、氨基甲酸酯类等农药、溴甲烷、磷化氢等。

(6)腐蚀性　为有强酸强碱性质的化学物质引起皮肤灼伤，或在灼伤中毒物被机体吸收后引起中毒。

有毒化学物质的毒性大小与该物质的化学组成和结构有关，如含有氰基、砷、汞、硒的化合物毒性较大。毒物的挥发性越大,易被呼吸道吸收,毒性越强。毒物的溶解度越大,毒性也越强。

3)其他特性

电导性小于 $10^4 pS/m$ 的液体在流动、搅动时可产生静电,引起火灾或爆炸,如泵吸、搅拌、过滤等。如果该液体中含有气体或固体颗粒物(混合物、悬浮物)时,这种情况更容易发生。

有些化学物质在储存时生成过氧化物,蒸发或加热后的残渣可能自燃爆炸。如醚类化合物。

聚合是一种物质的分子结合成大分子的化学反应。聚合反应通常放出热量,可能导致压力聚积,有着火或爆炸的危险。

有些化学物加热可能引起猛烈燃烧或爆炸。如自身受热或局部受热时发生反应,这将导致燃烧,在封闭空间内可能导致猛烈爆炸。

有机物的燃烧产生 CO 有毒气体;还有一些气体本身无毒,但大量充满在封闭空间,造成空气中过分饱和,使氧含量减少导致人员窒息。

2.1.3 化学品固有危险性评估

化学品固有危险性评估主要有两种方法:试验评估和资料评估。

1)试验评估

该评估方法主要用于新化学品或无实验数据的化学品。评估依据为联合国《关于危险货物运输的建议书——试验和标准手册》。书中列出了各种危险性的评估试验方法与判据。如评估某化学品是否具有爆炸性,一般需经过一系列试验确定,如隔板试验、克南试验、时间—压力试验、内部点火试验等,若要得出完整的爆炸性类、项,则需进行 7 个系列的试验。

同理,对化学品燃烧性(包括自燃性、遇湿易燃性)、氧化性、腐蚀性等均有相应方法。

2)资料评估

通过资料数据对化学品进行评估是化学品危险性评估的主要方法。可通过安全技术说明书、数据库查阅其危险性。

2.2 液体闪点及其变化规律

2.2.1 液体闪点的概述

液体的表面都有一定数量的蒸气存在,蒸气的浓度取决于该液体所处的温度,温度越高则蒸气浓度越大。在一定的温度下,易(可)燃液体表面上的蒸气和空气的混合物与火焰接触时，能闪出火花，但随即熄灭，这种瞬间燃烧的过程叫闪燃。液体能发生闪燃的最低温度叫闪点。在闪点温度，液体蒸发速度较慢，表面上积累的蒸气遇火瞬间即已烧尽，而新蒸发的蒸气还来不及补充，所以不能持续燃烧。当温度升高至超过闪点一定温度时，液体蒸发出的蒸气在点燃以后足以维持持续燃烧，能维持液体持续燃烧的最低温度称为该液体的着火点(燃点)。

易燃液体的燃点比闪点约高 1~5℃，而闪点愈低，二者的差距愈小。苯、二硫化碳、丙酮等的闪点都低于 0℃，这一差值只有 1℃ 左右。在开口的容器中做实验时，很难区别出它们的闪点与着火。可燃液体中闪点在 100℃ 以上者，燃点与闪点的差值可达 30℃ 或更高。

由于易燃液体的燃点与闪点很接近，所以在估计这类液体有火灾危险性时，只考虑闪点就可以了。

闪点是评价液体化学品燃烧危险性的重要参数，闪点越低，液体的火灾危险性越大。常见易燃、可燃液体的闪点见表 2-1。

表 2-1　常见易燃、可燃液体的闪点

液体名称	闪点/℃	液体名称	闪点/℃
汽油	-58~10	甲苯	4
石油醚	-50	甲醇	9
二硫化碳	-45	乙醇	13
乙醚	-45	醋酸丁酯	13
乙醛	-38	石脑油	25
原油	-35	丁醇	29
丙酮	-17	氯苯	29
辛烷	-16	煤油	30~70
苯	-11	重油	80~130
醋酸乙酯	1	乙二醇	100

液体的闪点一般采用闭杯测试仪根据闪点测定的标准方法测定。另一种常用的闪点测定方法是开杯法。闭杯法测定的是饱和蒸气和空气的混合物，而开杯法测定是蒸气与空气自由接触，所以闭杯法闪点测定值一般要比开杯法低几度。基于以上原因，开杯法测定值比闭杯法更接近实际情况。

2.2.2　单一同系物可燃液体闪点的变化规律

根据其分子中碳原子连接链状的不同，可燃液体分子有开链烃(脂肪烃)和环烃(环状烃)两类。在同类烃中又有系列和同分异构之分，这些都对液体的闪点有一定的影响。单一同系物闪点的大小遵循一定的规律：

（1）闪点随相对分子质量的增大、沸点的升高、相对密度的增大而升高；

（2）闪点随饱和蒸气压的增大而降低；

（3）饱和烃（烷烃）的闪点比不饱和烃（烯烃、二烯烃、炔烃）的闪点高；

（4）同分异构体中，直链结构（正结构体）的闪点比支链结构（异结构体）的闪点高；

（5）烃与烃的衍生物之间的闪点按烃、醚、醛、酮、酯、醇、羧酸的顺序而下降。

2.2.3 混合液体的闪点的变化规律

纯组分易燃可燃液体的闪点一般可通过文献资料获得。在实际生产中，常常会遇到不同种类易燃可燃液体相互混合的现象。如涂料、化工冶金、精细化工、制药等行业都大量使用混合有机溶剂，这些场所火灾危险等级要根据混合溶剂的闪点来划分，而这些混合液体的闪点随组成、配比不同而变化，很难从文献上查到现成的数据。然而，少量挥发性物质加入高闪点液体，会极大地降低液体的闪点，使液体的燃烧爆炸性危险显著增加。如通常为60℃的粗柴油的闪点，当含有3%的汽油时，会降至环境温度以下。一些闪点较高的液体，在杂质存在条件下闪点降低，液体蒸气云一旦达到爆炸浓度极限，遇点火源就会发生爆炸事故。一个典型的案例是一个1000m³半满储烃罐发生火灾。该烃的闪点为35℃，储罐有排气孔而有空气存在。没有鉴定出火源，只是因为烃中含有丙酮杂质使其闪点降至环境温度以下。

1）混合液体闪点的变化及火灾危险性分类

溶液之间相互混合或溶液中含有杂质，火灾危险性也随之改变。在对混合液体的火灾危险性分类时，如果选取混合液中的一种量较多的可燃物的危险等级作为混合液的危险等级，这样分类会带来安全隐患。

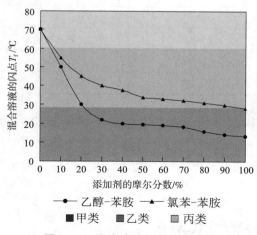

图2-1 混合溶液闪点的变化及火灾危险性分类

例如，以苯胺（丙类）为对象，通过添加比苯胺闪点低的乙醇（甲类）、氯苯溶液（乙类），可燃液体闪点的变化及火灾危险性分类结果如图2-1所示。乙醇和氯苯可降低苯胺溶液的闪点；随着乙醇或氯苯的摩尔分数增大到10%时，混合溶液的火灾危险性由丙类变为乙类；当乙醇的摩尔分数继续增大到22%，混合溶液的火灾危险性由乙类变为甲类。

2）混合溶液的最小闪点行为分析

混合溶液的最小闪点行为是指在一定的浓度范围内，混合溶液的闪点低于组成其溶液的任一组分的闪点。具有最小闪点行为的混合溶液，通常要比组成其溶液的任一组分的危险性大得多。根据分子运动论，液体分子要有足够的动能，才能克服液体分子间相互吸引的势能，逸出液体表面而变成蒸气。若两种不同组分（A、B 间）分子间的吸引力小于各纯组分（A、A 间和 B、B 间）分子间的吸引力，形成液态混合物后，分子就容易逸出液面，不同组分之间蒸气总压对理想情况为正偏差，这时混合溶液的闪点出现负偏差，这种情形如图 2-2 所示。

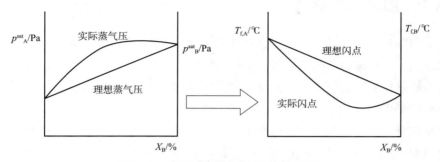

图2-2　混合溶液蒸气压与闪点的关系

在化工生产中，不能将混合液中的闪点最小的可燃物的闪点作为混合溶液的闪点。在一定浓度范围内，具有最小闪点行为的混合溶液的闪点比任一组分的闪点值均要小。例如，在相同条件下，分别在甲醇、乙醇溶液中加入正辛烷，混合溶液闪点测定实验结果如图 2-3 所示。添加高闪点的添加剂，混合液体的闪点反而可能降低，表现出最小闪点行为特征。

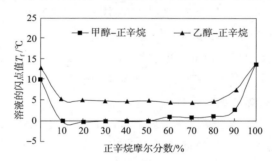

图2-3　混合溶液闪点的大小与正辛烷摩尔分数之间的关系

3）提高可燃液体闪点的方法

增加液体的闪点，可提高可燃液体储存和运输过程的安全性能。但盲目添加高闪点的添加剂，混合液体的闪点反而可能降低，正确选择添加剂对于调节可燃液体的闪点是至关重要。通过对最小闪点行为的分析，提高可燃液体的闪点，应添加与可燃液体分子间作用力大于纯组分分子间吸引力的物质。

另外，无论不燃液体在混合溶液中分子作用力如何变化，在液体中加入不燃液体，因不燃物质并不支持可燃物的燃烧性能，因此添加不燃液体可提高溶液的闪点。混合溶液的闪点随不燃液体含量的增加而升高，当不燃液体组分含量达到一定值时，混合物不再发生闪燃。例如，乙醇的水溶液，当水占 60% 时，含水乙醇的闪点由纯乙醇时的 11℃ 上升至 25℃；当水占 97% 时，就不再发生闪燃。

2.3 爆炸极限及预测

2.3.1 爆炸极限理论

爆炸是瞬间完成的高速化学反应。爆炸原因有热爆炸(Heat Explosion)和支链反应两方面。若反应在一个小范围空间内进行,反应产生的热无法扩散,促使系统温度升高,反应更快,进而放热更多,温升更快,如此恶性循环,最后使反应速率达到无法控制而发生爆炸,这类称为热爆炸。

支链反应是在链反应的链传递过程中,消耗一个传递物的同时,产生两个或更多传递物,使传递物迅速增多,反应急速增加,瞬间即达到爆炸的程度。这是爆炸更主要的原因。

可燃气体、蒸气和粉尘与空气(或氧气)的混合物,在一定的浓度范围内能发生爆炸。爆炸性混合物能够发生爆炸的最低浓度,称为爆炸下限;能够发生爆炸的最高浓度,称为爆炸上限;爆炸下限和爆炸上限之间的范围,称为爆炸极限。可燃气体或蒸气的爆炸极限,通常以其在混合物中体积分数来表示;可燃粉尘的爆炸极限,以其在混合物中的体积质量比(g/m^3)表示。例如,乙炔和空气混合的爆炸极限为(2.2% ~ 81%),铝粉的爆炸下限为$35g/m^3$。显然,可燃物质的爆炸下限越低,爆炸极限范围越宽,则爆炸的危险性越大。影响爆炸极限的因素很多。爆炸性混合物的温度越高,压力越大,含氧量越高,以及火源能量过大等,使爆炸极限范围扩大。可燃气体与氧气混合的爆炸范围比与空气混合的爆炸范围宽,因而更具有爆炸的危险性。

容器或管道中的可燃气体浓度值在爆炸上限以上,若发生泄漏或吸入空气,遇火源则随时有燃烧、爆炸的危险。因此,对浓度值在爆炸上限以上的混合气不能认为是安全的。

部分可燃气体、可燃蒸气的爆炸极限见表2-2。

表2-2 部分可燃气体、可燃蒸气的爆炸极限

可燃气体或蒸气	分子式	爆炸极限/%	
		下限	上限
氢气	H_2	4.0	75
氨	NH_3	15.5	27
一氧化碳	CO	12.5	74.2
甲烷	CH_4	5.3	14
乙烷	C_2H_6	3.0	12.5
乙烯	C_2H_4	3.1	32
苯	C_6H_6	1.4	7.1
甲苯	C_7H_8	1.4	6.7

续表

可燃气体或蒸气	分子式	爆炸极限/%	
		下限	上限
环氧乙烷	C_2H_4O	3.0	80.0
乙醚	$(C_2H_5)O$	1.9	48.0
乙醛	CH_3CHO	4.1	55.0
丙酮	$(CH_3)_2CO$	3.0	11.0
乙醇	C_2H_5OH	4.3	19.0
甲醇	CH_3OH	5.5	36
醋酸乙酯	$C_4H_8O_2$	2.5	9

2.3.2 影响爆炸极限的因素

爆炸极限不是一个固定值，它受各种外界因素的影响而变化。影响爆炸极限的因素主要有以下几种。

1) 初始温度和压力

爆炸性混合物的初始温度越高，混合物分子内能越大，燃烧反应更容易进行，则爆炸极限范围就越宽。所以，温度升高使爆炸性混合物的危险性增加。

爆炸性混合物初始压力对爆炸极限影响很大。一般爆炸性混合物初始压力在增压的情况下，分子间更为接近，碰撞概率增加，燃烧反应更容易进行，爆炸极限范围扩大。在已知可燃气体中，只有一氧化碳随着初始压力的增加，爆炸极限范围缩小。

初始压力降低，爆炸极限范围缩小。当初始压力降至某个定值时，爆炸上、下限重合，此时的压力称为爆炸临界压力。低于爆炸临界压力的系统不爆炸。因此在密闭容器内进行减压操作对安全有利。

以2:1的氢、氧混合气体为例，图2-4给出爆炸反应与温度和压力的关系，显示出一个半岛型的曲线特征。

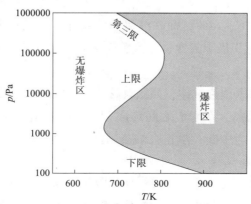

图2-4 氢氧混合气体爆炸区与温度和压力关系

从图 2 - 4 可知，温度低于 660K 时，无论多大压力均不会发生爆炸。温度高于 900K 时，无论压力多大均会爆炸。温度处于上述两个温度之间，以 750K 为例，则会出现如下情况：

（1）压力 <0.35kPa 时，不会发生爆炸。

（2）压力处于 0.35 ~ 12kPa 时，将会发生爆炸。其中开始发生爆炸的压力 0.35kPa 称为爆炸下限，而终止压力 12kPa 称为爆炸上限。

（3）压力在 12 ~ 450kPa 时，又不会发生爆炸。

（4）压力超过 450kPa 时，爆炸又会发生，这个压力称为爆炸第三限。

上述现象可用下列链反应机理得以解释：

链的引发：　　　　　　　　　　$H_2 + O_2 \longrightarrow 2OH \cdot$　　　　　　　　　　①

链的传递：　　　　　　$OH \cdot + H_2 \longrightarrow H_2O + H \cdot （快）$　　　　　　②

链的分支：　　　　　　$H \cdot + O_2 \longrightarrow OH \cdot + O \cdot （慢）$　　　　　　③

　　　　　　　　　　　$O \cdot + H_2 \longrightarrow OH \cdot + H \cdot （慢）$　　　　　　④

链的终止：　　　　　　　　　　$H \cdot \longrightarrow 器壁（低压）$　　　　　　　　　⑤

　　　　　　　　$H \cdot + O_2 + M \longrightarrow HO_2 \cdot + M （中、高压）$　　　　⑥

　　　　　　　　$HO_2 \cdot + H_2 \longrightarrow H_2O + OH \cdot （高压）$　　　　　　⑦

能否发生爆炸的关键是链的分支与链的终止反应之间的竞争。当压力很低时，$H \cdot$ 与器壁碰撞的机会大于与分子的碰撞，因此链的分支反应③和④难以进行，故不会爆炸。当压力增大到一定值（爆炸下限）时，分支反应成优势，故会发生爆炸。当压力较大时，反应⑥又成为优势，使链的分支反应受抑制，爆炸又不发生，这时出现爆炸上限。当压力继续增大时，不活泼的 $HO_2 \cdot$ 会发生反应⑦，产生活泼的自由基，使反应有利于朝链的分支方向，因此出现爆炸第三限。

2）含氧量

混合气中增加氧含量，一般情况下对下限影响不大，因为可燃气在下限浓度时氧是过量的。由于可燃气在上限浓度时含氧量不足，所以增加氧含量使上限显著增高，爆炸范围扩大，增加了发生火灾爆炸的危险性。若减少氧含量，则会起到相反的效果。例如甲烷在空气中的爆炸范围为 5.3% ~ 14%，而在纯氧中的爆炸范围则放大到 5.0% ~ 61%。甲烷的极限氧含量为 12%，低于极限氧含量，可燃气就不能燃烧爆炸了。

3）惰性介质或杂质

爆炸性混合气体中加入惰性气体，如氮、氩、水蒸气、二氧化碳、四氯化碳等，可以使可燃气分子和氧分子隔离，在它们之间形成一层不燃烧的屏障。这层屏障可以吸收能量，使游离基消失，链反应中断，阻止火焰蔓延到其他可燃气分子上去，抑制燃烧进行，起到防火和灭火的作用。

混合气体中增加惰性气体含量，会使爆炸上限显著降低，爆炸范围缩小。惰性气体增到一定浓度时，可使爆炸范围为 0，混合物不再燃烧。惰性气体含量对上限的影响较之对下限的影响更为显著的原因，是在爆炸上限时，混合气中缺氧使可燃气不能完全燃烧，若增加惰性气体含量，会使氧量更加不足，燃烧更不完全，由此导致爆炸上限急剧下降。

对于爆炸性气体，水等杂质对其反应影响很大。如果无水，干燥的氯没有氧化功能；干燥的空气不能氧化钠或磷；干燥的氢氧混合物在1000℃下也不会发生爆炸。痕量的水会急剧加速臭氧、氯氧化物等物质的分解。少量的硫化氢会大大降低水煤气及其混合物的燃点，加速其爆炸。

4）容器的材质和尺寸

实验表明，容器管道直径越小，爆炸极限范围越小。对于同一可燃物质，管径越小，火焰蔓延速度越小。当管径（或火焰通道）小到一定程度时，火焰便不能通过。这一间距称作最大灭火间距，亦称作临界直径。当管径小于最大灭火间距时，火焰便不能通过而被熄灭。

容器大小对爆炸极限的影响也可以从器壁效应得到解释。燃烧是自由基进行一系列连锁反应的结果。只有自由基的产生数大于消失数时，燃烧才能继续进行。随着管道直径的减小，自由基与器壁碰撞的概率增加，有碍于新自由基的产生。当管道直径小到一定程度时，自由基消失数大于产生数，燃烧便不能继续进行。

容器材质对爆炸极限也有很大影响。如氢和氟在玻璃器皿中混合，即使在液态空气温度下，置于黑暗中也会产生爆炸。而在银制器皿中，在一定温度下才会发生反应。

5）点火源与最小点火能量

点火源的强度高，热表面的面积大，火源与混合物的接触时间长，会使爆炸范围扩大，增加燃烧、爆炸的危险性。

最小点火能量是指能引起一定浓度可燃物燃烧或爆炸所需要的最小能量。混合气体的浓度对点火能量有较大的影响，通常可燃气浓度稍高于化学计量浓度时，所需的点火能量为最小。若点火源的能量小于最小能量，可燃物就不能着火。所以最小点火能量也是一个衡量可燃气、蒸气、粉尘燃烧爆炸危险性的重要参数。对于释放能量很小的撞击摩擦火花、静电火花，其能量是否大于最小点火能量，是判定其能否作为火源引发火灾爆炸事故的重要条件。

另外，光对爆炸极限也有影响。在黑暗中，氢与氯的反应十分缓慢，在光照下则会发生连锁反应引起爆炸。甲烷与氯的混合物，在黑暗中长时间内没有反应，但在日光照射下会发生激烈反应，气体比例适当则会引起爆炸。表面活性物质对某些介质也有影响。如在球形器皿中530℃时，氢与氧无反应，但在器皿中插入石英、玻璃、铜或铁棒，则会发生爆炸。

6）消焰距离

实验证明，通道尺寸越小，通道内混合气体的爆炸浓度范围越小，燃烧时火焰蔓延速度越慢。这是因为燃烧在一通道中进行时，通道的表面要散失热量，通道越窄，比表面积越大（通道表面积和通道容积的比值），中断链反应的机会就越多，相应的热损失也越大。

当通道窄到一定程度时，通道内燃烧反应的放热速率就会小于通道表面的散热速率，这时燃烧过程就会在通道内停止进行，火焰也就停止蔓延，因此把火焰蔓延不下去的最大通道尺寸叫消焰距离。

各种可燃气有不同的消焰距离，消焰距离还与可燃气的浓度有关，也受气体流速、压力的影响。所以，消焰距离是可燃物火焰蔓延能力的一个度量参数，也是度量可燃物危险程度的一个重要参数。

2.3.3 爆炸温度极限

在一定温度下的液体，具有确定的蒸发速度和饱和浓度，换言之，液体的温度和它的蒸气浓度之间存在着相互对应的关系。

易燃、可燃液体在一定温度下，由于蒸发使蒸气浓度达到爆炸浓度时的温度即为爆炸温度极限。爆炸温度极限和浓度极限相对应，也有上限和下限。爆炸温度下限即液体蒸发出等于爆炸下限的蒸气浓度时的温度。爆炸上限，即液体蒸发出等于爆炸上限的蒸气浓度时的温度。显然，液体也有一个与爆炸浓度范围相对应的爆炸温度范围。

例如，乙醇的爆炸温度下限是12℃，上限是42℃，12 ~ 42℃就是乙醇的爆炸温度范围。在这个范围内，乙醇蒸气和空气的混合物随时都有燃烧爆炸的危险。液体的储存或使用的温度高于爆炸温度上限时，由于设备、容器、管道可能降温以及空气吸收热量，仍然是危险的。

2.3.4 爆炸危险度

可燃气体或蒸气的爆炸下限越低，越容易形成爆炸混合气体。可燃气体或蒸气的爆炸上限越高，其爆炸范围就越宽，即使有少量的空气或氧气进入有可燃气体或可燃液体的容器或管道内，也能形成爆炸性混合气体，因此爆炸的机会增多。

根据上述讨论，可燃气体或蒸气的危险程度与它们的爆炸下限成反比，与爆炸范围成正比，关系如下：

$$H_a = (L_上 - L_下)/L_下 \tag{2-1}$$

式中 H_a——可燃气体或蒸气的爆炸危险度；

$L_下$——以体积分数表示的爆炸下限，% ；

$L_上$——以体积分数表示的爆炸上限，% 。

2.3.5 爆炸极限的预测

1）根据化学计量浓度近似计算

爆炸性气体完全燃烧时的化学计量浓度可以用来确定链烷烃的爆炸下限，计算公式为

$$L_下 \approx 0.55C_0 \tag{2-2}$$

式中 C_0——爆炸气体完全燃烧时化学理论体积分数。

如果空气中氧的含量按照 20.9% 计算，C_0 的计算式则为

$$C_0 = \frac{1}{1 + \dfrac{n_0}{0.209}} \times 100\% = \frac{0.209}{0.209 + n_0} \times 100\% \qquad (2-3)$$

式中　n_0——1 分子可燃气体完全燃烧时所需的氧分子数。

如甲烷完全燃烧时的反应式为 $CH_4 + 2O_2 \longrightarrow CO_2 + 2H_2O$，此时 $n_0 = 2$，代入式(2-3)、式(2-2)中，可得甲烷爆炸下限的计算值为 5.2%，与实验值 5.0% 相差不超过 10%。

此法除用于链烷烃以外，也可用来估算其他有机可燃气体的爆炸下限，但当应用于氢、乙炔，以及含有氮、氯、硫等的有机气体时，偏差较大，不宜应用。

2）由爆炸下限估算爆炸上限

常压下 25℃ 的链烷烃在空气中的爆炸上、下限有如下关系

$$L_上 = 7.1 L_下^{0.56} \qquad (2-4)$$

如果在爆炸上限附近不伴有冷火焰，式(2-4)可简化为

$$L_上 = 6.5 \sqrt{L_下} \qquad (2-5)$$

把式(2-5)代入式(2-2)，可得

$$L_上 = 4.8 \sqrt{C_0} \qquad (2-6)$$

3）由分子中所含碳原子数估算爆炸极限

脂肪族烃类化合物的爆炸极限与化合物中所含碳原子数。有如下近似关系

$$\frac{1}{L_下} = 0.1347 n_C + 0.04343 \qquad (2-7)$$

$$\frac{1}{L_上} = 0.1337 n_C + 0.05151 \qquad (2-8)$$

式中　n_C——化合物中所含碳原子数。

4）根据闪点计算爆炸极限

闪点指的是在可燃液体表面形成的蒸气与空气的混合物，能引起瞬时燃烧的最低温度，爆炸下限表示的则是该混合物能引起燃烧的最低浓度，所以两者之间有一定的关系。易燃液体的爆炸下限可以用闪点下该液体的蒸气压计算。计算式为

$$L_下 = 100 \times p_闪 / p_总 \qquad (2-9)$$

式中　$p_闪$——闪点下易燃液体的蒸气压，Pa；

　　　$p_总$——混合气体的总压，Pa。

5）多组元可燃性气体混合物的爆炸极限

两组元或两组元以上可燃气体或蒸气混合物的爆炸极限，可应用各组元已知的爆炸极限按照式(2-10)求取。该式仅适用于各组元间不反应、燃烧时无催化作用的可燃气体混合物。

$$L_m = \frac{100}{\dfrac{V_1}{L_1} + \dfrac{V_2}{L_2} + \cdots + \dfrac{V_n}{L_n}} \qquad (2-10)$$

式中　L_m——混合气体的爆炸极限,%;

　　　L_n——n 组元的爆炸极限,%;

　　　V_n——扣除空气组元后 n 组元的体积分数,%。

6)可燃气体与惰性气体混合物的爆炸极限

对于有惰性气体混入的多组元可燃气体混合物的爆炸极限,可应用式(2-11)计算。

$$L_m = \frac{(1 + \frac{B}{1-B}) \times 100}{100 + L_f \times \frac{B}{1-B}} \quad (2-11)$$

式中　L_m——含惰性气体混合物的爆炸极限,%;

　　　L_f——混合物中可燃部分的爆炸极限,%;

　　　B——惰性气体含量,%。

对于单组元可燃气体和惰性气体混合物的爆炸极限,也可以应用式(2-11)估算,只需用该组元的爆炸极限代换式(2-11)中 L_f 即可。由于不同惰性气体的阻燃或阻爆能力不同,式(2-11)的计算结果不够准确,但仍有一定参考价值。

2.4　反应性化学物质的危险性及评估方法

2.4.1　反应性化学物质热危险性

随着国民经济及工程建设的飞速发展,有机过氧化物类化工原料、火药、工业炸药类含能材料等的社会需求量日益增大,由此带来的安全隐患和风险也不断增大。通常这类化学物质不需要借助外界的氧就能进行分子内分解、分子内或分子间的氧化还原反应。这类物质也称为反应性化学物质。

反应性化学物质不仅在外界能量(热能、冲击能等)作用下容易发生火灾、爆炸等安全事故,而且即便没有外界能量的作用,在自然储存的条件下也会或大或小地发生化学反应,放出热量。如果由这类化学物质组成的体系内的化学反应发热速度大于该体系向环境的散热速度,就会造成体系内的热积累,最终导致热自燃或热爆炸。反应性化学物质的热危险性是指工业包装的反应性化学物质在自然储存条件下发生的热自燃、热爆炸危险性的危险程度。

一个物质或者该物质与其他物质的混合物之所以能发生热自燃或者热爆炸,主要是因为该物质或者该物质与其他物质的混合物能通过各种反应(分解、氧化还原等)放出足够的热量,产生热积累。根据这些反应的热效应(燃烧热、分解热、爆热等)的大小,可在一定程度上预测该物质或混合物的热危险性。

反应性化学物质的安全系数可表示为:

$$K = mE_a/Q_V \quad (2-12)$$

式中　m——1mol 反应物反应后生成产物的物质的量,mol;

　　　Q_V——1mol 反应物的定容绝热反应热,kJ/mol;

E_a——活化能，kJ/mol。

反应性化学物质的安全性的大小与该反应物质的活化能和反应产物的总物质的量成正比，而与该反应物的定容绝热反应热成反比。

根据安全系数的大小，反应性化学物质的危险特性可分成四类：

1）$K < 1.0$

这类含能材料类反应性化学物质的感度极高，十分危险。它们一般是感度极高的起爆药，另外，感度极高的液体猛炸药硝化甘油也属此类。

2）$1.0 \leqslant K < 2.0$

安全系数位于该范围内的含能材料类反应性化学物质为一些爆炸性能优良的猛炸药，如季戊四醇四硝酸酯（泰安）、环三亚甲基三硝胺（黑索今）、环四次甲基四硝胺（奥克托今）、2，4，6－三硝基甲苯（梯恩梯）等。它们的感度极高，危险性较大。

3）$2.0 \leqslant K < 3.0$

这类反应性化学物质的危险性较第一、第二类要低得多。它们主要是一些爆炸性较弱的炸药以及制造猛炸药的中间产物。如制造梯恩梯的中间产物地恩梯等。

4）$K \geqslant 3.0$

这类反应性化学物质的各类危险性相对较小，远不及第一、第二类物质，主要是一些具有自发反应性的氧化剂，如硝酸铵、高氯酸铵等。

根据反应性化学物质的安全系数的定义，一些常用的含能材料类反应性化学物质的安全系数如表2－3所示。

表2－3　典型含能材料的安全系数

物质名称	活化能/（kJ/mol）	定容反应热/（kJ/mol）	反应产物总物质的量	安全系数
硝酸铵	169.3	118.3	3.5	5.01
高氯酸铵	133.8	170.1	4.25	3.34
二硝基甲苯	166.8	803.4	11	2.29
2，4，6－三硝基甲苯	189.8	110.6	11	1.9
三硝基苯甲硝胺	250.8	168.4	12	1.79
环三亚甲基三硝胺	213.2	1270.7	9	1.51
环四次甲基四硝胺	219	1830.8	12	1.44
季戊四醇四硝酸酯	212.8	1981.3	11	1.18
三硝酸甘油酯	178.1	1381.5	7.25	0.93
叠氮化铅	108.7	484.9	4	0.9
叠氮化铜	110.8	478.3	4	0.75

安全系数与含能材料类化学反应性物质的各种感度之间具有良好的对应关系，即随着含能材料类反应性化学物质的安全系数的增加，其各类感度（热、机械感度）均呈下降趋势。但要指出的是，该安全系数并不能评价所有的反应性化学物质的危险性，具有一定的

局限性，特别是对氧化剂与可燃物的混合物，其适用性还有待进一步探讨。

2.4.2 物质不稳定性的结构因素

大量化工事故案例的分析表明，化工事故中经常起作用的是一些相同的或类似的物质结构因素。一些常见的表征潜在不稳定性的结构基团如表2-4所示。

表2-4 表征潜在不稳定性的结构基团

结构基团	物质	结构基团	物质
—C≡C—金属	乙炔金属化合物	—O—X	次石（岩）盐
≡N—O—	胺基氧化物	—O—NO₂	硝酸盐
—N＝N＝N—	叠氮化合物	—O—NO	亚硝酸盐
—ClO₃	氯酸盐	—NO₂	硝基化合物
—N＝N—	重氮化合物	—NO	亚硝基化合物
—N≡NX	重氮卤化物	—OOO—	臭氧化合物
—O—N＝C＜	雷酸盐	—CO—O—O—H	过酸化合物
—N（ClX）	N-卤代胺	—ClO₄	高氯酸盐
—O—O—H	过氧化氢物	—O—O—	过氧化物

2.4.3 反应物质的氧平衡值

氧平衡值定义为系统的氧含量与系统中的碳、氢和其他可氧化元素完全氧化所需的氧量之间的差值。根据守恒法，反应前后氧保持平衡，氧平衡值计算公式为：

$$氧平衡值 = \frac{-1600\left(2x + \dfrac{y}{2} - z\right)}{M_{\mathrm{W}}} \tag{2-13}$$

式中 x——碳原子数；

$\quad\ \ y$——氢原子数；

$\quad\ \ z$——氧原子数；

$\quad M_{\mathrm{W}}$——相对分子质量，g/mol。

氧平衡值反映了反应体系的氧供应情况，在一定程度上能反映出物质的爆炸威力，基于氧平衡值的反应物质危险性分类如表2-5所示：

表2-5 氧平衡值与危险性分级

氧平衡值	氧平衡值>160	80≤氧平衡值<160	-120≤氧平衡值<80	-240≤氧平衡值<-120	氧平衡值<-240
危险性	低	中等	高	中等	低

氧平衡方法对估计有机硝化物的危险是很方便的，并在世界各地易燃易爆工业中推广。如三硝基甲苯、过氧乙酸氧平衡值为74、63，甲酸、重铬酸铵氧平衡值为0，硝酸铵

氧平衡值为 –20。然而，氧平衡值与化学品自身反应没有必然的联系，例如水的氧平衡值为 0，在表中被定为是一种危险性很"高"的物质。大体上，该方法适用于包含 C、H、N 和 O 的化合物。

2.4.4 最大爆炸压强预测法

化学不稳定物的爆炸危害主要体现在受外部能量作用后，迅速发生分解反应，产生大量气体产物，释放出大量的热能。分解反应热既提高产物气体的温度，又导致气体膨胀对外做功。爆炸做功能力愈大，化学不稳定物爆炸危害性亦愈大。利用物质爆炸后可能形成的最大爆炸压强预测和评价其危险性，便形成最大爆炸压强预测法。

化学不稳定物分解爆炸过程由下列 3 个状态构成：

$$T_0、p_0、V_0 \xrightarrow{\text{分解}} T_D、p_{max}、V_0 \xrightarrow{\text{爆炸做功}} T_0、p_0、V$$
$$（气、液、固）\qquad\qquad （气）\qquad\qquad （气）$$
$$初态 \qquad\qquad\qquad 假想过渡态 \qquad\qquad\qquad 终态$$

T_0、T_D 分别表示环境温度和分解产物气体温度；p_0、p_{max} 分别表示环境气体压强和产物气体最大爆炸压强；V_0、V 分别表示反应物原体积和产物气体膨胀后的体积；ΔH_{Dmax} 表示物质爆炸释放的热量为最大分解热。

最大爆炸压强是指在一定的假设条件下从理论上计算的物质分解爆炸后产物气体可能达到的最高压强。该法的基本假设条件是：

① 分解产物气体符合理想气体行为；

② 膨胀后产物气体体积为反应物的原体积。

根据以上假设，产物气体可能形成的最大压强 p_{max} 可按理想气体方程估算：

$$p_{max} = \frac{N_g R T_D}{V_0} \tag{2-14}$$

式中 N_g——1mol 反应物完全分解产生的气体摩尔总数，mol；

R——气体常数，8.314J/(mol·K)。

若 M_W(g/mol) 和 ρ_0(g/m³) 分别为常温(25℃)、常压反应物相对分子质量和密度，则

$$V_0 = M_W/\rho_0$$

T_D 可根据热量衡算式通过 ΔH_{Dmax} 计算，即

$$\int_{298}^{T_D} \sum_{i=1}^{m} N_i C_{Vi} \mathrm{d}T = \Delta H_{Dmax} \tag{2-15}$$

其中 $$C_{Vi} = a_i + b_i T + c_i T^2 + d_i T^2$$

式中 i——第 i 种分解产物气体；

m——第 i 种分解产物气体的种类数；

N_i——1mol 反应物完全分解产生的第 i 种气体的摩尔数，mol；

C_{Vi}——第 i 种气体产物的恒容热容，kJ/(mol·K)；

a_i、b_i、c_i、d_i——第 i 种气体的特性常数；

T——绝对温度，K。

表2-6中列举一些不稳定物质的最大爆炸压强。表中化学不稳定物的 p_{max} 与其爆炸危险性大小之间，除了气态的物质以外，存在良好的一致性。不宜用 p_{max} 值大小来预测与评价气态化学不稳定物如乙烯、二甲醚等的爆炸危险性。

表2-6 化学不稳定物质的最大爆炸压强

序号	化学不稳定物质	最大分解热 $\Delta H_{D\,max}$/ $(kJ \cdot g^{-1})$	反应物密度 ρ_0/ $(g \cdot L^{-1})$	分解产物气体温度 T_D/K	分解产物气体压强 p_{max}/ $(101325Pa)$
1	雷汞	-2.34	4420	5029	19225
2	叠氮化银	-2.05			
3	叠氮化铅	-1.63	4500	4788	18212
4	硝化甘油	-6.69	1593	4438	17889
5	亚乙基二硝胺	-6.28	1700	3674	18789
6	硝基乙酯	-6.02	1108	3198	10383
7	2,4,6-三硝基甲苯	-5.90	1654	3695	12701
8	二乙基偶氮	-3.60		1684	
9	硝基甲烷	-6.32	1137	3487	11997
10	过氧化二乙酰	-3.68		2182	
11	过乙酸	-3.56		2163	
12	环氧乙烷	-5.15	882	2289	5646
13	炔丙基溴	-2.47	1579	2594	4240
14	氯乙烯	-2.64	911	1962	3521
15	乙烯(气态)	-4.52	1	1732	5
16	1-辛烯	-1.92	715	1044	2187
17	乙酸	-0.79	1049	779	2234
18	乙酸乙酯	-1.30	900	944	2376
19	乙酰胺	-0.96	999	819	2559
20	二甲醚(蒸气)	-2.89	2	1393	10
21	氯乙烷	-0.88	898	874	1997
22	正辛烷	-1.13	703	773	1761

2.5 化学热力学基础

化学热力学主要是从宏观角度，研究物质在化工过程中发生的能量变化、化学反应的方向及反应进行限度等基本问题，热力学不涉及反应速率和反应机理。

2.5.1　化学反应的热效应

化学反应和状态变化过程中经常伴随有吸热或放热。把热力学第一定律应用到化学反应上，有关化学反应的热量问题就形成了热化学，热化学是研究反应热或热效应及其变化规律的科学。

反应热是指当体系发生化学变化后，并使产物的温度恢复到反应前反应物的温度，且体系只做体积功，而不做其他功时，放出或吸收的热量称为该反应的反应热(Q)，也称为反应的热效应(Heat Effect)。

化学反应前后，反应物(体系始态)和产物(体系终态)热力学能一般是不相同的。内能的变化是反应热产生的主要原因。

化学反应过程中体系与环境传递的能量表现为热和功，在整个变化过程中，体系的内能发生了变化。内能是物质内部物质粒子所具有的动能和势能的总和，以 U 表示。

$$\boxed{\begin{array}{c}始\ 态\\ U_1\end{array}} \xrightarrow[\text{对外做功 } W]{\text{吸热 } Q} \boxed{\begin{array}{c}终\ 态\\ U_2\end{array}}$$

根据能量守恒与转化定律有：

$$U_2 = U_1 + Q - W$$

Q、W 和 ΔU 三者之间关系可表示为：

$$\Delta U = Q - W \qquad\qquad (2-16)$$

这是能量守恒定律的一种数学表达式，也称为热力学第一定律：体系在过程中内能(热力学能的增量 ΔU)的改变量等于体系在过程中吸收的热量(Q)减去对环境所做的功(W)。

热和功的转移方向可以通过指定正或负号来表明，常采用如下规定：

(1)当体系以热的形式从环境吸入能量，Q 为正；当体系以热的形式向环境放出能量，Q 为负。

(2)当体系对环境做功，放出能量，W 为正；当环境对体系做功，吸入能量，W 为负。

例如：一气体吸收 2000kJ 的热，$Q = +2000kJ$，并做了 200kJ 的功，$W = +200kJ$，此时 $\Delta U = Q - W = 2000 - 200 = 1800kJ$。

2.5.2　化学反应热的计算

1)Гесс 定律

1840 年，T. H. Гесс 从实验中总结出一条规律：化学反应的热效应只与反应的始态和终态有关，而与反应的途径无关，这一定律就叫Гесс 定律。这一规律适用于等容热效应和等压热效应，Гесс 定律表明内能和焓为状态函数，其改变量与途径无关。根据这个基本定律可计算一些很难直接用实验方法测定的反应热。

2)用标准摩尔生成焓求化学反应热

与内能(U)相似，各物质的焓(H)的绝对值也是不可以确定的。但在实际应用中人们关心的是反应或过程中系统的焓变(ΔH)。为此人们采用了相对值的办法，即规定了物质的相对焓值。

在标准条件下由指定的单质(通常是在所选择的温度 T 和压力 $p = p^{\ominus}$ 时的最稳定的形式)生成单位物质的量的纯物质时反应的焓变叫作该物质的标准摩尔生成焓。通常选定温度为 298.15K，作为该物质在此条件下的相对焓值，以 $\Delta_f H_m^{\ominus}(298.15K)$ 表示，本书仍按习惯简写为标准生成焓 $\Delta_f H^{\ominus}$，上标"$\ominus$"代表"标准态"(可读作"标准")，下角标 f 代表"生成"。

以氢气和氧气作用生成液态水的反应为例：

$$H_2(g) + \frac{1}{2}O_2(g) = H_2O(l) \qquad \Delta H^{\ominus} = -285.8kJ \cdot mol^{-1}$$

$H_2O(l)$ 的标准生成焓 $\Delta_f H^{\ominus}(H_2O, l, 298.15K)$ 为 $-285.8kJ \cdot mol^{-1}$。而任何指定的单质的标准生成焓为 0，实际上也就是把在此条件下指定的单质的相对焓值作为 0。

Гecc 定律的重要用途就是利用化合物的标准生成热，来计算各种化学反应的热效应。因为在任何反应中，反应物和生成物所含有的原子的种类和个数总是相同的，用相同种类和数量的单质即可以组成全部反应物，也可组成全部生成物，如果分别知道了反应物和生成物的生成热，即可求出反应的热效应。

在相同条件下，反应热效应等于生成物的生成热总和减去反应物的生成热总和，即对于反应：$\nu_A A + \nu_B B = \nu_Y Y + \nu_Z Z$

$$\Delta H^{\ominus} = \sum \nu_i \Delta_f H^{\ominus}(生成物) - \sum \nu_i \Delta_f H^{\ominus}(反应物) \qquad (2-17)$$

3)由标准燃烧焓计算化学反应热

某些无机化合物的生成焓可通过实验测定，但有机化合物通常是不能由单质直接合成的，因此生成焓的数据难以得到。有机化合物燃烧热可以测定，所以用燃烧热计算有机反应的热效应是常用的方法。

在标准状态和指定温度下，1mol 物质完全燃烧，并生成指定产物的焓变，称为该物质的标准燃烧焓或标准燃烧热，简称燃烧焓(Enthalpy of Combustion)或燃烧热(Heat of Combustion)，用符号 $\Delta_c H_{m,T}^{\ominus}$ 表示，若指定温度为 298.15K 时通常写作 $\Delta_c H_m^{\ominus}$，单位为 $kJ \cdot mol^{-1}$。

对标准燃烧焓的定义和数据作如下说明：

有机化合物一般由碳、氢、氮、氧、硫和卤素组成，燃烧后生成的指定产物是指化合物中的碳生成 $CO_2(g)$、氢生成 $H_2O(l)$、氮生成 $N_2(g)$、硫生成 $SO_2(g)$、卤素生成 HX (aq)，由于这些物质不再燃烧或在一般情况下燃烧时，产物仍是这些物质，故规定它们的燃烧焓为 0。燃烧反应都是放热反应，所以燃烧焓均为负值。由标准燃烧焓得到计算反应热效应的计算式(2-18)为：

$$\Delta H^\ominus = \sum \nu_i \Delta_c H_m^\ominus（反应物） - \sum \nu_i \Delta_c H_m^\ominus（生成物） \qquad (2-18)$$

4）由键焓估算反应热效应

键焓和键能虽然都是表示断开1mol气态物质化学键时所需要的能量。前者是在恒温、恒压条件下，后者是在恒温、恒容条件下，两者在数值上差别并不大，在一般情况下可以不加以区别。

从原子分子水平上来分析化学反应，不难看出，反应前后原子本身并未发生变化，发生变化的只是原子间的组合，而原子间组合的变化又是由原子间相互作用力（化学键）的变化引起的。例如用化学键形式表示HCl的生成反应

$$H—H(g) + Cl—Cl(g) === 2H—Cl(g) \qquad \Delta H^\ominus = -184.60kJ \cdot mol^{-1}$$

上述反应的实质是打开两个旧键：H—H键和Cl—Cl键形成两个H—Cl新键。断开化学键需克服原子间的吸引力消耗能量，形成化学键时，因原子间的相互吸引而释放能量。断开化学键消耗的能量大于形成化学键释放的能量时，反应是吸热的，反之为放热。

HCl(g)生成反应的$\Delta H^\ominus$为负值，说明形成两个新键释放出的能量大于断开两个旧键所吸收的能量。

在标准状态和指定温度下，断开1mol气态物质的化学键并使之成为气态原子时的焓变称为该化学键的键焓(Bond Enthalpy)。用符号$\Delta_b H_{m,T}^\ominus$表示，单位为$kJ \cdot mol^{-1}$。如温度指定为298.15K时，通常情况下可不予表明。

由键焓估算反应热效应的公式为：

$$\Delta H^\ominus = \sum \nu_i \Delta_b H^\ominus（反应物） - \sum \nu_i \Delta_b H^\ominus（生成物） \qquad (2-19)$$

键焓是离解能的平均值，如H_2O分子中有两个H—O键，离解能D分别为：

$$H_2O(g) = H(g) + H—O(g) \qquad D_1 = 502kJ \cdot mol^{-1}$$

$$H—O(g) = H(g) + O(g) \qquad D_2 = 426kJ \cdot mol^{-1}$$

H—O键的键焓为这两步离解能的平均值464kJ·mol⁻¹，因此当用键焓求算反应的热效应时，只能是估算，得到的是近似值，但对于双原子分子如HI、Cl_2等其键焓和离解能是相等的。

2.5.3 化学反应的方向和自发过程

1）熵(Entropy)

熵是表示体系中微观粒子运动混乱度的量度，是热力学函数，以符号"S"表示。与焓一样，熵也是状态函数，体系的状态一定时，就有确定的值。体系的混乱度越大，熵值就越大。在反应或过程中体系混乱度的增加就用体系熵值的增加来表达。

根据热力学推导，在特定条件下的恒温过程中系统所吸收或放出的热量（以Q_r表示）

与系统的熵变ΔS有着下列关系：

$$\Delta S = \frac{Q_r}{T} \tag{2-20}$$

式中　　Q_r——可逆过程的热效应，$J \cdot mol^{-1}$；

　　　　T——体系的热力学温度，K；

　　　　ΔS——体系的熵变，$J/(mol \cdot K)$。

2）热力学第三定律与规定熵（绝对熵）、标准熵

体系内物质微观粒子的混乱度是与物质的聚集状态有关的。在绝对零度时，理想晶体内分子的热运动（平动、转动和振动等）可认为完全停止，物质微观粒子处于完全整齐有序的情况。热力学中规定：温度为0K时，任何纯物质的完整晶体的熵值为$0(S_0 = 0)$。

如果将某纯物质从0K升高温度至T，该过程的熵变化为ΔS：

$$\Delta S = S_T - S_0 = S_T$$

S_T表示温度为$T(K)$时的熵值，称为这一物质的绝对熵或规定熵（与内能和焓不同，物质的内能和焓的绝对值是难以求得的）。

单位物质的量的纯物质在标准条件下的规定熵叫作该物质的标准摩尔熵，即：1mol某纯物质在标准压力下的规定熵称为标准摩尔熵，以符号$S_m^{\ominus}$表示之。本书仍按习惯简写为标准熵$S^{\ominus}$。熵的SI单位为$J/(mol \cdot K)$。

3）化学反应熵变的计算

熵也是状态函数，反应的标准摩尔熵变的计算和焓变的计算相似，只取决于体系的始态和终态，有了$S_m^{\ominus}$，运用下式就可计算反应的标准摩尔熵变$\Delta_r S_m^{\ominus}$：

$$\Delta H^{\ominus} = \sum v_i \Delta S^{\ominus}（生成物） - \sum v_i \Delta S^{\ominus}（反应物） \tag{2-21}$$

4）化学反应进行方向的Gibbs函数变判据

根据热力学稳定性条件，只有反应过程的Gibbs自由能变化为负，反应才能自发进行。Gibbs自由能变化的热力学关系式为

$$\Delta G = \Delta H - T\Delta S \tag{2-22}$$

式中　　ΔG——反应过程的Gibbs自由能变化，$J \cdot mol^{-1}$；

　　　　ΔH——产物和反应物间的焓差，$J \cdot mol^{-1}$；

　　　　ΔS——产物和反应物间的熵差，$J/(mol \cdot K)$。

热力学研究指出：在恒温恒压下：

　　　　$\Delta G < 0$　　　　反应向正向进行，

　　　　$\Delta G > 0$　　　　反应向逆向进行，

　　　　$\Delta G = 0$　　　　反应处于平衡状态。

这就是化学反应进行方向的Gibbs函数变判据。由标准生成Gibbs函数的数据可计算得$\Delta G^{\ominus}$，可用来判断反应在标准态下能否自发进行。

$$\Delta G^{\ominus} = \sum v_i \Delta G_f^{\ominus}（生成物） - \sum v_i \Delta G_f^{\ominus}（反应物） \tag{2-23}$$

一般来说温度变化时，ΔH、ΔS 变化不大，而 ΔG 却变化很大。因此，当温度变化不太大时，可近似地把 ΔH、ΔS 看作不随温度而变的常数。这样，只要求得 298K 时的 $\Delta H^{\ominus}(298)$ 和 $\Delta S^{\ominus}(298)$，利用近似公式（2-24）就可求算温度 T 时的 $\Delta G^{\ominus}(T)$：

$$\Delta G^{\ominus}(T) \approx \Delta H^{\ominus}(298) - T \Delta S^{\ominus}(298) \tag{2-24}$$

2.6 化学反应速率

2.6.1 化学反应速率及其表示方法

化学反应速率（Reaction Rate）是指在一定条件下，由反应物转变成生成物的快慢程度。化学反应速率是以单位时间内、单位反应容积中消耗一种反应物或者生成一种产物的物质的量来表示的，如 A + B ——→P 的反应：

$$-r_A = \frac{1}{V}\frac{dn_A}{dt} \tag{2-25}$$

式中 $-r_A$——以反应物组分 A 的消失速率，$mol \cdot m^{-3} \cdot s^{-1}$；

     V——反应容积，m^3；

     t——反应时间，s；

     n_A——反应器内反应物组分 A 的物质的量，mol。

2.6.2 反应速率的浓度效应和反应级数

反应速率的浓度效应通常采用幂函数形式：

$$(-r_A) = kc_A^{\,a} c_B^{\,b}\cdots \tag{2-26}$$

式中 c_A，c_B——反应物质 A 和 B 的浓度，mol/m^3；

     k——反应速率常数；

     a，b——反应物 A 和 B 的反应级数。

反应的总级数 n 为各组分分级数的代数和：

$$n = a + b + \cdots \tag{2-27}$$

从工程角度讲，反应级数表示反应速率对组分浓度变化的敏感程度。反应级数的大小表示浓度对反应速率影响的程度，级数越大，则速率受浓度影响越激烈。

例如，单分子分解反应

$$A \longrightarrow B$$

反应级数的工程意义是表示反应速率对于反应物浓度变化的敏感程度。以反应物 A 来说，由反应速率对反应物 A 的浓度 c_A 求导得

$$\frac{\dfrac{\partial(-r_A)}{(-r_A)}}{\dfrac{\partial(c_A)}{(c_A)}} = a$$

表明反应物 A 的级数 α 是反应速率对反应物 A 浓度的相对变化率的大小。反应级数的高低并不单独决定反应速率的大小,但反映了反应速率对浓度变化的敏感程度。级数愈高,浓度变化对反应速率的影响愈大。

表 2 - 7 列出了一级和二级反应的反应速率随反应物浓度降低而递减的变化情况。由表 2 - 7 可见,对二级反应,当转化率 $X = 0.99$ 时反应速率与初速率相差 10^4,这对工业反应器的传热和温度控制带来不利的影响。

表 2 - 7　不同转化率时反应速率的递变趋势

反应物浓度 c	转化率 X	反应速率递变趋势[①]	
		一级反应 (r_1/r_{10})[②]	二级反应 (r_2/r_{20})[②]
1	0	1	1
0.7	0.3	0.7	0.49
0.5	0.5	0.5	0.25
0.1	0.9	0.1	0.01
0.01	0.99	0.01	0.0001

[①]反应速率递变趋势用相对速率,即与初速率之比表示
[②]r_1/r_{10} 和 r_2/r_{20} 分别为一级和二级反应相对速率

2.6.3　反应速率的温度效应和反应活化能

1)反应速率的温度效应

温度是影响化学反应速率的重要因素。1884 年,范特霍夫(van't Hoff)根据实验事实总结出一条关于反应速率与温度关系的近似规律:温度每升高 10℃,化学反应速率降升高 2 ~ 4 倍。即

$$k_{T+10}/k_T = 2 \sim 4 \tag{2-28}$$

范特霍夫近似规律可大概地估算出温度对反应速率的影响以及不同温度下化学反应速率的大小。它只适用于那些化学反应速率公式遵守阿仑尼乌斯规则的化学反应。1887 年阿仑尼乌斯总结出另一个经验公式:

$$k = A \cdot e^{-E_a/RT} \tag{2-29}$$

式中　A——指前因子(Pre - exponential Factor)或称为频率因子(Frequency Factor);

　　　E_a——反应的活化能,kJ/mol;

　　　R——摩尔气体常数,J/(mol · k);

　　　T——绝对温度,K。

指前因子是反应的特征常数,衡量反应物在一次碰撞过程中发生化学变化(反应)的概率。其数值与反应物分子间的碰撞有关而与浓度无关,与反应温度关系不大。活化能是衡量反应物质从反应的初态到活化状态所需的能量,它是一个化学反应的特性参数。从式(2 - 29)可以看出,速率常数与反应的活化能及反应温度有关。将上式改写成对数形式:

$$\ln k = \ln A - E_a/RT \tag{2-30}$$

显然，$\ln k$ 与温度的倒数 $1/T$ 之间为线性关系。若以 $\ln k$ 为纵坐标，以 $1/T$ 为横坐标作图，可得一直线，该直线的斜率为 $-E_a/R$，直线在纵轴上的截距即为 $\ln A$。由此就可以求出反应的活化能 E_a 和指前因子 A。

但要指出的是，并非任何化学反应都符合该近似规律。实际上温度对化学反应速率的影响比较复杂，有时化学反应温度的升高不一定会加速化学反应速率，相反会降低化学反应速率。温度对反应速率的影响规律如图 2-5 所示。

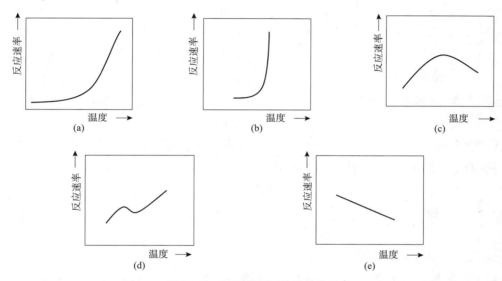

图2-5　反应速率和温度的关系

反应速率和温度的关系大致有以下几种：

图 2-5(a)表示一般反应，其反应速率随温度的升高而逐渐加快，温度和反应速率之间近似有指数关系。在化学工业中，绝大多数反应属于该类型。

图 2-5(b)表示爆炸反应，随着反应的进行，反应速率突然增大。炸药的爆炸反应大多属于该类反应。

图 2-5(c)表示酶催化反应，温度太高或太低都不利于生物酶的活性，化学反应的特点是先随温度的升高反应速率加快，但温度达到一定值时，反应速率随温度的升高而降低。某些受吸附速率控制的多相催化、催化加氢反应等也具有此类特性。

图 2-5(d)该类反应的反应速率与温度的关系较复杂，事例虽然不多，它先随温度的升高而加快，而后降低，随后又随温度的升高而加快。碳的氧化反应就属于该类型，其原因可能是当温度升高时副反应的出现导致反应的复杂化。

图 2-5(e)该类反应不多，属于反常反应，反应速率随着温度的升高而下降，一氧化氮进一步氧化成二氧化氮的反应属于该类。

2)活化能对化学反应速率的影响

活化能的统计意义是 1mol 的反应物质从初始状态经激发到活化状态时所需要的能量。

活化能用 E_a 来表示。化学物质进行反应时的首要条件是分子之间的相互作用，也就是分子与分子之间的相互碰撞。根据分子运动理论，虽然分子间彼此碰撞的频率很高，但并不是所有的碰撞都是有效的，只有少数能量较高的分子碰撞后才能起作用。活化能 E_a 表征了反应分子能发生有效碰撞的能量要求。图 2 - 6 为化学反应的能峰示意图，其中 A 点代表反应物的初始状态，A^* 点代表活化状态，P 点代表反应的终了状态。也就是说，反应物 A 必须获得 E_a 能量变成活化状态 A^* 后才能越过能垒变成生成物 P。同理对于可逆反应而言，反应物 P 必须获得的能量 E_a' 才能越过能垒变成生成物 A。

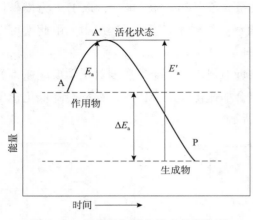

图 2 - 6 活化能与活化状态的概念图

图 2 - 6 的活化能与活化状态的概念图对反应速率理论的发展起了很大的作用。根据图 2 - 6 的概念，化学反应的活化能可表示为

$$E_a = \overline{E}^* - \overline{E}_r \qquad (2-31)$$

式中 $\overline{E}^*$ ——能发生反应的分子的平均能量，J/mol；

  $\overline{E}_r$ ——反应物分子的平均能量，J/mol；

  E_a ——反应的活化能，J/mol。

活化能直接决定了反应速率常数对温度的相对变化率大小，因此，活化能的工程意义是反应速率对反应温度敏感程度的一种度量。活化能愈大，表明反应速率对温度变化愈敏感，即温度的变化会使反应速率发生较大的变化。例如，在 25℃下，若反应活化能为 40kJ/mol，则温度每升高 1℃，反应速率常数约增加 5%；若活化能为 125kJ/mol，则反应速率将增加 15% 左右。当然，这种影响程度还与反应的温度水平有关，表 2 - 8 列出了不同活化能时，反应速率常数增加 1 倍所需提高的温度值。

表 2 - 8 反应温度敏感性(使速率常数提高 1 倍所需提高的温度) ℃

温度 T/℃	活化能 E_a/(kJ/mol)		
	41.8	167.2	292.9
0	11	3	2
400	70	17	9
1000	273	62	37
2000	1073	197	107

由表 2 - 8 可知，在一定温度下，活化能愈大，速率常数提高一倍时所需提高的温度越小；在相同活化能下，温度愈低，则所需提高的温度也越小。

在理解反应的重要特征——活化能 E_a 时，应当注意以下 3 点：

（1）活化能 E_a 不同于反应的热效应，它并不表示反应过程中吸收或放出的热量，而只表示使反应分子达到活化态所需的能量，故与反应热并无直接的关系。

（2）从反应工程的角度讨论，活化能的本质是表明了反应速率对温度的敏感程度。一般而言，活化能愈大，表示温度对反应速率的影响愈大，即反应速率随温度上升而增加得愈快。

（3）对同一反应，即当活化能一定时，反应速率对温度的敏感程度随温度升高而降低。

通常的化学反应的活化能大约在 40~400kJ/mol。一般来说，当化学反应的活化能在 40kJ/mol 以下时，反应能在室温下瞬时完成。若化学反应的活化能大于 100kJ/mol 时，则需要适当加热反应才能进行。活化能 E_a 越大，反应越难进行，要求的反应温度也就越高。

2.7 常用工业反应器类型及特点

2.7.1 常用工业反应器类型

工业生产上使用的反应器型式多种多样，分类方法也有多种。可以按反应器的形状、操作方式、传热方式或反应物相态分类。最常用的是按相态进行分类。工业生产上应用最广泛的几种反应器型式列于表2-9和图2-7中。

表2-9 常用工业反应器类型

相态			反应器型式	工业生产实例
均相	单相	气相	管式反应器	石脑油裂解、一氧化氮氧化
		液相	管式、釜式、塔式反应器	酯化反应、甲苯硝化
非均相	二相	气固	固定床反应器	合成氨、苯氧化、乙苯脱氢
			流化床反应器	石油催化裂化、丙烯氨氧化
			移动床反应器	二甲苯异构、矿石焙烧
		气液	鼓泡塔	乙醛氧化制醋酸、羰基合成甲醇
			鼓泡搅拌釜	苯的氯化
		液固	塔式、釜式反应器	树脂法三聚甲醛
	三相	气液固	涓流床反应器	炔醛法制丁炔二醇、石油加氢脱硫
			淤浆床反应器	石油加氢、乙烯聚合、丁炔二醇加氢

选择并确定工业反应器的型式和方案，一方面要掌握工业反应过程的基本特征及其反应要求，充分应用反应工程的理论作为选择的依据，对该过程作出合理的反应器类型选择。另一方面，同样重要的是要熟悉和掌握各种反应器的类型及其基本特征，如它的基本流型、反应器内的混合状态、传热和传质的特征等基本传递特性。

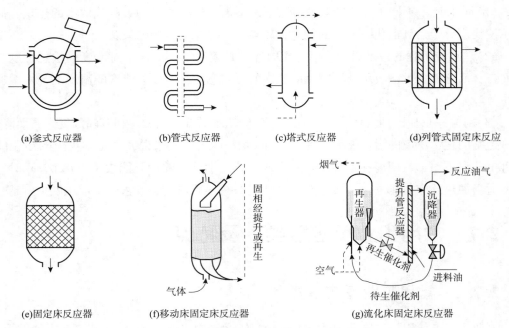

(a)釜式反应器 (b)管式反应器 (c)塔式反应器 (d)列管式固定床反应

(e)固定床反应器 (f)移动床固定床反应器 (g)流化床固定床反应器

图2-7 常用工业反应器结构示意图

1)理想间歇反应器

工业上充分搅拌的间歇釜式反应器的性能和行为相当接近于理想间歇反应器。搅拌式反应釜结构图如图2-8所示。

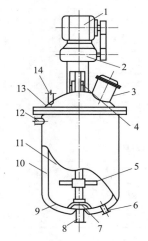

图2-8 反应釜的基本结构

1—电机；2—传动装置；3—人孔；4—密封装置；5—搅拌器；6，12—夹套直管；
7—搅拌器轴承；8—出料管；9—釜底；10—夹套；11—釜体；13—顶盖；14—加料管

釜内装有一定型式的搅拌桨叶以使釜内物料混合均匀。釜式搅拌器可采用间歇或连续二种操作方式，它大多用于液相反应场合。容器的顶部有一可拆卸的顶盖，以供清洗和维修。顶盖上开有各种工艺接管用以测量温度、压力和添加各种物料。筒体外部一般装有夹套用来加热或冷却物料。器内还可以根据需要设置盘管或排管以增大传热面积。

搅拌器的型式、尺寸和安装位置要根据物料性质和工艺要求选择得当，目的是为了在消耗一定的搅拌功率条件下达到反应器内物料的充分混合。经过一定的时间，反应达到规定的转化率后，停止反应并将物料排出反应器，完成一个生产周期。从理想间歇反应器操作可以看到有以下特点：

（1）由于剧烈的搅拌，反应器内物料浓度达到分子尺度上的均匀，且反应器内浓度处处相等，因而排除了物质传递对反应的影响。

（2）由于反应器内具有足够的传热条件，反应器内各处温度始终相等，因而无须考虑反应器内的热量传递问题。

（3）反应器内物料同时加入并同时停止反应，所有物料具有相同的反应时间。

理想间歇反应器的反应结果将唯一地由化学动力学所确定。

间歇反应器的优点是操作灵活，易于适应不同操作条件和不同产品品种，适用于小批量、多品种、反应时间较长的产品生产，特别是精细化工与生物化工产品的生产，如染料、药物合成，试剂的制备等。间歇反应器的缺点是装料、卸料等辅助操作要耗费一定的时间，产品质量不易稳定。

2）理想管式反应器

管式反应器是工业生产中常用的反应器型式之一，如图 2 - 7(b)所示。它大多采用长径比很大的圆形空管构成，因而得名"管式反应器"。它多用于连续气相反应场合，亦能用于液相反应。均相管式反应器中的物料在轴向的混合很小，其流型趋近于平推流。它的管径较小，加之径向的充分混合，所以其物料的加热或冷却较为方便，温度易于控制，特别是便于要求分段控制温度的场合。石脑油热裂解、高压聚乙烯等是应用管式反应器的典型例子。

在化工连续生产应用管式反应器中，沿着与物料流动方向相垂直的截面上总是呈现不均匀的速度分布。在流速较大的湍流流动时，虽然速度分布较为均匀，但在边界层中速度仍然因壁面的阻滞而减慢，造成了不均匀的速度分布，使径向和轴向都有一定程度的混合，这种速度分布的不均匀性和径向、轴向的混合给反应器的设计计算带来了许多困难。为此，人们设想了一种理想流动，即假设在反应器内具有严格均匀的速度分布，且轴向没有任何混合，这种流动状态称活塞流、理想排挤或平推流。这是一种并不存在的理想化流动，是作为一种典型的流动模型而被人们研究。实际反应器中流动状况，只能以不同程度接近于这种理想流动。

管式反应器当管长远大于管径时，比较接近这种理想流动，通常称为理想管式反应器，用 PFR 表示。理想管式反应器具有以下特点：

（1）在正常情况下，它是连续定态操作，在反应器的各个径向截面上，物料浓度不随时间而变化；

（2）反应器内各处的浓度未必相等，反应速率随空间位置而变化；

（3）由于径向具有严格均匀的速度分布，也就是在径向不存在浓度变化，所以反应速率随空间位置的变化将只限于轴向。

对于间歇搅拌釜式反应器和理想管式反应器，当各项操作条件相同时，能够得到完全相同的反应结果。如果不计间歇反应过程中加料、出料、清洗和升降温度等辅助生产时间，则在一定反应时间内达到规定产量和转化率所需间歇反应器的体积和同一反应时间内流过理想管式反应器的物料体积相同。在理想管式反应器中实现反应过程的连续化时，本身并未得到强化。连续化只是节省了辅助生产时间，并提供了操作和控制的方便。

3）连续流动釜式反应器

在连续釜式反应器中，反应原料以稳定的流速进入反应器，反应器中的反应物料以同样稳定流速流出反应器。由于强烈搅拌的作用，刚进入反应器的新鲜物料与已存留在反应器内的物料在瞬间达到完全混合，使釜内物料的浓度和温度处处相等。这种停留时间不同的物料之间的混合，称为逆向混合或返混。

返混是不同时刻进入反应器物料间的混合。返混是连续化时伴生的现象。它起因于空间的反向运动和不均匀的速度分布。假定反应器在稳定操作条件下，任何空间位置处物料浓度、温度和加料速度都不随时间而发生变化的定常状态，则连续流动釜式反应器的特点，可归结为：

（1）反应器中物料浓度和温度处处相等，并且等于反应器出口物料的浓度和温度。

（2）物料质点在反应器内停留时间有长有短，存在不同停留时间物料的混合，即返混程度最大。

（3）反应器内物料所有参数，如浓度和温度等都不随时间变化。

4）固定床反应器

固定床反应器是用来进行气固催化反应的典型设备，如图 2-7(d)、(e)所示。常用的固定床反应器下部设有多孔板，板上放置固体催化剂颗粒。气体自反应器顶部通入，流经催化剂床层后自反应器底部引出。催化剂颗粒保持静止状态，故称固定床反应器。固定床反应器有多种不同的型式，当用于反应热效应较小的场合时，反应传热问题易于解决，其反应器的直径较大，设备为简单的筒体式。当反应有很强的热效应时，传热成为反应器设计的关键，这时反应器直径不能太大，往往采用成百上千根细管径(如1in管)的管子并联，这种型式的设备称为列管式固定床反应器。固定床反应器按操作及床层温度分布的不同可分为绝热式、等温式和非绝热非等温三种类型。按换热方式的不同又可分为换热式和自热式两种不同操作方式。还可按流体在床层内流动方向不同而分为轴向床和径向床。

固定床反应器在石油化工和化学工业中有着极为广泛的应用，如用于乙苯脱氢制苯乙烯的绝热反应器；苯氧化制顺酐的列管式固定床反应器；合成氨的自热式反应器；甲醇氧化的薄床层反应器等都是一些典型的固定床反应器。

5）流化床反应器

流化床也是一种实现气固催化反应的重要反应器型式。它的主体是一个圆筒，底部有一多孔或其他型式的分布板以使气体均匀分布于床层。气流速度要大到足以使颗粒催化剂呈悬浮状态，此时床层犹如"沸腾"一般，故也称"沸腾床"。工业生产中很多石油化工和基本有机化工过程采用流化床反应器。它的最大特点是由于床内气、固两相呈强烈湍动状态，增强了传质和传热，使床层内温度达到均匀，因而特别适合一些强放热反应或对温度很敏感的过程。如催化裂化、丙烯腈生产过程都采用流化床反应器。

6）气液相反应器

气液相反应器是用来进行气液反应的另一大类反应器。由于气液反应的复杂性，对不同的反应条件和传质、传热、返混等的不同要求，形成多种气液反应器的类型和结构型式。工业气液反应器按外形可分为塔式、釜式和管式等。按其气液两相的接触形态可分为鼓泡塔、填料塔、鼓泡搅拌釜和喷雾塔等。多数有机物的氧化、氯化都采用气液反应器。

7）其他类型反应器

气液两相在固体催化剂作用下发生的反应属于气液固三相反应过程。当二股流体以并流或逆流方式通过催化剂颗粒的固定床层时，称它为涓流床反应器。它实际上是固定床反应器的一种特殊型式。在一些气液系统中的固体催化剂，以颗粒状或细粉状悬浮于液相中，这类反应器称为淤浆反应器。

2.7.2　反应器的操作方式

反应过程的工艺条件主要是指温度、浓度、反应时间、操作线速度和催化剂颗粒大小等因素。对于温度，要选择合理的进料温度、冷却介质温度和反应温度。对于浓度，相应地要确定适当的进料浓度、各反应物浓度的比例、出口的残余浓度水平等。选择不同加料方式的目的主要是为了控制反应过程的浓度和温度，以利于反应的进行。

对于一个工业反应过程而言，设计者的任务是要选择适宜的反应器型式、结构、操作方式和工艺条件。在满足各项约束条件的前提下确定合理的反应转化率、选择率和相应的反应器尺寸。反应器的操作方式按其操作连续性可以分为间歇操作、连续操作和半连续操作三种操作状态。按它的加料方式可以有一次加料、分批加料和分段加料等不同方式。

1）间歇操作方式

特点是进行反应的原料一次装入反应器内，然后在其中进行反应，经过一定时间后，达到要求的反应程度便卸出全部反应物料，然后清洗反应器，准备进行下一次操作。

间歇反应过程是一个非定态过程，反应器内部物料的组成随时间变化，这是其基本特征。由于间歇反应器多采用釜式反应器，搅拌较为均匀，物料的组成随空间的变化不大。适用于反应速度较慢的化学反应，以及产量少的化学生产过程。

对大多数的制药、染料和聚合反应过程，工业生产上广泛采用间歇操作方式。间歇操作应用于生产量少、产品品种多变的过程，可以充分发挥它的简便、灵活的特点。但间歇操作时，每批生产之间需要加料、出料、清洗和升温等辅助生产时间，劳动强度也较大，每批产品的质量不易稳定。

2）连续操作方式

特点是连续地将原料加入反应器，反应产物也连续地从反应器中流出。

连续操作的反应器多属于定态操作，此时反应器内任何部位的物系参数，如浓度及温度等均不随时间而变化。连续操作反应器具有产品质量稳定、劳动生产率高、便于实现机械化和自动化等优点，适用于大规模工业生产。

多数大规模的生产过程都采用连续操作。

3）半连续操作方式

工业生产上还有一类介于以上两者之间的操作状态，即半连续操作。它通常是把一种反应物一次投入反应器内，而另一种反应物连续通过反应器以适应某些反应过程的特殊需要。例如苯的氯化是以氯气连续通过一次投入的苯中进行反应。

原料或产物只要其中一种为连续输入或输出而其余则为分批加入或卸出的操作，均属于半连续操作。半连续操作的反应器具有间歇和连续操作反应器的特点，反应物料组成随时间和空间位置变化。

2.7.3 反应器内的物理传递过程特点

工业化学反应器中不仅进行着化学反应过程，还伴随有大量的物理过程，基本的物理过程是传递过程，包括动量传递、热量传递和质量传递，这三个传递过程与化学反应过程相互影响，相互渗透，最终影响到反应的结果，使整个过程复杂化。

1）返混和不均匀流动

返混和不均匀流动是连续流动反应器中发生的两种流动现象。例如在连续搅拌反应器中，由于搅拌器的搅拌作用，使进入反应器的物料被均匀地分散到反应器内的各个部位。使早先进入的存在于反应器内的物料有机会与刚进入的反应物料相混合，这种混合现象称为返混现象。

流体在管内时呈现的不均匀速度分布则是一种典型的不均匀流动。这两种流动现象会改变浓度的空间分布，进而影响到反应结果。返混是一种重要的影响反应过程的宏观动力学因素，它具有以下特点。

（1）返混是不同时刻进入反应器的物料间的混合，它起因于空间的反向运动和不均匀流动。返混可以分成微团尺度（固体颗粒、液滴和气泡）的返混和设备尺度的返混。返混是连续化反应器的伴生现象，间歇搅拌反应器中不存在返混。

（2）返混造成两种后果：

①改变了反应器的浓度分布。对规定出口浓度的反应器，它使反应物浓度普遍下降，产物浓度普遍上升。这种情况主要出现在均相反应中。

②造成物料的停留时间分布。流体在系统中流速分布的不均匀，造成流体粒子在系统中的停留时间有长有短，并形成某种分布，从而造成反应结果的不均匀性。这种情况主要出现在固相反应中。反应器内的返混程度随其几何尺寸的增大而显著增强。

（3）返混的利弊取决于反应的动力学特征，即反应的浓度效应——速率的浓度效应和选择性的浓度效应。返混对传热和传质是有利的，但对反应却是不利的。在反应设备选型和反应器的放大时，要首先根据反应特征确定是加强返混还是抑制返混。

（4）限制返混的措施主要是分割——横向分割和纵向分割。例如为限制气液反应器中液相的返混，工业上通常采用在反应器中放置填料、设置横向挡板和安置垂直套管等措施。

2）传质过程

对非均相反应，大多数情况下反应仅在其中某一相中发生，非均相反应过程中的反应物经常是部分或全部由反应向外部提供。例如在气固催化反应中，反应物必然由气相主体扩散到催化剂颗粒的外表面，继而通过颗粒内的细孔向催化剂内表面扩散，最后在颗粒内表面上发生反应。对于气相主体而言，仅是反应物料供应相，在气相主体中不发生反应。又如在气液反应过程中，反应通常在液相中进行。此时气体反应物必须由气相主体扩散到气液界面，然后溶解进入液相，最后再由液相表面向液相主体扩散，与液相反应物完成反应过程。

在非均相反应过程中，虽然反应相中的反应动力学规律与均相反应完全相同，但是反应相中物料的浓度却受到扩散传质过程的影响。扩散传质过程也是一个速率过程，化学反应要以一定的速率进行就要求反应物能以一定的速率传递进入反应相。反应物要以一定速率扩散传递就要有一定的浓度推动力。因此，非均相反应过程中由于传质过程的存在，必然伴有浓度差异，从而造成反应场所各部位的新的浓度差异，使反应结果发生变化，影响反应转化率和选择率。

非均相反应过程的总速率是由化学反应速率和传递过程速率共同决定的，当传递过程速率远小于化学反应速率时，过程的总速率取决于传递过程速率，这种情况称为传递过程控制。反之亦然。传质也是一种重要的影响反应过程的宏观动力学因素，它有如下特点：

（1）传质是非均相反应过程伴生的现象，起因于反应物从非反应相向反应相的传递。在一些场合还包括产物由反应相向非反应相的传递。传质速率表达式为：

$$N = ka(c_b - c_s) \qquad (2-32)$$

式中　N——某组分的传质速率；

　　　k——传质系数，气相用 k_g 表示，液相用 k_l 表示；

　　　a——传质场所的比表面积；

　　　c_b、c_s——流体主体中的反应物浓度和相界面反应物浓度。

（2）传质造成的后果。实际反应场所反应物浓度下降，产物浓度上升，与返混的后果有相同之处。传质与返混的不同之处是：返混只改变浓度水平而不改变各组分的配比；传质则可以因各组分的极限扩散速率不同而改变反应场所的浓度配比，其利弊决定于反应速率和选择性浓度效应的特征。

（3）传质影响程度——取决于达姆科勒（Damkohler）准数 Da 和西勒（Thiele）准数 ϕ。根据两准数的大小可以找出强化或消除传质影响的方法和措施。

对任何级数 n 的反应

$$Da = kc_b^{n-1}/k_g a \tag{2-33}$$

Da 可作为催化剂颗粒外部传质影响程度大小的判据，Da 越大，传质过程的影响就越严重。在设计或选用反应器时，应采用足够高的流体线速度，以增大传质系数 k_g，使 Da 远小于 1，从而达到反应控制的目的。

ϕ 是催化剂颗粒内部传质影响程度大小的判据，定义为

$$\phi = \{kc_b^n/[(3/r_p)(D_e c_b/3r_p)]\} \tag{2-34}$$

式中　D_e——颗粒内表面有效扩散系数；

　　　r_p——催化剂颗粒半径；

　　　c_b——流体主体中的反应物浓度；

　　　n——反应级数。

ϕ 越大，内部传质过程的影响就越严重。在设计或选用反应器时，应采取减少催化剂颗粒内扩散阻力的措施（如采用细小颗粒、使用多孔颗粒等），以增大颗粒内表面有效扩散系数 D_e，使 ϕ 远小于 1，从而达到控制反应的目的。

3）传热过程

化学反应过程总是伴有热效应，因此化学反应过程将伴有热量传递过程，即需要向反应相提供热量或是由反应相导出热量。传热过程是一个以温差为推动力，并由此产生各个部位新的温差的速率过程，它的特点如下：

（1）传热是由反应热效应派生出来的问题，反应器内的传热过程与反应过程之间有交联作用。

当过程为化学反应控制阶段（反应开始温度较低）时，反应放热速率 Q_g 为

$$Q_g = -\Delta H(-r)c_b^n V_p \tag{2-35}$$

式中　$-\Delta H$——反应热，J·mol^{-1}；

　　　V_p——催化剂颗粒体积。

当过程为扩散控制阶段（温度较高）时，反应放热速率为

$$Q_g = -\Delta H k_g a c_b^n V_p \tag{2-36}$$

反应过程的实际放热速率如图 2-9 的 S 形曲线。

催化剂与周围流体间的传热速率为

$$Q_r = ha(T_s - T_b)V_p \tag{2-37}$$

式中　h——催化剂颗粒和周围流体间的传热系数；

　　　T_s、T_b——催化剂颗粒温度和流体主体温度。

上式标绘在图 2-10 中是一条直线。在工程上定态操作时，应满足的条件为

$$Q_g = Q_r$$

图2-10中S形放热速率曲线与流体移热速率直线的交点即满足定态操作条件，通常称为定态操作点。

（2）传热问题同样有尺度之分——颗粒尺度上的传热（如催化剂颗粒与它周围流体间的传热）和反应器尺度上的传热。传热过程的存在造成反应器内附加的温度分布，自然会对反应结果产生影响。

（3）反应放热时，定态温度有稳定不稳定之分。定态稳定的条件为

$$\mathrm{d}Q_r/\mathrm{d}T_s > \mathrm{d}Q_g/\mathrm{d}T_s$$

由上式知，图2-9中三个定态操作点A、B、C中只有A、C两个是稳定的。

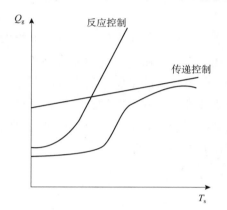

图2-9 催化反应放热速率曲线

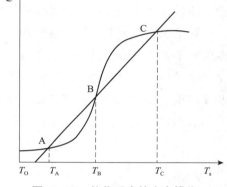

图2-10 催化反应的定态操作

在确定反应器的工艺条件时，对于可控性强的过程，可以在不稳定态下操作，借人工、自动调节实现闭环稳定。对于可控性差的过程，必须设计成开环稳定，即需用小温差、大传热系数和大冷却面积的冷却方案，并且冷却温差必须小于某极限值。

（4）反应放热强弱的判据因问题而异。对于颗粒尺度的稳定性，放热强弱的判据是绝热温升，对于设备尺度的稳定性例如管式反应器，放热强弱的标志是单位反应器体积内的放热量。

显然，上述的流体流动、传质和传热等是工业反应器内难以避免的过程，它们将伴随着化学反应过程同时发生，并将影响化学反应的结果。

上述这些物理过程，从本质上说它们并没有改变反应过程的动力学规律。也就是说，反应的真正动力学规律并不因为这些物理过程的存在而发生变化，但是这些物理过程将会影响反应场所的浓度和温度在时间、空间上的分布，从而影响化学反应的最终结果。

2.7.4 工业化学反应动力学

化学反应动力学可分为微观动力学和宏观动力学。所谓微观动力学就是从分子尺度出发，考察化学反应进行的动力学规律，反应速率方程常常采用基于简化的反应机理假设而得到的指数形式和双曲线形式，可以被用于反应工程计算，或与传递过程相结合，结果在大多数情况下也是令人满意的。宏观动力学则包含了传递过程的影响，在工业反应器中，

存在着气泡、液滴、固体颗粒尺度的传质和传热，这些传递过程比分子尺度大得多。由于传递阻力的存在，使得检测到的流体温度和浓度并非反应场所的温度和浓度，这种差异有时非常显著，因此，若研究的反应动力学包括传递过程在内，此时获得的反应动力学即为宏观动力学。它与微观动力学的不同之处在于反应动力学规律与考察尺度及研究内容不同。比如，对于气固催化反应过程，有以颗粒为考察对象的颗粒动力学，有以反应器床层为考察对象的床层动力学，其结果会因包含的传递过程因素（内部传递、外部传递及床层内流动状态等）不同而不同，而其微观动力学是一致的。

根据反应物的相态不同，反应动力学又分为均相动力学和非均相动力学。非均相反应动力学也称多相反应动力学，如气液相、气固相及气液固三相等。

工业反应过程中往往包括几个反应的组合。例如，在苯氧化生成顺丁烯二酸酐的反应过程中，苯除了氧化生成顺丁烯二酸酐外，还存在苯直接氧化生成碳的氧化物的平行副反应；生成的顺丁烯二酸酐还进一步深度氧化生成碳的氧化物的串联副反应。因此苯氧化反应过程是一个平行——串联的复杂反应过程。对于这类复杂的反应过程的动力学研究，工业过程开发的重点在于掌握反应规律和选择率的影响因素，而不在于反应机理的剖析，动力学研究的目的是为工业反应器选型、设计、操作和控制提供依据。

第3章 化工安全设计

3.1 化工建设项目选址

正确选择厂址是保证安全生产的前提。除考虑建设项目的经济性和技术合理性并满足工业布局和城市规划要求外，厂址选择在安全方面应重点考虑地质、地形、风向、水源、气象等自然条件对企业安全生产的影响和企业与周边区域的相互影响。

3.1.1 自然条件的影响

1）化工厂厂址选择的基本要求

工厂应避免定位在下列地区：

(1) 地震断层地区和基本烈度9度以上的地震区；

(2) 厚度较大的Ⅲ级自重湿陷性黄土地区；

(3) 易遭受洪水、泥石流、滑坡等危害的山区；

(4) 有开采价值的矿藏地区；

(5) 对机场、电台等使用有影响的地区；

(6) 国家规定的历史文物、生物保护和风景游览地区；

(7) 城镇等人口密集的地区。

2）自然条件的影响因素及对策

化工企业的厂址选择应充分考虑地震、软地基、湿陷性黄土、膨胀土等地质因素以及飓风、雷暴、沙暴等气象危害，依据地震、台风、洪水、雷击、地形和地质构造等自然条件资料，结合建设项目生产过程和特点，采取可靠技术方案、有针对性的和可靠的对策措施，如避开断层、滑坡、泥石流、地下溶洞等地区，设置可靠的防洪排涝设施，按地震烈度要求设防，工程地质和水文地质不能完全满足工程建设需要时的补救措施，产生有毒气体的工厂不宜设在盆地窝风处等。

厂址应不受洪水、潮水和内涝的威胁。厂址应避开新旧矿产采掘区、水坝（或大堤）溃决后可能淹没地区、地方病严重流行区、国家及省市级文物保护区，并与航空站、气象站、体育中心、文化中心保持有关标准或规范所规定的安全距离。凡可能受江、河、湖、海或山洪威胁的化工企业场地高程设计，应符合《防洪标准》（GB 50201—2014）的有关规定，并采取有效的防洪、排涝措施。

工厂附近如有河流或湖泊可用作水源。充足的水源会增强灭火能力，化工厂选址要考虑地方城市供水系统用作消防水的可能性。

工厂应按规定的要求排放废液。生产和使用氰化物的建设项目禁止建在水源的上游附近。

3）化工企业选址的择优决策

化工厂厂址的选择涉及原料、水源、能源、土地供应、市场需求、交通运输、环境保护和安全等诸多因素，应对这些因素全面综合地考虑，权衡利弊，才能作出正确的选择。

要根据国民经济建设计划和工业布局的要求，在指定的某一地理区域里进行选址。在某一地理区域里又要根据城市规划的要求，实地勘察调查进行综合分析。根据获得的地质、自然气候和经济等资料，诸如拟建地区的地形测量、工程地质、水文、气象、区域规划等基础资料，进行多方案论证、比较，选定技术可靠、经济合理、交通方便、符合环境和安全要求的建设方案。

3.1.2 与周边环境的相互影响

化工厂对其所在的社区可能会有多种危险，从工厂排出的有毒有害气体会进入居民区；易燃气体会遇到其他工厂的火源而着火；冷却塔的烟雾会影响附近的交通道路行驶等。

除环保、消防行政部门管理的范畴外，主要考虑风向和建设项目与周边区域（特别是周边生活区、旅游风景区、文物保护区、航空港和重要通讯、输变电设施以及开放型放射工作单位、核电厂、剧毒化学品生产厂等）在危险、危害性方面相互影响的程度，采取位置调整，按国家规定保持安全距离和卫生防护距离等对策措施。化工企业之间、化工企业与周边环境或设施的防火间距应符合《建筑设计防火规范》[GB 50016—2014（2018 年版）]、《石油化工企业设计防火标准》[GB 50160—2008（2018 年版）]等有关标准的规定，危险、危害性大的工厂企业应位于危险、危害性小的工厂企业全年主导风向的下风侧或最小频率风向的上风侧。

通过选址和布局使得主导风有助于防止易燃物飘向火源，防止蒸气云或毒性气体飘过人口稠密区或穿越道路。可以依据主导风，把工厂布置于社区的下风区域。根据区域内化工厂和装置的火灾、爆炸危险性分类，考虑地形、风向等条件进行合理布置，以减少相互间的火灾爆炸的威胁；易燃易爆的生产区沿江河岸边布置时，宜位于邻近江河的城镇、重要桥梁、大型锚地、船厂、港区、水源等重要建筑物或构筑物的下游，并采取防止可燃液体流入江河的有效措施；使用或生产有毒物质、散发有害物质的工厂企业应位于城镇和居住区全年主导风向的下风侧或最小频率风向的上风侧；有可能对河流、地下水造成污染的生产装置及辅助生产设施，应布置在城镇、居住区和水源地的下游及地势较低地段（在山区或丘陵地区应避免布置在窝风地带）；产生高噪声的工厂应远离噪声敏感区（居民、文教、医疗区等），并位于城镇居民集中区的夏季最小风频风向的上风侧，对噪声敏感的工业企业应位于周围主要噪声源的夏季最小风频风向的下风侧；建设项目不得建在开放型放射工作单位的防护检测区和核电厂周围的限制区内；按建设项目的生产规模、产生危险、有害因素的种类和性质、地区平均风速等条件，与居住区的最短距离，应不小于规定的卫生防护距离；与爆炸危险单位(含生产爆破器材的单位)应保持规定的安全距离等。

厂区具体定位应与当地现有和规划的交通线路、车站、港口进行合理的联结。铁路和码头应在厂后、侧部位，避免不同方式的交通线路平面交叉。

3.2 厂区总平面安全布置

厂区总平面布置应根据工厂厂址的自然条件、地形、周围环境、道路、铁路及将来计划等，考虑下述各项进行整体布置。

(1)最适合于生产设备的特点及系统。

(2)便于发挥主要生产设备及附属设备的性能。

(3)便于设备整体维修。

(4)不妨碍设备安装及运转安全。

(5)留有今后增加装置和设备的空间。

(6)不妨碍原有设备的生产及安全。

(7)与左邻右舍协调一致。

厂区总平面布置，应从全面出发合理布局，正确处理生产与安全、局部与整体、近期和远期的关系。总平面布置应符合防火、防爆基本要求，满足设计规范及标准的规定，合理布置交通运输道路、管线及绿化环境，并考虑发展、改建和扩建的要求。

3.2.1 厂区功能分区

化工企业厂区总平面应根据厂内各生产系统及安全、卫生要求进行功能明确合理分区的布置，分区内部和相互之间保持一定的通道和间距。为防止可燃有毒气体的弥漫，并迅速排放，厂区的长轴与主导风向最好垂直或不小于45°夹角，可利用穿堂风，加速气流扩散。根据工厂各组成部分的性质、使用功能、交通运输联系及防火防爆要求，一般可分成以下几部分：

1)生产车间及生产工艺装置区

(1)工艺装置是一个易燃、易爆、有毒的特殊危险的地区，为了尽量减少其对工厂外部的影响，一般布置在厂区的中央部分。根据工艺流程的流向和运转的顺序规划机器设备的位置，以不交叉为原则，按照从原料投入到中间制品，再到成品的顺序进行布置规划。

(2)工艺装置区宜布置在人员集中场所，及明火或散发火花地点的全年最小频率风向的上风侧；在山区或丘陵地区，并应避免布置在窝风地带，以防止火灾、爆炸和毒物对人体的危害。

（3）要求洁净的工艺装置应布置在大气含尘浓度较低、环境清洁的地段，并应位于散发有害气体、烟、雾、粉尘的污染源全年最小频率风向的下风侧。例如，空气分离装置，应布置在空气清洁地段并位于散发乙炔、其他烃类气体、粉尘等场所的全年最小风频风向的下风侧。

（4）不同过程单元间可能会有交互危险性，过程单元间要隔开一定的距离。危险区的火源、大型作业、机器的移动、人员的密集等都是应该特别注意的事项；应与居民区、公路、铁路等保持一定的安全距离；当厂区采用阶梯式布置时，阶梯间应有防止液体泄漏措施。

2）原料及成品储存区

配置规划时应注意避免各装置之间的原料、中间产品和制成品之间的交叉运输，且应规划成最短的运输路线；储存甲、乙类物品的库房、罐区、液化烃储罐宜归类分区布置在厂区边缘地带；成品、灌装站不得规划在通过生产区、罐区等一类的危险地带；液化烃或可燃液体罐组，不应毗邻布置在高于装置、全厂性重要设施或人员集中场所的位置上，并且不宜紧靠排洪沟。

3）公用工程及辅助生产区

公用设施区应该远离工艺装置区、罐区和其他危险区，以便遇到紧急情况时仍能保证水、电、汽等的正常供应；锅炉设备、总配变电所和维修车间等，因有成为引火源的危险，所以要设置在处理可燃流体设备的上风向。全厂性污水处理场及高架火炬等设施，宜布置在人员集中场所及明火或散发火花地点的全年最小风频风向的上风侧。

采用架空电力线路进出厂区的总变配电所，应布置在厂区边缘，并位于全年最小风频率的下风向；辅助生产设施的循环冷却水塔（池）不宜布置在变配电所、露天生产装置和铁路冬季主导风向的上风侧和受水雾影响设施全年主导风向的上风侧。

4）运输装卸区

良好的工厂布局不允许铁路支线通过厂区，可以把铁路支线规划在工厂边缘地区解决这个问题。对于罐车和槽车的装卸设施常做类似的考虑。在装卸台上可能会发生毒性或易燃物的溅洒，装卸设施应该设置在工厂的下风区域，最好是在边缘地区。

原料库、成品库和装卸站等机动车辆进出频繁的设施，不得设在必须通过工艺装置区和罐区的地带，与居民区、公路和铁路要保持一定的安全距离。

5）管理区及生活区

厂前区宜面向城镇和工厂居住区一侧，尽可能与工厂的危险区隔离，最好设在厂外。管理区、生活区一般应布置在全年或夏季主导风向的上风侧或全年最小风频风向的下风侧。工厂的居住区、水源地等环境质量要求较高的设施与各种有害或危险场所应按有关标准规范设置防护距离，并应位于附近不洁水体、废渣堆场的上风、上游位置。

3.2.2 厂内交通路线的规划

应根据工艺流程、货运量、货物性质和消防的需要，选用适当运输和运输衔接方式，合理组织车流、物流、人流(保持运输畅通、物流顺畅且运距最短、经济合理，避免迂回和平面交叉运输，道路与铁路平交和人车混流等)。为保证运输、装卸作业安全，应从设计上对厂内的道路(包括人行道)的布局、宽度、坡度、转弯(曲线)半径、净空高度、安全界线及安全视线、建筑物与道路间距和装卸(特别是危险品装卸)场所、堆场(仓库)布局等方面采取对策措施。

化工厂内道路布置应满足厂内交通运输、消防顺畅，车流、人行安全，维护厂区正常的生产秩序。根据满足工艺流程的需要和避免危险、有害因素交叉相互影响的原则，合理规划厂内交通路线。大型化工厂的人流和货运应明确分开，大宗危险货物运输须有单独路线；主要人流出入口与主要货流出入口分开布置，主要货流出口、入口宜分开布置；工厂交通路线应尽可能做环形布置，道路的宽度原则上应能使两辆汽车对开错车；道路净空高度不得小于5m。主干道应避免与调车频繁的厂内铁路平交，以避免交通事故的发生。

工艺装置区、液化烃储罐区、可燃液体的储罐区、装卸区及危险化学品仓库区应设环形消防车道。便于消防车从不同方向迅速接近火场，并有利于消防车的调度。对消防车道的宽度要求不小于3.5m。尽头式车道应设回车道或平面不小于12m×12m的回车空地。

3.2.3 化工装置安全布置

1)化工装置安全布置的一般要求

化工设备的布置一般要考虑工艺条件、安全因素、经济因素、设备安装与维修、外观、发展前景等多方面的因素。化工厂主要的设备有反应器、塔、换热设备、容器、蒸发器、泵和压缩机等。

可能泄漏或散发易燃、易爆、腐蚀、有毒、有害介质(气体、液体、粉尘等)的生产、储存和装卸设施(包括锅炉房、污水处理设施等)、有害废弃物堆场等的布置应遵循以下原则：

(1)应远离管理区、生活区、实(化)验室、仪表修理间，尽可能敞开式、半敞开式布置。应布置在人员集中场所、控制室、变配电所和其他主要生产设备的全年或夏季主导风向的下风侧或全年最小风频风向的上风侧，并保持安全、卫生防护距离。储存、装卸区宜布置在厂区边缘地带。

(2)有毒、有害物质的有关设施应布置在地势平坦、自然通风良好地段，不得布置在窝风低洼地段。

(3)剧毒物品的有关设施还应布置在远离人员集中场所的单独地段内，宜以围墙与其他设施隔开。

(4)腐蚀性物质的有关设施应按地下水位和流向，布置在其他建筑物、构筑物和设备的下游。

（5）明火设备应集中布置在装置的边缘，应远离可燃气体和易燃、易爆物质的生产设备及储罐，并应布置在这类设备的上风向。

（6）主要噪声源应符合《工业企业厂界环境噪声排放标准》（GB 12348—2008）、《工业企业噪声控制设计规范》（GB/T 50087—2013）、《工业企业设计卫生标准》（GBZ 1—2010）等的要求，噪声源应远离厂内外要求安静的区域，宜相对集中、低位布置；高噪声厂房与低噪声厂房应分开布置，其周围宜布置对噪声非敏感设施（如辅助车间、仓库、堆场等）和较高大、朝向有利于隔声的建（构）筑物作为缓冲带；交通干线应与管理区、生活区保持适当距离。强振动源（包括泵、空压机、压缩机等生产装置）应与管理、生活区和对其敏感的作业区（如实验室等）之间，按功能需要和精密仪器、设备的允许振动速度要求保持防振距离。辐射源（装置）应设在僻静的区域，与居住区、人员集中场所，人流密集区和交通主干道、主要人行道保持安全距离。

2）化工装置的安全布置

（1）生产装置的布置

生产装置应尽量布置在敞开或半敞开式的建筑物、构筑物内；同类火灾爆炸危险物料的设备或厂房，应尽量集中布置，便于统筹安排防火防爆、应急设施。工艺装置间应保证安全间距、疏散通道，且有足够的道路及空间便于作业人员操作检修。

室内有爆炸危险的生产部位应布置在单层厂房内，并应靠近厂房的外墙。在多层厂房内，易燃易爆的生产部位应布置在最上一层靠外墙处。

有火灾爆炸危险的生产厂房，靠近易爆部位应设置必要的泄压面积，泄压部位不应布置在邻近人员集中或交通要道处，以减小对邻近生产装置和建筑物的影响。必要时可设防护挡板或防护空地。有火灾爆炸危险的生产设备、建筑物、构筑物应布置在一端，也可设在防爆构筑物内，如爆炸危险性大的反应器与其他设备之间应设防爆墙隔离；若多个反应器，其间也应设防爆墙相互隔离。明火设备的布置应远离可能泄漏易燃液化气、可燃气体、可燃蒸气的工艺设备及储罐。

生产装置的集中控制室、变配电室、分析化验室等辅助建筑物，应布置在非防火、防爆危险区。

（2）塔的布置

塔的人孔、手孔应朝向检修区一侧。塔的裙座或塔底的高度要考虑到塔底排放管能彻底排放，或者考虑泵所需的净吸入高度及管架高度。

（3）换热设备布置

①换热设备应尽可能布置在地面上，换热器数量较多时也可布置在框架上。但物料超过自燃点的换热设备不宜布置在框架内的底层。重质油品或污染环境的物料的换热设备不宜布置在框架上。

②换热设备与塔底重沸器、塔顶冷凝器等分离塔关联时，宜布置在分馏塔的附近。两

种物料进行热交换时，换热器宜布置在两种物料口的附近。

③同一物料经过多个换热器进行热交换时，宜成组布置，按支座基础中心线对齐，当支座间距不相同时，宜按一端支座基础中心线对齐。为了管道连接方便，也可采用管程进出口管嘴中心线对齐的方法。

④对于两相流介质或操作压力≥4MPa 的换热器，为避免振动影响，不宜重叠布置。壳体直径≥1.2m 的不宜重叠布置。换热设备重叠在一起布置时，除小换热器外，避免三层以上；可燃液体的换热器操作温度高于其自燃点或超过 250℃时，其上方不宜布置其他设备。

3）蒸发器布置

蒸发器的安装最小高度取决于产品泵所需要的净吸入压头。不应当把泵直接放在蒸发器的下面，因为有时需要把蒸发器的加热器下放。

气压柱应当保持至少 10m(自器底到热水井水面的高度)。热水井通常放在地面上。气压柱中应当避免有水平部分出现。理想的气压柱应当是垂直的。视镜、仪表和取样点等处最好设有平台，也要考虑设清洗平台。每个人孔的开启要有 2m² 的平台。为了清洗管束和进行修理也可能需另设平台，且需起吊设备。还要留出一些空间准备安装旁路。

对于多效蒸发器，应把各效蒸发器布置得尽量靠近，以尽量缩短蒸气管线，但必须留保温和维修的空间。

构筑物和通道平台应当为所有的蒸发器所共用。

4）泵的布置

原则上泵应尽量接近吸入源，并且尽量集中有规律地排列。一般是将出口管线布置成一直线，纵向配管对齐；如果将电机侧作为通路时，应使泵基础对齐。露天或半露天布置的泵，应在管廊下或管廊与塔、容器之间，平行于管廊排成一列。泵-原动机的长轴与管廊成直角，当泵-原动机长轴过长妨碍通道时，可转 90°，即与管廊平行。泵端或泵侧与墙之间的净距不宜小于 1.5m，两排泵净距不应小于 2m。

可燃液体泵房的地面不应有地坑或地沟，以防止油气积聚，同时还应在侧墙下部采取通风措施。

5）压缩机的布置

(1)可燃气体压缩机宜敞开或半敞开式布置，靠近被抽吸的设备。压缩机的附近应有供检修、消防用的通道，机组与通道边的距离不应小于 5m。

(2)压缩机室内布置时，比空气轻的可燃气体压缩机厂房的顶部，应采取通风措施。比空气重的可燃气体压缩机厂房的地面，不应有地坑或地沟，若不能避免时应有防止气体积聚的措施。侧墙下部宜有通风措施。

3.3 化工过程安全设计

有爆炸危险的生产过程，应尽可能选择物质危险性较小、工艺条件较缓和和成熟的工艺路线；生产装置、设备应具有承受超压性能和完善的生产工艺控制手段，设置可靠的温度、压力、流量、液面等工艺参数的控制仪表和控制系统；对工艺参数控制要求严格的，应设置双系列控制仪表和控制系统、超温超压报警、监视、泄压、抑制爆炸装置和防止高低压串气(液)装置和紧急安全排放装置。

3.3.1　工艺过程安全设计

(1)工艺过程中使用和产生易燃易爆介质时，必须考虑防火、防爆等安全对策措施，在工艺设计时加以实施。

(2)工艺过程中有危险的反应过程，应设置必要的报警、自动控制及自动联锁停车的控制设施。

(3)工艺设计要确定工艺过程泄压措施及泄放量，明确排放系统的设计原则(排入全厂性火炬、排入装置内火炬、排入全厂性排气管网、排入装置的排气管道或直接放空)。

(4)工艺过程设计应提出保证供电、供水、供风及供汽系统可靠性的措施。

(5)生产装置出现紧急情况或发生火灾爆炸事故需要紧急停车时，应设置必要的自动紧急停车措施。

(6)采用新工艺、新技术进行工艺过程设计时，必须审查其防火、防爆设计技术文件资料，核实其技术在安全防火、防爆方面的可靠性，确定所需的防火、防爆设施。

(7)引进国外技术，成套引进建设工程，生产工艺过程的防火、防爆设计，必须满足我国安全防火、防爆法规及标准的要求，应审查生产工艺的防火、防爆设计说明书。

3.3.2　工艺流程安全设计

(1)火灾爆炸危险性较大的工艺流程设计，应针对容易发生火灾爆炸事故的部位和操作过程(如开车、停车及操作切换等)，采取有效的安全措施。

(2)工艺流程设计，应考虑正常开停车、正常操作、异常操作处理及紧急事故处理时的安全对策措施和设施。

(3)工艺安全泄压系统设计，应考虑设备及管线的设计压力，允许最高工作压力与安全阀、防爆膜的设定压力的关系，并对火灾时的排放量，停水、停电及停气等事故状态下的排放量进行计算及比较，选用可靠的安全泄压设备，以免发生爆炸。

(4)化工企业火炬系统的设计，应考虑进入火炬的物料处理量、物料压力、温度、堵塞、爆炸等因素的影响。

(5)工艺流程设计，应全面考虑操作参数的监测仪表、自动控制回路，设计应正确可靠，吹扫应考虑周全。应尽量减少工艺流程中火灾爆炸危险物料的存量。

(6)控制室的设计，应考虑事故状态下的控制室结构及设施，不致受到破坏或倒塌，并能实施紧急停车、减少事故的蔓延和扩大。生产控制室在背向生产设备的一侧设安全通道。

（7）工艺操作的计算机控制设计，应考虑分散控制系统、计算机备用系统及计算机安全系统，确保发生火灾爆炸事故时能正常操作。

（8）对工艺生产装置的供电、供水、供风、供汽等公用设施的设计，必须满足正常生产和事故状态下的要求，并符合有关防火、防爆法规和标准的规定。

（9）应尽量消除产生静电和静电积聚的各种因素，采取静电接地等各种防静电措施。静电接地设计应遵守有关静电接地设计规程的要求。

（10）工艺过程设计中，应设置各种自控检测仪表、报警信号系统及自动和手动紧急泄压排放安全联锁设施。非常危险的部位，应设置常规检测系统和异常检测系统的双重检测体系。

3.3.3　仪表及自控安全对策措施

尽可能提高系统自动化程度，采用自动控制技术、遥控技术，自动（或遥控）控制工艺操作程序和物料配比、温度、压力等工艺参数；在设备发生故障、人员误操作形成危险状态时，通过自动报警、自动切换备用设备、启动联锁保护装置和安全装置、实现事故性安全排放直至安全顺序停机等一系列的自动操作，保证系统的安全。

针对引发事故的原因和紧急情况下的需要，应设置故障的安全控制系统、特殊的联锁保护、安全装置和就地操作应急控制系统，以提高系统安全的可靠性。仪表及自控防火、防爆的具体要求如下：

（1）采用本质安全型电动仪表时，即使由于某种原因而产生火花、电弧或过热也不会构成点火源而引起燃烧或爆炸。在安装设计时必须要考虑有关的技术规定，如本质安全电路和非本质安全电路不能相混；构成本质安全电路必须应用安全栅；本质安全系统的接地问题必须符合有关防火、防爆规定的要求。

（2）生产装置的监测、控制仪表除按工艺控制要求选型外，还应根据仪表安装场所的火灾危险性和爆炸危险性，按爆炸和火灾危险场所电力装置设计规范选型。

（3）设计所选用的控制仪表及控制回路必须可靠，不得因设计重复控制系统而选用不能保证质量的控制仪表。

（4）当仪表的供电、供气中断时，调节阀的状态应能保证不导致事故或扩大事故。

（5）仪表的供电应有事故电源，供气应有储气罐，容量应能保证停电、停气后维持30min 的用量。

（6）在考虑信号报警器及安全联锁防爆设计时，应遵循下列原则：

①系统的构成可以选用有触点的继电器，也可以选用无触点的回路，但必须保证动作可靠。

②信号报警接点可利用仪表的内藏接点，也可以单独设置报警单元。自动保护（联锁）用接点，重要场合宜与信号接点分开，单独设置故障检出。

③联锁系统动作后应有征兆报警设施。重要场合，联锁故障检查器可设2 个或2 个以

上，以确保可靠性。

（7）在容易泄漏油气和可能引起火灾爆炸事故的地点，如甲类压缩机附近、集中布置的甲类设备和泵附近、加热炉的防火墙外侧及其仪表送配电室、变电所附近的门外等处，在条件可能时，应设置可燃气体报警仪。

（8）引进技术所选用的监测控制仪表不应低于我国现行标准的要求。

3.3.4 设备防火、防爆设计

化工设备有塔槽类、换热设备、反应器、分离器、加热炉和废热锅炉等。化工生产过程中接触的物料大多具有易燃易爆、有毒、有腐蚀性，且生产工艺复杂，工艺条件苛刻，设备与机器的质量、材料等要求高。材料的正确选择是设备与机器优化设计的关键，也是确保装置安全运行、防止火灾爆炸的重要手段。选择材料应注意以下几个问题：

（1）必须全面考虑设备与机器的使用场合、结构型式、介质性质、工作特点、材料性能等。

（2）处理、输送和分离易燃易爆、有毒和强化学腐蚀性介质时，材料的选用尤其应慎重，应遵循有关材料标准。

（3）选用材料的化学成分、金相组织、机械性能、物理性能、热处理焊接方法应符合有关的材料标准，与之相应的材料试验和鉴定应由用户和制造厂商定。与设备所用材料相匹配的焊接材料要符合有关标准、规定。

（4）严格执行进厂设备、备件、材料的质量检查验收制度，防止不合格设备、备件、材料进入生产装置投入生产，消除设备本身的不安全因素。在设计、材料分类和加工等各阶段，可能发生材料误用问题，因此要严格管理制度，严把设备采购关，防止低劣产品进厂。

在设备与机器的火灾爆炸破坏事故中，有的是由于结构设计不合理引起的。因此在结构安全设计上要便于制造和无损检测，并考虑尽量降低局部附加应力和应力集中。

设备的强度设计直接涉及其安全可靠性，因此在设计中，一定要选择正确的计算方法。

总之，设备与机器在设计时必须安全可靠，其选型、结构、技术参数等方面必须准确无误，并符合设计标准的要求；工艺提出的专业设计条件（包括型式、结构、材料、压力、温度、介质、腐蚀性、安全附件、抗震、防静电、泄压、密封、接管、支座、保温、保冷、喷淋等设计参数）应正确无误；易燃易爆、有毒介质的储运机械设备，应符合有关安全标准要求。

3.3.5 工艺管线安全设计

1）工艺管线的安全设计的总体要求

（1）工艺管线必须安全可靠，且便于操作。设计中所选用的管线、管件及阀门的材料，应保证有足够的机械强度及使用期限。管线的设计、制造、安装及试压等技术条件应符合国家现行标准和规范。

（2）工艺管线的设计应考虑抗震和管线振动、脆性破裂、温度应力、失稳、高温蠕变、腐蚀破裂及密封泄漏等因素，并采取相应的安全措施加以控制。

（3）工艺管线上安装的安全阀、防爆膜、泄压设施、自动控制检测仪表、报警系统、安全联锁装置及卫生检测设施，应设计合理且安全可靠。

（4）工艺管线的防雷电、暴雨、洪水、冰雹等自然灾害以及防静电等安全措施，应符合有关法规的要求。

（5）工艺管线的工艺取样、废液排放、废气排放等设计，必须安全可靠，且应设置有效的安全设施。

（6）工艺管线的绝热保温、保冷设计，应符合设计规范的要求。

2）管线配置的防泄漏设计

工厂化学品的主要泄漏与管线的长度、排放口的数量、管线的复杂性等因素有关。设备间隙的增加和危险组件的隔离都会强化安全，但这却需要增加管件的总量或增加管线的长度，从而也增加了泄漏的可能性和工程建设费用。上述几方面之间需要建立恰当的平衡关系。管线的复杂性，一般反映在连接的泵的数量以及再循环物流的数量两个方面。减少管件泄漏的简单的设计规则如下。

（1）减少分支和死角的数量。

（2）减少小排放口的数量。管道配置应该做到，在少数几处容易接近、容易观察的位置排放。

（3）按照相同的规范设计小口径的支管，和主管一样进行严格的检验。确保小的支管在交叉点得到加强，并有充分的支撑。

（4）考虑到管件或容器的热膨胀，管线需要有一定的伸缩性。在短管管架上，需要恰当地配置波纹管。这些波纹管应该只是做轴向移动，还需要衬内套管，以免在波纹管的褶沟中充入固体沉积物。

（5）直接卸料的排放口，应该设在操作者能够观察到的地方。工作系统对这些排放口应该进行定期核查和报告。

（6）保证密封垫与管内流体在最大可能的操作温度下完全互容，在最大内压下也能够紧缩密封。

（7）减少真空管线（如真空蒸馏塔上的冷凝器）上的法兰盘数量。

（8）在阀式取样点应该配置可移动的插头。

（9）要有充分的管道支撑，从放料或从安全阀检验管道的作用力。

（10）设置管道应该避免通过可能使其受到机械损伤的地方。

（11）应该有充分的通道、扶梯等，以免攀越管件。

（12）紧固承受高温的大法兰盘，应该采用高强度的螺栓。

3）软管系统的配置

对于油船、罐车等的液体物料的装卸，软管的选择和应用需格外谨慎。应考虑的是：

（1）软管的适用性，并结合有关软管的标准。

（2）设置紧急状态下迅速隔离的设施，如对于油船卸货，在软管的一端要设紧急隔离阀，在另一端要设止逆阀，用节流阀替代远程隔离阀等。

（3）应该使用螺栓固定的软管夹，不宜使用侧卸式的软管夹。

（4）软管系统应用时要有充分的保护和支撑设施，不用时要防止软管的压破或损坏。

（5）所有高于大气压操作的可移动软管，都应设置排空阀，以便降压时防止软管的折断。

4）管线配置的安全

通常用于管道工程的橡胶支撑物不能用于设备，设备重心之下的水平连接法兰需要用钢性板支撑。柱塞阀的邻近也需要有支撑物。聚四氟乙烯波纹管不能用来连接不同心的管道。支撑板、垫片和管接头的材料性能，制造说明书会有确切的说明。

管件和阀门配置的简单和易于识别，是安全操作的重要因素。对于不稳定液体的传递，管件、阀门和控制仪表的配置应该防止液体静止在运转的泵中。

对于气体和液体，其设计应该考虑沿与设定相反方向流动的可能性。在化工案例中，有大量回流的情形如下：

（1）从储罐或下游管线回流进入已关闭的设备；

（2）从设备回流进入有压力降的辅助设备的管线；

（3）泵的故障引起回流；

（4）反应物沿副反应物的物料管线回流。

在设备管线配置中，对于只是间歇使用的设备，推荐应用不用时断开的软管与过程设备连接。对于常设的设备管线，如果设备压力降低至过程正常压力之下，管线应该设有低压报警；如果设备压力升高至过程正常压力之上，则应该设有高压报警。在设备管线上应该安装止逆阀，以防止管线中流体的回流。过程管线上的止逆阀发生故障会造成严重的后果，因此，建议安装两个不同类型的止逆阀，尽可能把相同形式的损坏减至最低程度。如果回流的结果导致剧烈的反应或设备的过压，止逆阀不足以提供可靠的保证，这时需要高度可靠的断开或关闭系统。

对于泵体或设备极有可能泄漏以及大量物料从设备无限制流出的情形，应该考虑安装远程操作的紧急隔离阀。液化石油气容器的所有过程排放管线，也推荐采用自动闭合阀或遥控隔离阀。对于操作的情形，遥控隔离阀应用于充气管线、加料管线，比普通隔离阀有明显的优势。

3.4 化工生产厂房安全设计

3.4.1 生产的火灾危险性分类

根据《建筑设计防火规范》[GB 50016—2014(2018 年版)]规定，生产的火灾危险性分类如表 3-1 所示。根据生产中使用或产生的物质性质及其数量等因素，分为甲、乙、丙、丁、戊类。《石油化工企业设计防火标准》[GB 50160—2008(2018 年版)]中，同样以使用、生产或储存的物质的危险性进行火灾危险性分类。根据火灾危险性的不同，可从防火间距、建筑耐火等级、容许层数、安全疏散、消防灭火设施等方面提出防止和限制火灾爆炸的要求和措施。

表 3-1 生产的火灾危险性分类

生产的火灾危险性类别	使用或产生下列物质生产的火灾危险性特征
甲	1. 闪点 <28℃ 的液体 2. 爆炸下限 <10% 的气体 3. 常温下能自行分解或在空气中氧化能导致迅速自燃或爆炸的物质 4. 常温下受到水或空气中水蒸气的作用，能产生可燃气体并引起燃烧或爆炸的物质 5. 遇酸、受热、撞击、摩擦、催化以及遇有机物或硫黄等易燃的无机物，极易引起燃烧或爆炸的强氧化剂 6. 受撞击、摩擦或与氧化剂、有机物接触时能引起燃烧或爆炸的物质 7. 在密闭设备内操作温度 ≥物质本身自燃点的生产
乙	1. 28℃ ≤闪点 <60℃ 的液体 2. 爆炸下限 ≥10% 的气体 3. 不属于甲类的氧化剂 4. 不属于甲类的易燃固体 5. 助燃气体 6. 能与空气形成爆炸性混合物的浮游状态的粉尘、纤维、闪点 ≥60℃ 的液体雾滴
丙	1. 闪点 ≥60℃ 的液体 2. 可燃固体
丁	1. 对不燃烧物质进行加工，并在高温或熔化状态下经常产生强辐射热、火花或火焰的生产 2. 利用气体、液体、固体作为燃料或将气体、液体进行燃烧做其他用的各种生产 3. 常温下使用或加工难燃烧物质的生产
戊	常温下使用或加工不燃烧物质的生产

同一座厂房或厂房的任一防火分区内有不同火灾危险性生产时，厂房或防火分区内的生产火灾危险性分类应按火灾危险性较大的部分确定；当生产过程中使用或产生易燃、可燃物的量较少，不足以构成爆炸或火灾危险时，可按实际情况确定；当符合下述条件之一

时，可按火灾危险性较小的部分确定：

（1）火灾危险性较大的生产部分占本层或本防火分区建筑面积的比例小于 5% 或丁、戊类厂房内的油漆工段小于 10%，且发生火灾事故时不足以蔓延到其他部位或火灾危险性较大的生产部分采取了有效的防火措施。

（2）丁、戊类厂房内的油漆工段，当采用封闭喷漆工艺，封闭喷漆空间内保持负压、油漆工段设置可燃气体探测报警系统或自动抑爆系统，且油漆工段占所在防火分区建筑面积的比例≤20%。

3.4.2　厂房设计安全要求

1）厂房布置安全要求

甲、乙类生产场所不应设置在地下或半地下。厂房内严禁设置员工宿舍。办公室、休息室等不应设置在甲、乙类厂房内，当必须与本厂房贴邻建造时，其耐火等级不应低于二级，并应采用耐火极限不低于 3.0h 的不燃烧体防爆墙隔开和设置独立的安全出口。在丙类厂房内设置的办公室、休息室，应采用耐火极限不低于 2.5h 的不燃烧体隔墙和 1.0h 的楼板与厂房隔开，并应至少设置 1 个独立的安全出口。如隔墙上需开设相互连通的门时，应采用乙级防火门。

有爆炸危险的甲、乙类厂房的总控制室应独立设置。有爆炸危险的甲、乙类厂房的分控制室宜独立设置，当贴邻外墙设置时，应采用耐火极限不低于 3.0h 的不燃烧体墙体与其他部分隔开。

防火间距计算方法是以建筑物外墙凸出部分算起；铁路的防火间距，是从铁路中心线算起；公路的防火间距是从邻近一边的路边算起。我国现行的设计防火规范，如《建筑设计防火规范》[GB 50016—2014（2018 年版）]、《石油化工企业设计防火标准》[GB 50160—2008（2018 年版）]等，对各种不同装置、设施、建筑物的防火间距均有明确规定，在总平面布置设计时都应遵照执行。

2）厂房内中间储存设施具体要求

厂房内设置甲、乙类中间仓库时，其储量不宜超过一昼夜的需要量。厂房内丙类液体中间储罐应设置在单独房间内，采用甲级防火门，其容积不应大于 $1m^3$。中间仓库应靠外墙布置，并应采用防火墙和相应耐火极限的不燃烧体楼板与其他部分隔开。

3）厂房（仓库）的防爆设计

有爆炸危险的甲、乙类厂房宜独立设置，应该尽可能采用敞开结构。这既可以有助于气体或蒸气泄漏物的扩散通风，又可以提供最大可能的爆炸排放面积，而且还有利于救火。其承重结构宜采用钢筋混凝土或钢框架、排架结构。有爆炸危险的甲、乙类厂房应设置泄压设施。其泄压面积宜按式（3-1）计算，但当厂房的长径比大于 3 时，宜将该建筑划分为长径比≤3 的多个计算段，各计算段中的公共截面不得作为泄压面积：

$$A = 10CV^{2/3}$$

（3-1）

式中 A——泄压面积，m^2；

V——厂房的容积，m^3；

C——厂房容积为$1000m^3$时的泄压比，可按表$3-2$选取，m^2/m^3。

表$3-2$ 厂房内爆炸性危险物质的类别与泄压比值

厂房内爆炸性危险物质的类别	$C/(m^2/m^3)$
氨以及粮食、纸、皮革、铅、铬、铜等$K_尘<10MPa\cdot m\cdot s^{-1}$的粉尘	≥0.030
木屑、炭屑、煤粉、锑、锡等$10MPa\cdot m\cdot s^{-1}\leqslant K_尘\leqslant30MPa\cdot m\cdot s^{-1}$的粉尘	≥0.055
丙酮、汽油、甲醇、液化石油气、甲烷、喷漆间或干燥室以及苯酚树脂、铝、镁、锆等$K_尘>30MPa\cdot m\cdot s^{-1}$的粉尘	≥0.110
乙烯	≥0.16
乙炔	≥0.20
氢	≥0.25

①长径比为建筑平面几何外形尺寸中的最长尺寸与其横截面周长的积和4.0倍的该建筑横截面积之比。

泄压设施宜采用轻质屋面板、轻质墙体和易于泄压的门、窗等，不应采用普通玻璃。泄压设施应避开人员密集场所和主要交通道路，并宜靠近有爆炸危险的部位。作为泄压设施的轻质屋面板和轻质墙体的单位质量不宜超过$60kg/m^2$。屋顶上的泄压设施应采取防冰雪积聚措施。散发较空气轻的可燃气体、可燃蒸气的甲类厂房，宜采用轻质屋面板的全部或局部作为泄压面积。顶棚应尽量平整、避免死角，厂房上部空间应通风良好。

4）地面和地沟安全设计

散发较空气重的可燃气体、可燃蒸气的甲类厂房以及有粉尘、纤维爆炸危险的乙类厂房，应采用不发火花的地面。采用绝缘材料作整体面层时，应采取防静电措施。

厂房内不宜设置地沟，必须设置时，其盖板应严密，地沟应采取防止可燃气体、可燃蒸气及粉尘、纤维在地沟积聚的有效措施，且与相邻厂房连通处应采用防火材料密封。使用和生产甲、乙、丙类液体厂房的管、沟不应和相邻厂房的管、沟相通，该厂房的下水道应设置隔油设施。

5）厂房的安全疏散

（1）厂房的安全出口应分散布置。每个防火分区、一个防火分区的每个楼层，其相邻2个安全出口最近边缘之间的水平距离不应小于$5.0m$。

（2）厂房的每个防火分区、一个防火分区内的每个楼层，其安全出口的数量应经计算确定，且不应少于2个(建筑面积较小、人数较少时除外)；

（3）地下、半地下厂房或厂房的地下室、半地下室，其建筑面积≤$50m^2$，经常停留人数不超过15人。

（4）地下、半地下厂房或厂房的地下室、半地下室，当有多个防火分区相邻布置，并采用防火墙分隔时，每个防火分区可利用防火墙上通向相邻防火分区的甲级防火门作为第二安全出口，但每个防火分区必须至少有1个直通室外的安全出口。

（5）厂房内任一点到最近安全出口的直线距离不应大于表 3 - 3 的规定。

表 3 - 3　厂房内任一点到最近安全出口的直线距离　　　　　　　　　　m

生产的火灾危险性类别	耐火等级	单层厂房	多层厂房	高层厂房	地下或半地下厂房（包括地下或半地下室）
甲	一、二级	30.0	25.0	—	
乙	一、二级	75.0	50.0	30.0	
丙	一、二级	80.0	60.0	40.0	30.0
	三级	60.0	40.0		
丁	一、二级	不限	不限	50.0	45.0
	三级	60.0	50.0	—	
	四级	50.0	—		
戊	一、二级	不限	不限	75.0	60.0
	三级	100.0	75.0	—	
	四级	60.0	—		

厂房内的疏散楼梯、走道、门的各自总净宽度，应根据疏散人数、按每 100 人的最小疏散净宽度不小于表 3 - 4 的规定计算确定。但疏散楼梯的最小净宽度不宜小于 1.1m，疏散走道的最小净宽度不宜小于 1.4m，门的最小净宽度不宜小于 0.9m。当每层人数不相等时，疏散楼梯的总净宽度应分层计算，下层楼梯总净宽度应按该层或该层以上人数最多的一层计算。

首层外门的总净宽度应按该层或该层以上人数最多的一层计算，且该门的最小净宽度不应小于 1.2m。

表 3 - 4　厂房内疏散楼梯、走道和门的每 100 人最小疏散净宽度

厂房层数	一、二层	三层	≥四层
最小疏散净宽度/（m/百人）	0.6	0.8	1.0

高层厂房和甲、乙、丙类多层厂房应设置封闭楼梯间或室外楼梯。建筑高度大于 32m 且任一层人数超过 10 人的高层厂房，应设置防烟楼梯间或室外楼梯。

3.5　化学品仓库安全设计

3.5.1　储存物品的火灾危险性分类

储存物品的火灾危险性应根据储存物品的性质和储存物品中的可燃物数量等因素，分为甲、乙、丙、丁、戊类，如表 3 - 5 所示。同一座仓库或仓库的任一防火分区内储存不同火灾危险性物品时，该仓库或防火分区的火灾危险性应按其中火灾危险性最大的类别确

定。丁、戊类储存物品的可燃包装重量大于物品本身重量 1/4 的仓库,其火灾危险性应按丙类确定。

表 3－5 储存物品的火灾危险性分类

储存物品的火灾危险性类别	储存物品的火灾危险性特征
甲	1. 闪点 <28℃ 的液体 2. 爆炸下限 <10% 的气体,以及受到水或空气中水蒸气的作用,能产生爆炸下限 <10% 气体的固体物质 3. 常温下能自行分解空气中氧化能导致迅速自燃或爆炸的物质 4. 常温下受到水或空气中水蒸气的作用,能产生可燃气体并引起燃烧或爆炸的物质 5. 遇酸、受热、撞击、摩擦以及遇有机物或硫黄等易燃的无机物,极易引起燃烧或爆炸的强氧化剂 6. 受撞击、摩擦或与氧化剂、有机物接触时能引起燃烧或爆炸的物质
乙	1. 28℃ ≤闪点 <60℃ 的液体 2. 爆炸下限 ≥10% 的气体 3. 不属于甲类的氧化剂 4. 不属于甲类的易燃固体 5. 助燃气体 6. 常温下与空气接触能缓慢氧化,积热不散引起自燃的物品
丙	1. 闪点 ≥60℃ 的液体 2. 可燃固体
丁	难燃烧物品
戊	不燃烧物品

3.5.2 库房设计安全要求

库房的耐火等级、层数和占地面积应遵守设计防火规范,如《建筑设计防火规范》[GB 50016—2014(2018 年版)]、《石油化工企业设计防火标准》[GB 50160—2008(2018 年版)]等。如甲类仓库应为单层,当耐火等级为一级时,库房最大允许建筑面积为 180 m²,防火墙间最大允许建筑面积为 60m²;当耐火等级为二级时,库房最大允许建筑面积为 750 m²,防火墙间最大允许建筑面积为 250m²。

桶装、瓶装甲类液体不应露天存放。甲、乙类仓库不应设置在地下或半地下。仓库内严禁设置员工宿舍。甲、乙类仓库内严禁设置办公室、休息室等,并不应贴邻建造。在丙、丁类仓库内设置的办公室、休息室,应采用耐火极限不低于 2.50h 的不燃烧体隔墙和 1.00h 的楼板与库房隔开,并应设置独立的安全出口。如隔墙上需开设相互连通的门时,应采用乙级防火门。

甲、乙、丙类液体仓库应设置防止液体流散的设施。遇湿会发生燃烧爆炸的物品仓库应设置防止水浸渍的措施。

仓库的安全出口应分散布置。每个防火分区、一个防火分区的每个楼层,其相邻2个安全出口最近边缘之间的水平距离不应小于5.0m。占地面积超过300m²的仓库应设置2个以上的安全出口。仓库内超过100m²的防火分区通向疏散走道、楼梯或室外的出口不宜少于2个。

3.6 化学品储罐区安全设计

3.6.1 化学品储罐安全布置

甲、乙、丙类液体储罐区,液化石油气储罐区,可燃、助燃气体储罐区等,应设置在城市(区域)的边缘或相对独立的安全地带,并宜设置在城市(区域)全年最小频率风向的上风侧。

甲、乙、丙类液体储罐(区)宜布置在地势较低的地带。当布置在地势较高的地带时,应采取安全防护设施。

液化石油气储罐(区)宜布置在地势平坦、开阔等不易积存液化石油气的地带,四周应设置高度不小于1.0m的不燃烧体实体防护墙。

储罐(区)与建筑物的防火间距,储罐布置和防火间距以及储罐与泵房、装卸鹤管等库内建筑物的防火间距,应按现行国家标准《建筑设计防火规范》[GB 50016—2014(2018年版)]的有关规定执行。甲、乙、丙类液体储罐之间的防火间距不应小于表3-6的规定。

表3-6 甲、乙、丙类液体储罐之间的防火间距

类 别			储罐形式				
			固定顶储罐			浮顶储罐或设置充氮保护设备的储罐	卧式储罐
			地上式	半地下式	地下式		
甲、乙类液体储罐	单罐容量 V	V≤1000m³	0.75D	0.5D	0.4D	0.4D	≥0.8m
		V>1000m³	0.6D				
丙类液体储罐			不限	0.4D	不限	不限	

①D为相邻较大立式储罐的直径(m),矩形储罐的直径为长边与短边之和的一半;

②不同液体、不同型式储罐之间的防火间距不应小于本表规定的较大值;

③两排卧式储罐之间的防火间距不应小于3.0m;

④当单罐容量≤1000m³且采用固定冷却消防方式时,甲、乙类液体的地上式固定顶储罐之间的防火间距不应小于0.6D;

⑤地上式储罐同时设有液下喷射泡沫灭火系统、固定冷却水系统和扑救防火堤内液体火灾的泡沫灭火设施时,储罐之间的防火间距可适当减小,但不宜小于0.4D;

⑥闪点大于120℃的液体,当储罐容量大于1000m³时,储罐之间的防火间距不应小于5.0m;当单罐容量≤1000m³时,储罐之间的防火间距不应小于2.0m。

甲、乙、丙类液体储罐成组布置时,应符合下列规定:

(1)组内储罐的单罐容量和总容量不应大于表3-7的规定;

表 3 – 7 甲、乙、丙类液体储罐分组布置的最大容量

类别	单罐最大容量/m³	一组罐最大容量/m³
甲、乙类液体	200	1000
丙类液体	500	3000

（2）组内储罐的布置不应超过两排。甲、乙类液体立式储罐之间的防火间距不应小于 2.0m，卧式储罐之间的防火间距不应小于 0.8m；丙类液体储罐之间的防火间距不限。

3.6.2 化学品储罐防火堤安全设计

甲、乙、丙类液体的地上式、半地下式储罐区的每个防火堤内，宜布置火灾危险性类别相同或相近的储罐。沸溢性液体储罐与非沸溢性液体储罐不应布置在同一防火堤内。地上式、半地下式储罐与地下式储罐，不应布置在同一防火堤内，且地上式、半地下式储罐应分别布置在不同的防火堤内。

甲、乙、丙类液体的地上式、半地下式储罐或储罐组，其四周应设置不燃性防火堤。防火堤的设置应符合下列规定：

（1）防火堤内的储罐布置不宜超过 2 排，单罐容量 ≤1000m³ 且闪点大于 120℃ 的液体储罐不宜超过 4 排；

（2）防火堤的有效容量不应小于其中最大储罐的容量。对于浮顶罐，防火堤的有效容量可为其中最大储罐容量的一半；

（3）防火堤内侧基脚线至立式储罐外壁的水平距离不应小于罐壁高度的一半。防火堤内侧基脚线至卧式储罐的水平距离不应小于 3.0m；

（4）防火堤的设计高度应比计算高度高出 0.2m，且其高度应为 1.0~2.2m，并应在防火堤的适当位置设置便于灭火救援人员进出防火堤的踏步；

（5）沸溢性液体地上式、半地下式储罐，每个储罐应设置一个防火堤或防火隔堤；

（6）含油污水排水管应在防火堤的出口处设置水封设施，雨水排水管应设置阀门等封闭、隔离装置。

甲类液体半露天堆场，乙、丙类液体桶装堆场和闪点大于 120℃ 的液体储罐（区），当采取了防止液体流散的设施时，可不设置防火堤。

3.7 化工厂公用工程安全设计

化工生产过程必须有可靠的供水、供电、供气（汽）、通风等公用工程系统。公用工程是操作和工艺参数控制最基本的保证。如果没有稳定的公用工程供给，就无法控制工艺参数，也无法正常开车。公用工程设计应满足预期的最大量的需要，同时应保障这些设施的可靠性。

3.7.1 化工厂用水安全设计

工厂用水主要是生产用水、消防给水、冷却水和锅炉用水等，从安全的角度考虑，消防给水是至关重要的。

1）消防水设计一般要求

在进行工厂设计时，必须同时进行消防设计。在采取有效的防火措施的同时，应根据工厂的规模、火灾危险性和相邻单位消防协作的可能性，设置相应的灭火设施。

消防用水量应为同一时间内火灾次数与一次灭火用水量的乘积。在考虑消防用水时，首先应确定工厂在同一时间内的火灾次数。

一次灭火用水量应根据生产装置区、辅助设施区的火灾危险性、规模、占地面积、生产工艺的成熟性以及所采用的防火设施等情况，综合考虑确定。

2）消防给水设施

消防水池或天然水源，可作为消防供水源。当利用此类水源时，应有可靠的吸水设施，并保证枯水时最低消防用水量。消防水池不得被易燃可燃液体污染。

消防给水管网应采用环状布置，其输水干管不应少于两条，目的在于当其中一条发生事故时仍能保证供水。环状管道应用阀分成若干段（此阀应常开），以便于检修。

室外消火栓应沿道路设置（便于消防车吸水）设置数量由消火栓的保护半径和室外消防用水量确定。室外消火栓的间距不应大于120m；露天生产装置的消火栓宜设置在装置四周。当装置宽度大于120m时，可在装置内的路边增设。易燃、可燃液体罐区及液化石油气罐区的消火栓应该设在防火堤外。

设有消防给水的建筑物，各层均应设室内消火栓；甲、乙类厂房室内消火栓的距离不应大于50m；宜设置在明显易于取用的地点，栓口离地面高度为1.2m。

3）露天装置区消防给水

企业露天装置区有大量高温、高压（或负压）的可燃液体或气体、金属设备、塔器等，一旦着火，必须及时冷却防止火势扩大。故应设灭火、冷却消防给水设施。

消防供水竖管。即输送泡沫液或消防水的主管，根据需要设置，在平台上应有接口，在竖管旁设消防水带箱，备齐水带、水枪和泡沫管枪。

冷却喷淋设备。当塔器、容器的高度超过30m时，为确保火灾时及时冷却，宜设固定冷却设备。

消防水幕。有些设备在不正常情况下会泄漏出可燃气体，有的设备则具有明火或高温，对此可采用水幕分隔保护，也有用蒸汽幕的。消防水幕应具有良好的均匀连续性。喷头压力一般在0.3MPa以上，供水强度不小于0.34L/(s·m²)。

带架水枪。在危险性较大且较高的设备四周，宜设置固定的带架水枪（水炮）。一般，炼制塔群和框架上的容器除有喷淋、水幕设施外，再设带架水枪。

4）储罐（区）消防水设计

甲、乙、丙类液体储罐（区）的室外消防用水量应按灭火用水量和冷却用水量之和计算。

（1）灭火用水量应按罐区内最大罐泡沫灭火系统、泡沫炮和泡沫管枪灭火所需的灭火用水量之和确定，并应按现行国家标准《泡沫灭火系统技术标准》（GB 50151—2021）或《固定消防炮灭火系统设计规范》（GB 50338—2003）的有关规定计算；

（2）冷却用水量应按储罐区一次灭火最大需水量计算。距着火罐罐壁1.5倍直径范围内的相邻储罐应进行冷却，其冷却水的供给范围和供给强度不应小于表3-8的规定；

表3-8 甲、乙、丙类液体储罐冷却水的供给范围和供给强度

设备类型	储罐名称		供给范围	供给强度
移动式水枪	着火罐	固定顶立式罐（包括保温罐）	罐周长	0.60/[L/(s·m)]
		浮顶罐（包括保温罐）	罐周长	0.45/[L/(s·m)]
		卧式罐	罐壁表面积	0.10/[L/(s·m²)]
		地下立式罐、半地下和地下卧式罐	无覆土罐壁表面积	0.10/[L/(s·m²)]
	相邻罐	固定顶立式罐 不保温罐	罐周长的一半	0.35/[L/(s·m)]
		固定顶立式罐 保温罐		0.20/[L/(s·m)]
		卧式罐	罐壁表面积的一半	0.10/[L/(s·m²)]
		半地下、地下罐	无覆土罐壁表面积的一半	0.10/[L/(s·m²)]
固定式设备	着火罐	立式罐	罐周长	0.50/[L/(s·m)]
		卧式罐	罐壁表面积	0.10/[L/(s·m²)]
	相邻罐	立式罐	罐周长的一半	0.50/[L/(s·m)]
		卧式罐	罐壁表面积的一半	0.10/[L/(s·m²)]

①冷却水的供给强度还应根据实地灭火战术所使用的消防设备进行校核；

②当相邻罐采用不燃材料作绝热层时，其冷却水供给强度可按本表减少50%；

③储罐可采用移动式水枪或固定式设备进行冷却。当采用移动式水枪进行冷却时，无覆土保护的卧式罐的消防用水量，当计算出的水量小于15L/s时，仍应采用15L/s；

④地上储罐的高度大于15m或单罐容积大于2000m³时，宜采用固定式冷却水设施；

⑤当相邻储罐超过4个时，冷却用水量可按4个计算。

甲、乙、丙类液体储罐区和液化石油气储罐区的消火栓应设置在防火堤或防护墙外。

3.7.2 工厂配电安全设计

1）消防供电设计

消防供电应考虑建筑物的性质、火灾危险性、疏散和火灾扑救难度等因素，以保证消防设备不间断供电。

高度超过50m的可燃物品厂房、库房，其消防设备（如消防控制室、消防水泵、消防电梯、消防排烟设备、火灾报警装置、火灾事故照明、疏散指示标志和电动防火门窗、卷帘、阀门等）均应采用一级负荷供电。

户外消防用水量大于0.03m³/s的工厂、仓库或户外消防用水量大于0.035m³/s的易

燃材料堆物、油罐或油罐区、可燃气体储罐或储罐区，应采用 6kV 以上专线供电，并应有两回线路。户外消防用水量大于 $0.03m^3/s$ 的工厂、仓库等，宜采用由终端变电所 2 台不同变压器供电，且应有两回线路，最末一级配电箱处应能自动切换。

对某些仓库、储罐和堆物，如仅有消防水泵，而采用双电源或双回路供电确有困难，可采用内燃机带动消防水泵。

鉴于消防水泵、消防电梯、火灾事故照明、防烟、排烟等消防用电设备在火灾时必须确保运行，而平时使用的工作电源发生火灾时又必须停电，从保障安全和方便使用出发，消防用电设备配电线路应设置单独的供电回路，即要求消防用电设备配电线路与其他动力、照明线路（从低压配电室至最末一级配电箱）分开单独设置，以保证消防设备用电。

为避免在紧急情况下操作失误，消防配电设备应有明显标志。

2）化工配电安全要求

在化工厂中比较容易形成爆炸性气体环境。根据《爆炸危险环境电力装置设计规范》（GB 50058—2014），对于生产、加工、处理、转运或储存过程中出现或可能出现下列爆炸性气体混合物环境之一时，应进行爆炸性气体环境的电力设计。

（1）在大气条件下，可燃气体与空气混合形成爆炸性气体混合物；

（2）闪点低于或等于环境温度的可燃液体的蒸气或薄雾与空气混合形成爆炸性气体混合物；

（3）在物料操作温度高于可燃液体闪点的情况下，可燃液体有可能泄漏时，可燃液体的蒸气或薄雾与空气混合形成爆炸性气体混合物。

根据《爆炸危险环境电力装置设计规范》（GB 50058—2014），在进行爆炸性气体环境的电力装置设计时，应符合以下规定。

（1）爆炸性环境的电力装置设计宜将设备和线路，特别是正常运行时能发生火花的设备布置在爆炸性环境以外。当需设在爆炸性环境内时，应布置在爆炸危险性较小的地点。

（2）在满足工艺生产及安全的前提下，应减少防爆电气设备的数量。

（3）爆炸性环境内的电气设备和线路应符合周围环境内化学、机械、热、霉菌以及风沙等不同环境条件对电气设备的要求。

（4）不宜采用携带式电气设备。

3）提高电气防爆安全的几条基本措施

（1）搞好电气设备选型，使其不成为点燃源

在化工企业防爆厂房内要尽量不用携带式或移动式设备，因为铁壳之间的碰撞、摩擦，以及落在水泥地面时均可能产生火花，使其成为点燃源。装在反应釜窥视孔上方的局部照明应采用固定安装方式，不允许采用捆扎等临时性固定措施。在设备非移动不可的情况下（如检修等），应选用铝制件。如果采用合金材料时，则含镁量不得超过 6%，铝合金中铝的含量不得少于 80%，还应注意，由于锌会引起电弧，因而在导线与设备的连接处，不得采用镀锌方式。助听器、无线电传系统、对讲电话装置呼叫、普通电话拨号和打印时

可以产生足够能量的火花，许多电气仪表如果使用不当也可能成为火源。

（2）注重配线质量

防爆区域内的电气配线是很重要的一环，由于不容易检查，往往又成为最薄弱的一个环节。防爆设备如果没有正确的配线将会失去防爆的意义。在电气设计中最常见的缺陷是缺少电气管道的密封设计。按照我国《爆炸危险环境电力装置设计规范》（GB 50058—2014）规定，与设备相连的长导管要隔一定距离密封一次，其目的是：①防止设备产生电火花并发生燃烧时，燃烧气体通过电气管道连通到另一个有爆炸性混合物的连接系统中。②防止爆炸混合物通过电气管道从危险区扩散到非危险区。密封的主要作用在于隔离，因此密封点取在高危险区与低危险区隔墙处的低危险区一侧。在连接两个隔爆设备的电气管道管口处，需各设一个密封点。在化工企业防爆厂房内，所有的电气管路应采用低压流体输送用镀锌焊接钢管。

由于在一些防爆厂房电气设计中不注明密封标志，甚至不注明密封要求，在施工中也不作灌注密封，使电气防爆的可靠性大为降低。因此，电气管线的密封要求不容忽视，并应贯彻到设计与施工之中。

（3）静电接地

静电接地对防爆、防电击具有重要作用。在化工企业防爆厂房中，金属容器、管道、构架及操作平台很多。为了预防不同电位金属件之间的电荷释放而产生电火花，并防止用电设备对操作人员安全的危害，化工企业防爆厂房内一定要采取静电接地措施。防爆厂房内各工艺设备、管道（水管除外）、各种金属构件、电气设备正常不带电的金属外壳、工艺管道在建筑物的进出口处均应直接与静电接地干线做可靠的电气连接。

（4）设备选型要注意配套

在化工企业，电机是隔爆型而控制设备是增安型，灯具是隔爆型而开关是普通型，这是十分危险的，因为控制设备和灯开关经常产生电火花。在进行电气装置的设计时，也应该要符合《爆炸危险环境电力装置设计规范》（GB 50058—2014）里面的有关规定。以下就是有关爆炸性气体环境电气设备的选择的有关规定：

①根据爆炸危险区域的分区，电气设备的种类和防爆结构的要求，应选择相应的电气设备。

②选用的防爆电气设备的级别和组别，不应低于该爆炸性气体环境内爆炸性气体混合物的级别和组别，当存在有两种以上易燃性物质形成的爆炸性气体混合物时，应按危险程度较高的级别和组别选用防爆电气设备。

③爆炸危险区域内的电气设备，应符合周围环境内化学的机械的、热的、霉菌以及风沙等不同环境条件对电气设备的要求。电气设备结构应满足电气设备在规定的运行条件下不降低防爆性能的要求。

4）配电安全设计参数

从安全的角度考虑，进行配电设计时，需要注意以下若干事项：

（1）负荷调查　在工厂的整体布局图上标记出各个地点的主要用电负荷，概算出工厂的全部用电负荷值。

（2）负荷测算　在上述负荷调查结果的基础上，分别估算动力用电、照明用电以及其他负荷的大小。

（3）评估特殊负荷　有的负荷在用电时会引起电压变动，产生高次谐波，导致感应干扰，因此必须对一些特殊负荷(如大型电机、电炉、整流器、电焊机等)的种类和它们的运行情况进行评估。

（4）评估分断容量和保护装置　计算可能的短路电流，确定应用何种规格的断路器。此外，还需要分析各种保护装置的优缺点和适用性，保证它们在承受负荷时和在发生事故时都能够协调的工作。

（5）计算电压变动　计算重要场所的电压可能发生变动的范围，确保设备能够正常运行而不会出现故障。

（6）在不利环境下安装机器而采取的对策　通过对安装环境自然条件和周边环境的调查，选择适合于环境的机器。在有可能因大潮或者洪水来临而出现水位升高的场所，应当相应地抬高机座的高度。如果安装场所有可燃性气体，还需要设置防爆区域。

（7）确定机器安装方案　预先了解各种机器的大致尺寸，为安装机器划出必要的区域。在划定安装区域时，必须考虑到今后进行维护操作和增加设备的需要，预留出足够的空间。

如果从经济的角度考虑，还需要注意要核算购电数量、确定受电电压和受电方式、确定工厂的配电电压和负荷电压、评估配电系统以及节能措施。

5）电气设备防腐

电气设备受到烟尘污染或受到有害气体的腐蚀，会造成短路事故。采用架空电力线路进出厂区的总变配电所，应布置在厂区边缘，并应位于有腐蚀性气体场所的全年最小频率风向下风侧。工厂电气设备遭受腐蚀，分为被腐蚀性气体及液体腐蚀和被电腐蚀两类。预防气体及液体腐蚀的方法有：

（1）在金属部件外表镀膜或加上涂层；

（2）使用防腐材料；

（3）进行密封；

（4）使用密封式设备；

（5）使用防腐型电气设备。

需要注意的是，腐蚀的形式多种多样，具有防腐特性的电气设备也很多，在选择的时候一定要从可靠性等方面进行考虑和比较。

3.7.3　辅助气体设施安全设计

在处理腐蚀性或毒性物料的区域应该安装安全淋浴器。洗浴或冲洗皮肤使用的热水，务必不得由蒸汽和水直接混合产生。热水加热器不仅应该有过压压力释放阀，而且还应该有过热释放熔断塞。

人员与没有保温的蒸气管线、散热器接触会引起严重的烫伤。高出地面2.1m以下或人员易于接触的所有蒸气管线、设备和散热器，都应该保温并保持足够的警惕。

因为连续操作会产生高温，润滑油有可能裂解污染空气，普通的油润滑空气压缩机无法保证供应的空气质量。油润滑压缩机需要配置特殊的装置，包括一氧化碳报警装置、油蒸气移出装置以及气味消除装置。一氧化碳移出装置要有把一氧化碳催化转化为二氧化碳的功能。粉尘或粒状物应用过滤器滤掉。

供氧空气在输送过程中仍然需要不被污染。为此，与供氧空气连接的设备、过程或其他设施不得相互连通。空气管道与空气面罩连接时，过滤器和吸尘护罩应该安装在靠近出口处，截取或移除杂质粒子和湿气液滴等。

氮、二氧化碳和其他惰性气体的管线一般是在1MPa或略低的压力下操作，主要的安全问题是气体的鉴别。在罐内或限定的空间内工作时，惰性气体被错当成呼吸气体通入，会造成伤亡事故。辅助气体的所有出口和阀门都应该标志出气体的名称。

3.7.4　工厂通风安全设计

在化工厂生产过程中散发的各种有害物(粉尘、有害蒸气和气体)，如果不加控制，会使室内外空气环境受到污染和破坏，危害人类的健康。采用通风方法，不仅可以改善车间的湿热环境，对于粉尘、有毒物质的治理也是有效的。

通风按其动力分为自然通风和机械通风，按其范围又可分为局部通风和全面通风。化工行业除尘排毒多采用机械通风。

1)局部通风

局部通风是指有害物比较集中，或工作人员经常活动的局部地区的通风，可分为局部排风、局部送风和局部送、排风三种类型。

(1)局部排风

局部排风是在产生的有害物质的地点设置局部排风罩，利用局部排风气流捕集有害物质并排至室外，使有害物质不致扩散到作业人员的工作地点。它是通风排除有害物质最有效的方法，是目前工业生产中控制粉尘扩散、消除粉尘危害的最有效的一种方法。局部排风装置排风量较小、能耗较低、效果好，是最常用的通风排毒方法。

局部排风系统的结构如图3-1所示。局部排风罩可分为密闭罩、柜式排风罩(通风柜)、外部吸气罩(包括上吸式、下吸式、侧吸式等)、接受式排风罩、吹吸式排风罩。风管通常用表面光滑的材料制作。净化设备分为除尘器和有害气体净化装置两类。风机用来向机械排风系统提供空气流动的动力。为了防止风机的磨损和腐蚀，通常把它放在净化设备的后面。

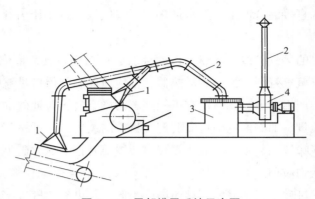

图 3 – 1　局部排风系统示意图
1—局部排风罩；2—风管；3—净化设备；4—风机

（2）局部送风

对于厂房面积很大，工作地点比较固定的作业场所，在改善整个厂房的空气环境有困难时，可采用局部送风的方法，使工作场所的温度、湿度、清洁度等局部空气环境条件符合卫生要求。局部送风最好是设有隔离操作室，将风送入室内，以免效果不显著。距离送风口三倍直径处，70%是混入的周围空气，五倍直径远处80%是混入的周围空气，所以空气污染的程度会随操作室空间的增加而加大。

（3）局部送、排风

有时采用既有送风又有排风的通风设施，既有污染空气的排出，又有新鲜空气的送入，这样，可以在局部地区形成一片风幕，阻止有害物质进入室内。这是一种比单纯排风更有效的通风方式。

2）全面通风

如果由于生产条件限制、有害物源不固定等原因，不能采用局部排风，或者采用局部排风后，室内有害物浓度仍超过卫生标准，在这种情况下可以采用全面排风。全面排风是对整个车间进行通风换气，即用新鲜空气把整个车间的有害物浓度稀释到最高允许浓度以下。全面排风所需的风量大大超过局部排风。相应的设备也较庞大。

（1）全面通风的通风方式

全面通风可利用自然力或机械力来进行，有表3 – 9中的几种组合方式。在生产作业条件不能使用局部排风或有毒作业地点过于分散、流动时，采用全面通风换气。

表3 – 9　各种全面通风方式

送风方式	排风方式	室内压力	备注
机械	机械	任意	
机械	自然	正压	避免有害物质从周围房间流入
自然	机械	负压	避免有害物质流入周围房间
自然	自然补助	负压	避免有害物质流入周围房间
自然	自然	不定	

全面机械通风是对整个厂房进行的通风、换气，是把清洁的新鲜空气不断地送入车间，将车间空气中的有害物质(包括粉尘)浓度稀释并将污染的空气排到室外，使室内空气中有害物质的浓度达到标准规定的最高容许浓度以下。全面机械通风一般多用于存在开放性、移动性有害物质源的工作场所。全面通风也称稀释通风，它一方面用清洁空气稀释室内空气中的有害物浓度，同时不断把污染空气排至室外，使室内空气中有害物浓度不超过卫生标准规定的最高允许浓度。当数种有毒蒸气或数种有刺激性气体同时在室内散发时，全面通风换气量应按各种有害物质分别稀释到相应的最高容许浓度所需换气量的总和计算；同时散发数种其他有害物质时，则按分别稀释到相应最高容许浓度所需换气量中的最大值计算。

（2）全面通风气流的组织

气流组织是指布置送排风口位置、分配风量以及选用风口形式，以便用最小的通风量达到最佳的通风效果。图3-2是两种不同气流组织的全面通风实例，采用(a)所示的通风方式，工人处于涡流区，很可能中毒；如改用(b)所示的方式，室外空气流经工作区，再由排风口排出，通风效果大为改善。可见，气流组织的合理性直接关系到全面通风的效果好坏。

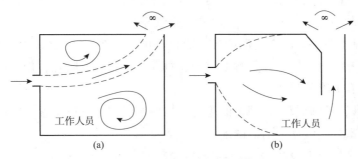

图3-2　两种气流组织实例比较

通风气流，一般应使清洁、新鲜空气先经过工作地带，再流向有害物质产生部位，最后通过排风口排出；含有害物质的气流不应通过作业人员的呼吸带。一般通风房间的气流组织有多种方式，设计时要根据有害物源位置、工人操作位置、有害物性质及浓度分布等具体情况，按下述原则确定。

①排风口应尽量靠近有害物源或有害物浓度高的区域，把有害物迅速从室内排出。

②送风口应尽量接近操作地点。送入通风房间的清洁空气，要先经过操作地点，再经过污染区域排至室外。

③在整个通风房间内，尽量使送风气流均匀分布，减少涡流，避免有害物在局部地区的积聚。

当车间内同时散发热量和有害气体时，如车间内设有工业炉、加热的工业槽及浇注的铸模等设备，在热设备上方常形成上升气流。在这种情况下，一般采用图3-3所示的下送上排通风方式。清洁空气从车间下部进入，在工作区散开，然后带着有害气体或吸收的余热从上部排风口排出。

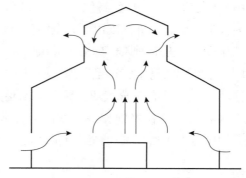

图3-3 下送上排通风方式

为了把有害物从室内迅速排出，排风口应尽量设在有害物浓度高的区域。因此，了解车间内的有害气体浓度分布，是设计全面通风时必须注意的一个问题。有人认为，当车间内散发的有害气体其密度较大时，有害气体会沉积在下部，排风口应设在车间下部。这种看法是不全面的，实际上有害气体在车间内的分布，不单取决于气体本身的密度，还取决于气体与室内空气混合气体密度。车间内有害气体浓度一般不会太高，由此引起的空气密度增值一般不会超过 $0.3 \sim 0.4 \mathrm{g/m^3}$。但是，空气温度变化 $1\,^{\circ}\mathrm{C}$，所引起的密度变化值为 $4\mathrm{g/m^3}$。由此可见，只要室内空气温度分布有极小的不均匀，有害气体就会随室内空气一起运动。另外，有些比较轻的挥发物如汽油、醚等。由于蒸发吸热，使周围空气冷却，会和周围空气一起有下降的趋势。

根据采暖通风空气调节设计规范的规定，机械通风的进风口位置，应符合下列要求：

①应设置在室外空气比较清洁的地点。

②应尽量在排风口上风侧（指全年主导风向），且应低于排风口。

③进风口的底部距室外地坪不宜低于 2m。

机械通风的排风方式应符合下列要求：

①放散的可燃气体较空气轻时，宜从上部排放。

②放散的可燃气体较空气重时，宜从上、下部同时排出，但气体温度较高或受到散热影响产生气流上升时，宜从上部排出。

③当挥发性物质蒸发后，被周围空气冷却下沉或经常有挥发性物质洒落到地面时，应从上、下部同时排出。

设计规范还规定，采用全面通风消除余热、余湿或其他有害物质时，应分别从室内温度最高、含湿量或有害物质浓度最大的区域排风，并且排风量分配应符合下列要求：

①当有害气体和蒸气密度比空气小，或在相反情况下，但车间内有稳定的上升气流时，宜从房间上部地带排出所需风量的 2/3，从下部地带排出 1/3。

②当有害气体和蒸气密度比空气大，车间内不会形成稳定的上升气流时，宜从房间上部地带排出所需风量的 1/3，从下部地带排出 2/3。

③房间上部地带排出风量不应小于每1h一次换气。

④从房间下部地带排出的风量，包括距地面2m以内的局部排风量。

3）正压通风设计

正压通风是化工等生产装置采用的一种独特形式。在多数工艺操作过程中，大量采用仪表自动控制。一般将各种自动控制仪表的表盘及其继电器集中在控制室内。由于各种自动控制仪表的接线点和继电器都不防爆，而大量的可燃气体又随时可能存在，因此，为安全操作仪表及保证仪表的准确性，设计时，要对仪表控制室和在线分析室进行正压通风。

正压通风就是使控制室内的空气压略大于室外空气压。这样，就能阻止室外的可燃气体进入控制室内。送进控制室的正压风必须是清新干净，因此，正压通风的风源必须取自安全清洁的地点。甲乙类生产区域内的变电所也应进行正压通风。各种通风的进风口位置、排风方式等的设计必须遵守有关标准或规范。

进行车间的通风设计时，首先应根据生产工艺的特点和有害物的性质，尽可能采用局部通风。如果设置局部通风后仍不能满足卫生标准的要求，或工艺条件不允许设置局部通风时，才考虑采用全面通风。有些生产车间，工艺设备比较复杂，车间内同时散发粉尘、有害气体、热和湿等多种有害物，进行这类车间的通风设计时，必须全面考虑各种有害物的散发情况，综合运用各种通风方式，才能做出效果良好的设计方案。如何恰当地运用各种通风方法，综合解决整个车间的通风问题，对创造良好的空气环境，提高通风系统的技术经济性能，具有十分重要的意义。

3.8 其他安全防护设计

3.8.1 化工消防设计

（1）化工装置消防设计必须根据工艺过程特点及火灾危险程度、物料性质、建筑结构，确定相应的消防设计方案。

（2）化工企业低压消防给水设施、消防给水宜与生产或生活给水管道系统合并。高压消防给水应设计独立的消防给水管道系统。消防给水管道一般应采用环状管网。

（3）化工生产装置的水消防设计应根据设备布置、厂房面积以及火灾危险程度设计相应的消防供水竖管、冷却喷淋、消防水幕、带架水枪等消防设施。

（4）化工生产装置、罐区、化学品库应根据生产过程特点、物料性质和火灾危险性质设计相应的泡沫消防及惰性气体灭火设施。

（5）化工生产装置区、储罐区、仓库除应设置固定式、半固定式灭火设施外，还应按规定设置小型灭火器材。

灭火器类型的选择应符合下列规定：

①扑救A类火灾应选用水型、泡沫、磷酸铵盐干粉、卤代烷型灭火器。

②扑救 B 类火灾应选用干粉、泡沫、卤代烷、二氧化碳型灭火器，扑救极性溶剂 B 类火灾应选用抗溶泡沫灭火器。

③扑救 C 类火灾应用干粉、卤代烷、二氧化碳型灭火器。

④扑救带电火灾应选用卤代烷、二氧化碳、干粉型灭火器。

⑤扑救 A、B、C 类火灾和带电火灾应选用磷酸铵盐干粉、卤代烷型灭火器。

⑥扑救 D 类火灾的灭火器材应由设计单位和当地公安消防监督部门协商解决。

（6）重点化工生产装置、计算机房、控制室、变配电站、易燃物质仓库、油库应设置火灾自动报警和消防灭火设施。

3.8.2　化工装置防静电设计

化工装置防静电设计应符合《防止静电事故通用导则》（GB 12158—2006）以及《化工企业静电接地设计规程》（HG/T 20675—1990）的规定。在化工生产过程中尽量不产生或少产生静电，并采取综合防静电技术，防止事故发生。

化工装置防静电设计，应根据生产工艺要求、作业环境特点和物料的性质采取相应的防静电措施。为了降低物体的泄漏电阻值，应选择合适的抗静电剂或导电涂料，在生产过程中应采取适当措施确保静止时间和缓和时间。此外在工艺条件允许的情况下，应设置调温调湿设备，以保证相对湿度不低于 50%~65%，或定期向地面洒水。

化工装置防静电设计，应根据生产特点和物料性质，合理地选择工艺条件、设备和管道的材料以及设备结构：

（1）在满足其他条件的情况下，应优先选用相互接触而较少产生静电的材质。

（2）对由摩擦而能持续产生静电的部位、大量产生带电体的容器和移动式装置等，应尽量使用金属材料制作，如需涂漆，漆的电阻率应小于带电体的电阻率。

（3）对于不能使用金属材料的部位，应尽量选用材质均匀、导电性能好的橡胶、树脂或塑料制作。

（4）应做好设备各部位金属部件的连接，不允许存在与地绝缘的金属体。

（5）应根据设备的安装位置，设置静电接地连接端头。

非导体屏蔽接地要求：

（1）屏蔽材料应选用有足够机械强度且较细或较薄的金属线、网、板（如截面为 2.5mm² 的裸钢软绞线、22 号孔眼为 15mm 的镀锌钢网）等，也可利用设备、管道上的金属体作屏蔽材料（如橡胶夹布吸引管的金属螺旋线、保温层的金属外壳等）。

（2）屏蔽体应安装牢固、定点固定，不应有位移和颤动。

（3）在屏蔽体的始末端及每隔 20~30m 的合适位置应做接地。

化工生产装置在防爆区域内的所有金属设备、管道、储罐等都必须设计静电接地。非导体设备、管道、储罐等应设计间接接地，或采用静电屏蔽方法，屏蔽体必须可靠接地。

3.8.3 化工装置防雷设计

1)针对雷击的措施

化工装置、设备、设施、储罐以及建(构)筑物,应设计可靠的防雷保护装置,防止雷电对人身、设备及建(构)筑物的危害和破坏。防雷设计应符合国家标准和有关规定。有火灾爆炸危险的化工装置、露天设备、储罐、电气设施和建(构)筑物应设计防直击雷装置。

具有易燃、易爆气体生产装置和储罐以及排放易燃易爆气体的排气筒的避雷设计,应高于正常事故状态下气体排放时所形成的爆炸危险范围。平行布置的间距小于100mm金属管道或交叉距离小于100mm的金属管道,应设计防雷电感应装置,防雷电感应装置可与防静电装置联合设置。化工装置的架空管道以及变配电装置和低压供电线路终端,应设计防雷电波侵入的防护措施。

预防雷击的主要手段,是根据实际情况安装避雷针、架空地线或者避雷器等。避雷针和避雷器的设定在相关的法规中都做了详细的规定。为了有效防止雷击,不仅要注意选择性能合适的避雷器,而且必须正确使用,为此就需要认真分析避雷器的额定电压、标称放电电流、限压特性、处理开关浪涌电压的能力等特性。

2)减少浪涌电压的方法

对工厂的电气设备有可能构成威胁的浪涌电压,可以用以下方法来降低浪涌电压产生的可能性:

(1)使低压控制电缆尽可能远离高压主电路的造成感应的导线,改进施工方法。

(2)在继电器线圈上并联一个电容器或者二极管,用以抑制直流电路开合时的浪涌电压。

(3)在配电柜的连接端子上连接避雷器或者电容器一类能够吸收浪涌的装置。

(4)尽量减小控制地点的接地电阻,从而抑制接地电极的浮动电压。

(5)使用有金属护套的电缆、保护装置或者能够吸收浪涌的装置。

第4章　化工工艺过程安全

4.1　化工工艺基本知识

4.1.1　化工工艺流程规范代号

1）物料代号

工艺流程中的物料代号如表4-1所示。

表4-1　工艺流程中的物料代号

代号类别		物料代号	物料名称	代号类别		物料代号	物料名称
工艺物料代号		PA	工艺空气	辅助、公用工程物料代号	水	BW	锅炉给水
		PG	工艺气体			CSW	化学污水
		PGL	气液两相液工艺物料			CWR	循环冷却水回水
		PGS	气固两相固工艺物料			CWS	循环冷却水上水
		PL	工艺液体			DNW	脱盐水
		PLS	液固两相流工艺物料			DW	饮用水、生活用水
		PS	工艺固体			FW	消防水
		PW	工艺水			HWR	热水回水
辅助、公用工程物料代号	空气	AR	空气			HWS	热水上水
		CA	压缩空气			RW	原水、新鲜水
		IA	仪表空气			SW	软水
	蒸汽、冷凝水	HS	高压蒸汽			WW	生产废水
		HUS	高压过热蒸汽		制冷剂	AG	气氨
		LS	低压蒸汽			AL	液氨
		LUS	低压过热蒸汽			ERG	气体乙烯或乙烷
		MS	中压蒸汽			ERL	液体乙烯或乙烷
		MUS	中压过热蒸汽			FRG	氟利昂气体
		SC	蒸汽冷凝水			FRL	氟利昂液体
		TS	伴热蒸汽			PRG	气体丙烯或丙烷

续表

代号类别		物料代号	物料名称	代号类别		物料代号	物料名称
辅助、公用工程物料代号	制冷剂	PRL	液体丙烯或丙烷	辅助、公用工程物料代号	其他	DR	排液、导淋
		RWR	冷冻盐水回水			FSL	熔盐
		RWS	冷冻盐水上水			FV	火炬放空
	燃料	FG	燃料气			H	氢
		FL	液体燃料			HO	加热油
		FS	固体燃料			IG	惰性气
		NG	天然气			N	氮
	油	DO	污油			O	氧
		FO	燃料油			SL	泥浆
		GO	填料油			VE	真空排放空
		LO	润滑油			VT	放空
		RO	原油				
		SO	密封油				

2）管道压力及材质代号

管道代号由管道公称压力等级代号、顺序号、管道材质代号组成。其中管道公称压力等级代号和管道材质代号都用大写英文字母表示，分别如表4-2、表4-3所示。

表4-2　管道公称压力等级代号

压力等级用于 ANSI 标准		压力等级用于国内标准	
压力等级代号	压力/（lbf/in^2）	压力等级代号	压力/MPa
A	150	L	1.0
B	300	M	1.6
C	400	N	2.5
D	600	P	4.0
E	900	Q	6.4
F	1500	R	10.0
G	2500	S	16.0
		T	20.0
		U	22.0
		V	25.0
		W	32.0

表4-3　管道材质代号

管道材质代号	材质
A	铁铸
B	碳钢
C	普通低合金钢
D	合金钢
E	不锈钢
F	有色金属
G	非金属
H	衬里及内防腐

3）设备代号

各类工艺设备代号如表4-4所示。

表4-4　各类工艺设备代号

工艺设备类别		代号
定型设备	泵	B
	压缩机类	J
非定型设备	塔	T
	换热器、再沸器、冷却器、蒸发器	H
	反应器	F
	储罐、计量槽	R
	干燥器、过滤器等	Z
	工业炉	L

4）隔热及隔声代号

隔热及隔声代号如表4-5所示。

表4-5　隔热及隔声代号

代号	功能类型	备注	代号	功能类型	备注
H	保温	采用保温材料	S	蒸汽伴热	采用蒸汽伴热管和保温材料
C	保冷	采用保冷材料	W	热水伴热	采用热水伴热管和保温材料
P	人身防护	采用保温材料	O	热油伴热	采用热油伴热管和保温材料
D	防结霜	采用保冷材料	J	夹套伴热	采用夹套管和保温材料
E	电伴热	采用电热带和保温材料	N	隔声	采用隔声材料

5）仪表和控制点表示

工艺控制流程图，是用自控设计的文字符号和图形符号在工艺流程图上描述生产过程自动控制的原理图。在检测、控制系统中，构成回路的每个仪表(或元件)都用仪表位号来标识。仪表位号由字母代号组合和回路编号两部分组成。仪表位号中的第1个字母表示被测变量，后继字母表示仪表的功能；回路的编号由工序号和顺序号组成，一般用 3~5 位阿拉伯数字表示，如下例所示：

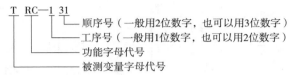

常用被测变量和仪表功能的代号如表 4-6 所示。

表 4-6 常用被测变量和仪表功能的代号

字母	第一位字母		后继字母	字母	第一位字母		后继字母
	被测变量	修饰词	仪表功能		被测变量	修饰词	仪表功能
A	分析		报警	N	供选用		供选用
B	火焰			O	供选用		节流孔
C	电导率		控制	P	压力或真空		测试点(接头)
D	密度	差		Q	数量或热量	积分	积算或累计
E	电量		检测元件	R	核辐射		记录或打印
F	流量	比		S	速度或频率	安全	开关或联锁
G	位置或长度(尺寸)		玻璃	T	温度		变送
H	手动			U	多变量		多功能
I	电流		指示	V	黏度		阀、挡板或百叶窗
J	功率			W	重量或力		(温度计)保护管
K	时间或时间程序		自动、手动操作	X	未分类的变量		未分类的功能
L	液位或料位		指示灯	Y	由使用者选用		继动器或计算器
M	水分或湿度			Z	位置		驱动、执行或未分类的执行器

如 TI 表示温度指示，TT 表示温度变送器，TIC 表示温度指示控制，HC 表示手动控制。

在管道及仪表流程图中，仪表位号的标注方法是：字母代号填写在仪表圆圈的上半圆中；回路编号填写在下半圆中。

(a)就地安装　　(b)集中盘面安装

图 4-1 仪表位号的标注示例

工艺流程图中应绘制出全部计量仪表及其检测点，并表示出全部自动控制方案。这些方案包括被测送装置、显示仪表、调节仪表及执行机构。仪表和控制点应该在有关管道上，大致按照安装位置，以代号、符号表示出来。

图 4-2 为某化工厂超细碳酸钙生产中碳化部分简化的工艺管道及仪表流程图。

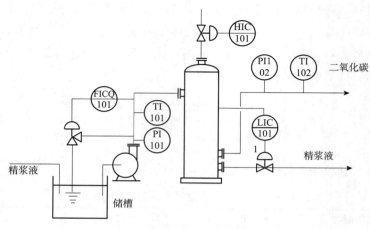

图 4-2　工艺管道及仪表流程图示例

$\overset{FICQ}{101}$表示为第一工序第 01 个流量控制回路(带累计指示),累计指示仪及控制器安装在控制室。

$\overset{HIC}{101}$表示为第一工序第 01 个带指示的手动控制回路,手动控制器(手操器)安装在控制室。

$\overset{LIC}{101}$表示为第一工序第 01 个带指示的液位控制回路,液位指示控制器安装在控制室。

$\overset{TI}{101}$ $\overset{TI}{102}$表示为第一工序第 01、02 个温度检测回路,温度指示仪安装在现场。

$\overset{PI}{101}$ $\overset{PI}{102}$表示为第一工序第 01、02 个压力检测回路,压力指示仪安装在现场。

4.1.2　化工工艺过程安全概述

化工工艺过程中各个设备相互连接,各个环节相互制约,一旦某一环节出现问题,整个系统就会受到影响。图 4-3 是间歇生产过程示例。

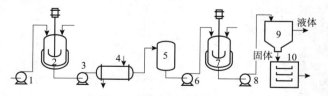

图 4-3　化工间歇生产过程示例

1,3,6,8—泵;2,7—反应器;4—换热器;5—储罐;9—离心机;10—干燥器

化工新工艺、新技术、新材料和新设备的应用都可能带来新的危险。因此,化学工业的发展对于工艺过程安全控制的要求更加严格。化工工艺过程安全一般应考虑以下各项:

(1)过程的规模、类型和整体性是否恰当。

（2）鉴定过程的主要危险，在流程图和平面图上标出危险区。考虑选择特殊过程路线或其他设计方案是否更符合安全。

（3）考虑改变过程顺序是否会改善过程安全。所有过程物料是否都是必需的，可否选择较小危险的过程物料。

（4）考虑物料是否有必要排放，如果有必要，排放是否安全以及是否符合规范操作和环保法规。

（5）考虑能否取消某个单元或款项并改善安全。

（6）校核过程设计是否恰当，正常条件的说明是否充分，所有有关的参数是否都被控制。

（7）操作和传热设施的设计、安装和控制是否恰当，是否减少了危险的发生。

（8）过程的放大是否正确，过程是否设计了预热、压力、火灾和爆炸的应急措施。

4.2 化工工艺过程危险性分析

4.2.1 化学反应过程的危险性分析

实现物质转化是化工生产的基本任务。物质的转化反应常因反应条件的微小变化而偏离预期的反应途径，化学反应过程有较多的危险性。充分评估反应过程的危险性，有助于改善过程的安全。典型化学反应的危险性分析见本章4.4节的内容，化学反应过程的危险性分析一般包括以下内容：

（1）鉴别一切可能的化学反应，对预期的和意外的化学反应都要考虑。对潜在的不稳定的反应和副反应，如自燃或聚合等进行考察，考虑改变反应物的相对浓度或其他操作条件是否会使反应的危险程度减小。

（2）考虑操作故障、设计失误、发生不需要的副反应、热点、反应器失控、结垢等引起的危险。分析反应速率和有关变量的相互依赖关系，确定阻止不需要的反应、过度热量产生的限度。

（3）评价副反应是否生成毒性或爆炸性物质，是否会有危险垢层形成。

（4）考察物料是否吸收空气中的水分变潮，表面黏附形成毒性或腐蚀性液体或气体。鉴别不稳定的过程物料，确定其对热、压力、振动和摩擦暴露的危险。

（5）确定所有杂质对化学反应和过程混合物性质的影响。

（6）确保结构材料彼此相容并与过程物料相容。

（7）考虑过程中危险物质，如不凝物、毒性中间体或副产物的积累。

（8）考虑催化剂行为的各个方面，如老化、中毒、粉碎、活化、再生等。

4.2.2 操作过程的危险性分析

有一些化学过程具有潜在的危险。这些过程一旦失去控制就有可能造成灾难性的后果，如发生火灾、爆炸或中毒事故等。化工过程单元操作的危险性分析见本书5.1节的内容。有潜在危险的过程有：

（1）爆炸、爆燃或强放热过程。

（2）有粉尘或烟雾生成的过程。

（3）在物料的爆炸范围或近区操作的过程。

（4）在高温、高压或冷冻条件下操作的过程。

（5）含有易燃物料的过程。

（6）含有不稳定化合物的过程。

（7）含有高毒性物料的过程。

（8）有大量储存压力负荷能的过程。

4.2.3　非正常操作的安全问题

对化学事故发生的原因统计分析结果表明，因操作引起的安全问题是化学工业、石油化工行业发生事故的重要原因之一，在化学工业中所占比重更大。如2006年6月16日安徽当涂化工厂发生爆炸，造成16人死亡，24人受伤。据事故调查组认定，该公司通过调高粉状乳化炸药生产线的螺杆泵转速及延长工作时间等方法来增加产量。当日15时2分，操作工发现胶体磨出料变慢，估计有堵料现象，随即处理堵料故障。在排除故障过程中，导致一台螺杆泵由于断料空转12min以上，残留在泵腔内的物料连续受机械作用升温，至15时9分发生爆炸。爆炸的巨大能量使厂房彻底摧毁，其他设备被冲击波损毁。

工厂和其中的各项设备是为了维持操作参数允许范围内的正常操作设计的，在开车、试车或停车操作中会有不同的条件，因而会产生与正常操作的偏离。非正常操作一般应考虑以下安全问题：

（1）考虑偏离正常操作会发生什么情况，对于这些情况是否采取了适当的预防措施。

（2）当工厂处于开车、停车或热备用状态时，能否迅速畅通而又确保安全。

（3）在重要紧急状态下，工厂的压力或过程物料的负载能否有效而安全地降低。

（4）应明确温度、压力、流速、浓度等工艺参数的控制范围，并有调节和控制参数的措施。

（5）工厂停车时超出操作极限的偏差到何种程度，是否需要安装报警或自动断开装置。

（6）工厂开车和停车时物料正常操作的相态是否会发生变化，相变是否包含膨胀、收缩或固化等，这些变化可否被接受。

（7）排放系统能否解决开车、停车、热备用状态、投产和灭火时大量的非正常的排放问题。

（8）用于整个工厂领域的公用设施和各项化学品的供应是否充分。

（9）惰性气体一旦急需能否在整个区域立即投入使用，是否有备用气供应。

（10）各种场合的火炬和闪光信号灯的点燃方法是否安全。

4.3　化工工艺过程本质安全化设计技术

4.3.1　化工工艺过程开发的步骤

化工工艺过程开发的基本内容为：根据基础理论研究的成果和有关工程资料，根据科学的方法，寻求技术可靠、经济合理的途径来制备该化学品，然后进行扩大试验，评价过程的可行性，设计工业装置，实现工业化。化工工艺过程开发流程如图4-4所示。

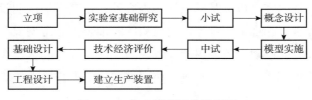

图4-4　化工过程开发流程图

（1）立项　根据从调查和试验研究收集的资料，评价该项目的科学性、实用性和可靠性，若取得了肯定结论，则立项进行开发性研究。

（2）实验室基础研究　在实验室进行技术路线和工艺方法的筛选，测定有关物性数据和反应动力学及热力学参数，筛选分析方法和研制催化剂等等。

（3）小试　在实验室建立小型试验装置进行工艺模拟试验，优化工艺条件，考察影响过程的因素，从中找出概念设计所需的数据或判据。

（4）概念设计　主要内容有：工艺技术路线和工艺方法的说明；工艺流程简图；简单的物料衡算和能量衡算；初步确定原材料和能耗指标；主要设备型式；预计"三废"排放量及毒害程度；初步估算投资和生产成本以及小试存在的问题和对模型试验或中试提出建议或设计等。

（5）模型试验　模型试验设备具有工业设备的仿真性质，在模型设备中进行研究的主要内容有：考察化工过程运行的最佳条件；考察设备内传热、传质、物料流动与混合等工程因素对于化工过程的影响；观察设备放大后出现的放大效应及其原因；测定放大所需的有关数据或判据等等。

（6）中试　是"中间工厂试验"的简称，是半工业化规模的模拟试验。在化工过程开发中，是一次较大规模地对开发的技术方案做比较全面的试验考察，中试结果作为基础设计的依据。这个阶段考察的内容主要有：检验小试确定的工艺方案和工艺条件；考察工艺系统连续运转的可靠性；考察放大效应，分析原因；寻找解决措施；考察物料对设备材质的腐蚀；确定检测方法；考察杂质积累带来的影响；提供一定量的产品供应用考察；考察

"三废"的生成量、危害程度和治理方法；为估算投资和成本，以及为建立生产工作岗位的操作规程提供资料。

(7)技术经济评价 又称工业化评价，是在技术开发工作的后期进行的。其任务是由开发研究成果和收集的各种技术经济信息汇总形成可行性报告，若取得肯定结论，即可进行工业化设计，并投资建设。

(8)基础设计 在最终评价取得肯定结论之后，根据中试研究成果和所收集的资料，对工业化生产方案及生产装置形式所作的原则性设计。主要内容有：设计说明书，工艺流程说明及流程图，物料和能量衡算，设备型式和规格的明细表，"三废"排放与治理，检测方法和检测仪表，辅助原材料和公用工程的消耗和要求，测控要求和测控点位置、投资和成本预算等。

(9)工程设计 在设计单位往往称为"施工图设计"。它是依据基础设计来编制有关工程实施的技术文件，其内容除包括基础设计的内容外，还应增加说明设计程序的设计说明书，详细的定型设备型号、规格、零部件及材质的明细表，非定型设备加工制造的图纸和装配图，指导装置安装的详细工艺流程图，带控制点的流程图和管线图，设备的平面布置图和里面布置图，详细的消耗定额、投资和成本概算，"三废"排放量和非排放点说明等文件。

(10)建立生产装置 根据工程设计的文件和图纸，购进和制作设备，安全生产装置，按工艺要求进行调试、开车和试生产，化工过程开发的任务到此才算全面完成。

4.3.2 化工过程安全保护层次

化工工艺事故的引发因素很多，一旦发生事故，后果极其严重。在实践中，为预防操作失误或设备、系统发生故障，化工过程往往采取多重安全措施，其安全保护层次如下：

(1)化工过程本质安全设计技术 化工生产中同一种产品可以使用不同的原料和采用不同的生产方法制得。应尽量采用没有危害或危害较小的新工艺、新技术、新设备。淘汰毒尘严重又难以治理的落后的工艺设备，使生产过程为本质安全型。

(2)基本工艺参数监测和控制 对具有危险和有害因素的工艺过程采用自动化和计算机技术，实现自动监测或隔离操作控制。

(3)关键参数报警 对工艺参数、可燃气体和毒气浓度等自动监测报警。

(4)工艺联锁系统或紧急停车程序 针对危险和有害因素的生产过程，设计可靠的监测仪器、仪表，并设计自动联锁系统。

(5)冗余系统设置 对事故后果严重的化工生产装置，应按冗余原则设计备用装置和备用系统，并保证在出现故障时能自动转换到备用装置或备用系统。

(6)物理保护措施 如设置泄压装置、围堤、防火墙等。

(7)事故应急救援 实施应急救援预案，减少事故损失。

化工过程危险源监测、监控、预测、预警和应急救援等措施在预防灾害发生、减少事故损失方面发挥了重大作用，但本质安全设计技术是预防化工事故发生应优先采用的技术。

4.3.3　本质安全化设计技术概述

本质安全是指作为长久的和不可分割的元素存在的系统固有的或内在的安全性。本质安全与工艺物料的理化特性、使用数量、使用条件等密切相关。为使设备、系统达到本质安全而进行的研究、设计和改造称为本质安全化。

本质安全化设计就是从过程设计、流程开发等源头上消除或降低过程的危害，而不仅仅以外加的安全防护系统去控制危害的设计技术。采用和创造本质安全措施是预防操作失误、降低化工生产过程风险的有效途径。在无法避免的人为失误及设备失效的条件下，发展化工过程本质安全化设计技术尤为必要。

4.3.4　化工开发过程中实现本质安全的机会

化工过程开发是由立项、工艺研究、概念设计、基础设计、工程设计等多个阶段组成的，各阶段实现本质安全的机会是不相同的。开发早期阶段过程变化的自由度大，实现本质安全的机会也就多，投资也较少；一旦到工厂建成投入生产，实现本质安全的成本高、困难大，这种情形如图4-5所示。因此实现本质安全的关键步骤在于化工过程开发的早期，这一阶段机会多而成本低。

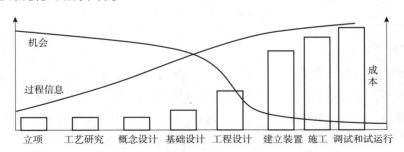

图4-5　化工过程开发各阶段实现本质安全的机会、信息和成本

1）工艺研究阶段

化工过程把原料通过一系列步骤转化为产品。化学反应处于化工过程的核心地位，化学反应工艺设计在系统集成中具有本质的重要性。反应系统在较大程度上决定了化工过程的本质安全性。化工工艺本质安全主要体现在原料路线、反应路线和反应条件三个方面，特别应对化学反应本质过程的危险性进行深入、透彻的分析，如化学活性物质危险性评估、反应放热预测、反应压力变化、爆炸性气体的形成、爆炸范围的分析、化学不稳定性分析等，其设计策略如表4-7所示。

表4-7 工艺研究阶段本质安全化设计策略

影响因素	设计目标	设计方法
反应物选择	减少或限制过程危害	采用不燃物质代替可燃物质;用无毒或低毒物质代替有毒或高毒物质;采用低腐蚀性物料
反应路线	改善过程条件的苛刻度	采用新的工艺路线以避免危险的原料或产生危险的中间产物;采用催化剂或更有效的催化剂;减少副反应的危害
反应条件	缓和反应条件	降低压力和温度;降低反应介质浓度

2)概念设计阶段

概念设计阶段以往主要注重过程经济最优和环境影响最小。随着经济和社会发展,人类对于安全的要求越来越高。因此不仅要使上述两个目标最优,还应满足过程的本质安全性,过程的本质安全性应作为新的目标加入过程设计中。概念设计阶段本质安全化设计策略如表4-8所示。在概念设计阶段,通过减少中间储存设施或限制储存量、降低热危害性、对工艺流程进行简化和优化等设计策略,可进一步消除或减少化工过程危害。

表4-8 概念设计阶段本质安全化设计策略

影响因素	设计目标	设计方法
库存设置	限制或减少库存	减少中间储存设施或限制储存量
能量释放	降低热危害性	采用稀释;采用气相进料代替液相进料;采用连续过程等,缓解反应的剧烈程度;设置事故储罐;加强公用工程的可靠性,减少工艺过程对公用工程的依赖性
流程安全性	简化和优化流程	合理安排工艺流程,注意流程中各工艺步骤间的配合;避免可造成泄漏的无用连接;对流程进行模拟和优化

3)基础设计阶段

基础设计阶段对生产装置形式进行设计,可通过加强设备可靠性增强本质安全。采用新设备、新技术,缩小设备尺寸,可减少向外释放的危险物料量和设备内储存的能量。物料的腐蚀性在这一阶段应作为重要问题来考虑,为了保障不因设备腐蚀而造成可靠性的下降,应在选择设备材质和防腐措施上做充分考虑。基础设计阶段本质安全化设计策略如表4-9所示。在基础设计阶段,重点考虑生产装置形式和单元操作条件,通过减少设备内储存的能量、预防设备腐蚀失效、改善操作条件等措施增强本质安全。

表4-9 基础设计阶段本质安全化设计策略

影响因素	设计目标	设计方法
生产装置形式	减少设备内储存的能量	用连续反应代替间歇反应,用膜式蒸馏代替蒸馏塔,用闪蒸干燥代替盘式干燥塔,用离心抽提代替抽提塔;选择单位容积效率高的设备;提高单程转化率
设备腐蚀	预防设备腐蚀失效	选择合理的设备材料,设备防腐设计
单元操作	改善操作条件	减少操作环节,形成流畅的作业线路;选择技术成熟、可靠的单元操作方式

4) 工程设计阶段

工程设计阶段，除基础设计的内容外，还应增加说明详细的定型设备型号、规格、零部件及材质的明细表，非定型设备加工制造的图纸和装配图，指导装置安装的详细工艺流程图，带控制点的流程图和管线图，设备的平面布置图和立面布置图。工程设计阶段本质安全化设计策略如表 4－10 所示。在工程设计阶段，本质安全化设计的关键在于选用生产设备的本质安全性、测控系统的可靠性以及设备平面布置的合理性。

表 4－10　工程设计阶段本质安全化设计策略

影响因素	设计目标	设计方法
设备安全	设备的本质安全化	采用安全装置，将危险区完全屏蔽、隔离，实现机械化和自动化等；在设备超限运行时自动调节系统排除故障或中断危险
测控系统	准确测量和控制操作参数	选用仪表和元件稳定可靠；测控系统灵敏度和可靠性好；完善正常生产、开停车和检修等过程控制系统
设备平面布置	全面规划、布局合理	功能相同和相互联系的设备组合在一起； 原材料、半成品、成品的转运路线短、运输安全； 充分考虑作业者的行动空间、协同作业空间

需要指出，化工过程本质安全化设计并不是纯单向的，每一个阶段都会对前一个阶段的工作进行评价，若发现有不足和错误，则需返回前一个阶段重新研究并进行修正，再重新设计，直至设计方案的科学性和合理性被接受。

4.4　典型化学反应的危险性分析及安全控制

化学反应过程可分为氧化、还原、加氢、脱氢、卤化、烷基化、硝化、磺化、羟基化、酰化、重氮化、聚合、裂化、催化重整、碱解和酸解等等。反应过程一般需考虑安全问题包括：反应的热力学和动力学特点；反应物及主、副反应产物的性质；反应器的选型、结构和材料；适宜的反应条件及其保持方法；加料和出料方式；物料的流动状态等。

1) 氧化反应

如氨氧化制硝酸、甲苯氧化制苯甲酸、乙烯氧化制环氧乙烷等。氧化的火灾危险性有：

(1) 物料危险性

被氧化的物质、氧化剂、氧化产品和催化剂等，大部分是易燃易爆物质，其蒸气易与空气形成爆炸性混合物；氧化剂遇高温或受撞击、摩擦以及与有机物、酸类接触，皆能引起着火爆炸；有机过氧化物不仅具有很强的氧化性，而且大部分是易燃物质，有的对温度特别敏感，遇高温则爆炸。

(2) 工艺过程的危险性

氧化反应需要加热，但反应过程又是放热反应，特别是催化气相反应，一般都是在

250～600℃的高温下进行，这些反应热如不及时移去，将会使温度迅速升高甚至发生爆炸。

有的物质的氧化，如氨、乙烯和甲醇蒸气在空中的氧化，其物料配比接近于爆炸下限，倘若配比失调，温度控制不当，极易爆炸起火。

另外，某些氧化过程中还可能生成危险性较大的过氧化物，如乙醛氧化生产醋酸的过程中有过醋酸生成，性质极度不稳定，受高温、摩擦或撞击便会分解或燃烧。

氧化过程的安全控制可从以下几个方面考虑。

(1)氧化反应器安全

氧化反应接触器有卧式和立式两种，内部填装有催化剂。一般多采用立式，因为这种型式催化剂装卸方便，而且安全。在催化氧化过程中，对于放热反应，应控制适宜的温度、流量，防止超温、超压和混合气处于爆炸范围之内。

为了防止接触器在万一发生爆炸或着火时危及人身和设备安全，在反应器前和管道上应安装阻火器，以阻止火焰蔓延，防止回火，使着火不致影响其他系统。为了防止接触器发生爆炸，接触器应有泄压装置，并尽可能采用超温超压报警装置，含氧量高限报警装置和安全联锁及自动控制等装置。在设备系统中宜设置氮气、水蒸气灭火装置，以便能及时扑灭火灾。

(2)氧化剂的选择与物料配比

氧化过程若选择空气或氧气作为氧化剂时，反应物料的配比(可燃气体与空气或氧气的混合比例)应严格控制在爆炸范围之外，应注意爆炸极限浓度与反应条件(温度压力，引燃方式等)有关，与气体混合物的组成有关。空气进入反应器之前，应经过气体净化装置，消除空气中的灰尘，水蒸气，油污以及可使催化剂活性降低或中毒的杂质，以保持催化剂的活性，并减少火灾和爆炸的危险性。

(3)采取惰性气体保护

工业上常采用加入惰性气体的方法，来改变循环气的成分，缩小混合气的爆炸极限，增加反应系统的安全性；其次，这些惰性气体具有较高的热容，能有效地带走部分反应热，增加反应系统的稳定性，可循环使用。

(4)加料速度和反应温度控制

严格控制加料速度和投料量是为了防止产生剧烈反应和出现副反应。

对某些有机物氧化时，特别是在高温条件下，若控制不当更易超温，并造成设备及在管道内生成焦状物堵塞管道，因此应严格控温，及时清除污垢，防止局部过热和自燃。

使用硝酸，高锰酸钾等氧化剂时，要严格控制加料速度，防止多加、错加。固体氧化剂应粉碎后使用，最好呈溶液状态使用，反应过程应不间断搅拌，严格控制反应温度，决不许超过被氧化物质的自燃点。

使用氧化剂氧化无机物时，如使用氯酸钾作为氧化剂生产铁兰颜料时，应控制产品烘干温度不能超过燃点，在烘干之前应用清水洗涤产品，将氧化剂彻底除净，以防止未完全反应的氯酸钾引起已烘干的物料起火。

2）还原反应

如硝基苯在盐酸溶液中被铁粉还原成苯胺，邻硝基苯甲醚在碱性溶液中被锌粉还原成邻氨基苯甲醚，使用保险粉、硼氢化钾、氢化锂铝等还原剂进行还原等。还原过程的危险性分析及防火要求：

（1）还原剂的危险性

催化加氢还原反应大多在加热、加压条件下进行，如果操作失误或因设备缺陷有氢气泄漏，极易与空气形成爆炸性混合物，如遇着火源即会爆炸。高温高压下，氢对金属有渗碳作用，易造成加氢腐蚀，所以对设备和管道的选材要符合要求。对设备和管道要定期检测。

①固体还原剂保险粉、硼氢化钾、氢化铝锂等都是遇湿易燃危险品，其中保险粉遇水发热，在潮湿空气中能分解析出硫，硫蒸气受热具有自燃的危险，且保险粉本身受热到190℃也有分解爆炸的危险。

②硼氢化钾（钠）在潮湿空气中能自燃，遇水或酸即分解放出大量氢气，同时产生高热，可使氢气着火而引起爆炸事故。因此，当使用硼氢化钠（钾）作还原剂时，在工艺过程中调解酸、碱度时要特别注意，防止加酸过快、过多。

③氢化锂铝是遇湿危险的还原剂，务必要妥善保管，防止受潮；当使用氢化铝锂作还原剂时，要特别注意，必须在氮气保护下使用，平时浸没于煤油中储存。

还原反应应优先采用危险性小、还原效率高的新型还原剂代替火灾危险性大的还原剂。例如采用硫化钠代替铁粉还原，可以避免氢气产生，同时还可消除铁泥堆积的问题。

（2）催化剂的危险性

如雷氏镍催化剂吸潮后在空气中有自燃危险，即使没有着火源存在，也能使氢气和空气的混合物引燃形成着火爆炸。因此，当用它们来活化氢气进行还原反应时，必须先用氮气置换反应器内的全部空气，并经过测定证实含氧量降到标准后，才可通入氢气；反应结束后应先用氮气把反应器内的氢气置换干净，才可打开孔盖出料，以免外界空气与反应器内的氢气相遇，在雷氏镍自燃的情况下发生着火爆炸，雷氏镍应当储存于酒精中，钯碳回收时应用酒精及清水充分洗涤，过滤抽真空时不得抽得太干，以免氧化着火。

（3）中间产物的危险性

如邻硝基苯甲醚还原为邻氨基苯甲醚，产生氧化偶氮苯甲醚中间产物，该中间体受热到150℃能自燃。苯胺在生产中如果反应条件控制不好，可生成爆炸危险性很大的环己胺。所以在反应操作中一定要严格控制各种反应参数和反应条件。

3）硝化反应

硝化通常是指在有机化合物分子中引入硝基（—NO_2），取代氢原子而生成硝基化合物的反应。如甲苯硝化生产梯恩梯（TNT）、苯硝化制取硝基苯、甘油硝化制取硝化甘油等。硝化反应使用硝酸作硝化剂，浓硫酸为触媒，也有使用氧化氮气体作为硝化剂的。一般硝化反应是先把硝酸和硫酸配成混酸，然后在严格控制温度的条件下将混酸滴入反应器，进行硝化反应。

（1）混酸制备

①缓慢稀释浓硫酸　制备混酸时，浓硫酸应先用水适当稀释。稀释应在冷却条件下进行，边搅拌边缓慢加入浓硫酸，若温度升高过快，应停止加酸，否则易发生爆溅和冲料。注意不可将水注入酸中，因为水的密度比浓硫酸小，上层的水被溶解放出的热量加热而沸腾，引起四处飞溅。

如果浓硫酸不先经适当稀释，直接和硝酸混合，会猛烈吸收硝酸中的水分，放出大量的热，引起硝酸分解成多种氮氧化物，发生冲料，甚至爆炸事故。

②严格控制混酸温度　浓硫酸稀释后，要在冷却和搅拌的条件下，缓慢加入浓硝酸，要注意严格控制温度和酸的比例。防止温度失控，引起冲料和爆炸。在制备硝化剂时，若温度过高或落入少量水，会促使硝酸的大量分解和蒸发，不仅会导致设备的强烈腐蚀，还可造成爆炸事故。

③防止混酸接触易燃物　混酸具有强烈的氧化性，必须严格防止与油脂、有机物，特别是不饱和的有机化合物接触，以防发生燃烧爆炸。

④密切注意腐蚀情况　由于混酸具有很强的腐蚀性，设备管道应采取防腐措施，防止因腐蚀造成的穿孔泄漏，引起火灾和腐蚀伤害事故。

（2）硝化过程安全控制

①有效冷却和搅拌　硝化是一个放热反应，引入一个硝基要放热 152.2～153kJ/mol，所以硝化需要在降温条件下进行。在硝化反应中，如中途搅拌停止、冷却水供应不良、加料速度过快等，都会使温度猛增，混酸氧化能力加强，生成多硝基化合物，容易引起着火和爆炸事故。

②控制原料纯度　反应原料中要严格控制酸酐、甘油和醇类有机杂质，这些杂质遇硝酸会生成爆炸性产物。此外，应控制原料中的含水量，水与混酸作用，发出大量的热，会导致温度失控。

③设置防爆装置、紧急排放系统　被硝化的物质大多易燃，如苯、甲苯、甘油（丙三醇）、脱脂棉等。硝化系统应设置安全防爆装置和紧急放料装置。

④防止硝化产物爆炸　硝化产品大都有着火爆炸的危险性，特别是多硝基化合物和硝酸酯，受热、摩擦、撞击或接触着火源，极易发生爆炸或着火。

4）电解反应

电流通过电解质溶液或熔融电解质时，在两个极上所引起的化学变化称为电解。电解在工业上有着广泛的作用。许多有色金属（钠、钾、镁、铅等）和稀有金属（锆、铪等）冶炼，金属铜、锌、铝等的精炼；许多基本化学工业产品（氢、氧、氯、烧碱、氯酸钾、过氧化氢等）的制备，以及电镀、电抛光、阳极氧化等，都是通过电解来实现的。如食盐水电解生产氢氧化钠、氢气、氯气，电解水制氢等。采用隔膜法制备钠的电解槽示意图如图

4-6所示。隔膜法就是利用电解槽内隔膜将阳极产物(氯气)和阴极产物(氢气和碱)分开的电解生产工艺。

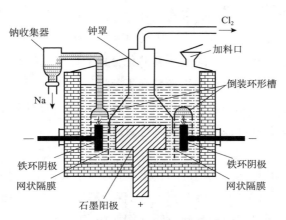

钠收集器　钟罩　Cl₂
加料口
Na
倒装环形槽
铁环阴极　铁环阴极
网状隔膜　网状隔膜
石墨阳极　+

图4-6　钠的工业制备电解槽示意图(隔膜法)

食盐水电解过程中的危险性分析与防火要点:

(1)盐水应保证质量　盐水中如含有铁杂质,能够产生第二阴极而放出氢气;盐水中带入铵盐,在适宜的条件下(pH<4.5时),铵盐和氯作用可生成氯化铵,氯作用于浓氯化铵溶液还可生成黄色油状的三氯化氮。

$$3Cl_2 + NH_4Cl \longrightarrow 4HCl + NCl_3$$

三氯化氮是一种爆炸性物质,与许多有机物接触或加热至90℃以上以及被撞击,即发生剧烈地分解爆炸。爆炸分解式如下:

$$2NCl_3 \longrightarrow N_2 + 3Cl_2$$

因此盐水配制必须严格控制质量,尤其是铁、钙、镁和无机铵盐的含量。一般要求$Mg^{2+}<2mg/L$,$Ca^{2+}<6mg/L$,$SO_4^{2-}<5mg/L$。应尽可能采取盐水纯度自动分析装置,这样可以观察盐水成分的变化,随时调节碳酸钠、苛性钠、氯化钡或丙烯酸胺的用量。

(2)盐水添加高度应适当　在操作中向电解槽的阳极室内添加盐水,如盐水液面过低,氢气有可能通过阴极网渗入到阳极室内与氯气混合;若电解槽盐水装得过满,在压力下盐水会上涨,因此,盐水添加不可过少或过多,应保持一定的安全高度。

(3)防止氢气与氯气混合　氢气是极易燃烧的气体,氯气是氧化性很强的有毒气体,一旦两种气体混合极易发生爆炸,当氯气中含氢量达到5%以上,则随时可能在光照或受热情况下发生爆炸。造成氢气和氯气混合的原因主要是:阳极室内盐水液面过低;电解槽氢气出口堵塞,引起阴极室压力升高;电解槽的隔膜吸附质量差;石棉绒质量不好,在安装电解槽时碰坏隔膜,造成隔膜局部脱落或者送电前注入的盐水量过大将隔膜冲坏,以及阴极室中的压力等于或超过阳极室的压力时,就可能使氢气进入阳极室等,这些都可能引起氯气中含氢量增高。

(4)电解设备正确安装　电解槽应安装在自然通风良好的单层建筑物内,厂房应有足够的防爆泄压面积。

(5)掌握正确的应急处理方法 在生产中当遇突然停电或其他原因突然停车时，高压阀不能立即关闭，以免电解槽中氯气倒流而发生爆炸。应在电解槽后安装放空管，以及时减压，并在高压阀门上安装单向阀，以有效地防止跑氯，避免污染环境和带来火灾危险。

5）聚合反应

将若干个分子结合为相对分子质量较高的化合物的反应过程为聚合。如氯乙烯聚合生产聚氯乙烯塑料、丁二烯聚合生产顺丁橡胶和丁苯橡胶等。

聚合按照反应类型可分为加成聚合和缩合聚合两大类；按照聚合方式又可分为本体聚合、悬浮聚合、溶液聚合和乳液聚合、缩合聚合五种。

(1)本体聚合

本体聚合是在没有其他介质的情况下(如乙烯的高压聚合、甲醛的聚合等)，用浸在冷却剂中的管式聚合釜(或在聚合釜中设盘管、列管冷却)进行的一种聚合方法。这种聚合方法往往由于聚合热不易传导散出而导致危险。例如在高压聚乙烯生产中，每聚合1kg乙烯会放出3.8MJ的热量，倘若这些热量未能及时移去，则每聚合1%的乙烯，即可使釜内温度升高$12 \sim 13℃$，待升高到一定温度时，就会使乙烯分解，强烈放热，有发生爆聚的危险。一旦发生爆聚，则设备堵塞，压力骤增，极易发生爆炸。

(2)溶液聚合

溶液聚合是选择一种溶剂，使单体溶成均相体系，加入催化剂或引发剂后，生成聚合物的一种聚合方法。这种聚合方法在聚合和分离过程中，易燃溶剂容易挥发和产生静电火花。

(3)悬浮聚合

悬浮聚合是用水作分散介质的聚合方法。它是利用有机分散剂或无机分散剂，把不溶于水的液态单体，连同溶在单体中的引发剂经过强烈搅拌，打碎成小珠状，分散在水中成为悬浮液，在极细的单位小珠液滴(直径为$0.1\mu m$)中进行聚合，因此又叫珠状聚合。这种聚合方法在整个聚合过程中，如果没有严格控制工艺条件，致使设备运转不正常，则易出现溢料，如若溢料，则水分蒸发后未聚合的单体和引发剂遇火源极易引发着火或爆炸事故。

(4)乳液聚合

乳液聚合是在机械强烈搅拌或超声波振动下，利用乳化剂使液态单体分散在水中(珠滴直径$0.001 \sim 0.01\mu m$)，引发剂则溶在水里而进行聚合的一种方法。这种聚合方法常用无机过氧化物(如过氧化氢)作引发剂，如若过氧化物在介质(水)中配比不当，温度太高，反应速度过快，会发生冲料，同时在聚合过程中还会产生可燃气体。

(5)缩合聚合

缩合聚合也称缩聚反应，是具有两个或两个以上功能团的单体相互缩合，并析出小分子副产物而形成聚合物的聚合反应。缩合聚合是吸热反应，但由于温度过高，也会导致系统的压力增加，甚至引起爆裂，泄漏出易燃易爆的单体。

聚合反应过程的安全措施：

聚合反应的反应器的搅拌温度应有控制和联锁装置，设置抑制剂添加系统，出现异常情况时能自动启动抑制剂添加系统，自动停车。高压系统应设爆破片，导爆管等，有良好的静电接地系统；电器设备采取防爆措施；设置可燃气体检测报警器，以便及时发现单体泄漏，采取对策。聚合反应釜和管线一定要做好密封，以防单体泄漏逸出，与空气混合引发爆炸。

聚合反应应严格控制工艺条件，严格控制过氧化物引发剂的配比。确保冷却效果。聚合时的反应热量不能及时导出，如搅拌发生故障，停电，停水，聚合物粘壁而造成局部过热等，均可使反应器温度迅速增加，导致爆炸事故。冷却介质质量要充足，搅拌装置要可靠，还应采取避免黏附的措施。一旦发生堵塞切不可直接用金属棍棒进行疏通，应尽量用溶剂溶解疏通，若效果不好，应在通水或惰性气体保护下，用木棍进行疏通。

6）裂化反应

裂化有时又称裂解，是指有机化合物分子在高温下发生分解的反应过程。裂化原料一般是石油产品和其他烃类。石油产品的裂化主要是以重质油为原料，在加热，加压或催化的条件下，使相对分子质量较大的烃类断裂成相对分子质量较小的烃类，再经分馏得到气体、汽油、柴油等。裂化可分为热裂化、催化裂化、加氢裂化三种类型。

（1）热裂化

热裂化在高温高压下进行，装置内的油品温度一般超过其自燃点，若漏出油品会立即起火；热裂化过程中产生大量的裂化气，且有大量气体分馏设备，若漏出气体，会形成爆炸性气体混合物，遇加热炉等明火，有发生爆炸的危险。在炼油厂各装置中，热裂化装置发生的火灾次数是较多的。热裂化过程需注意以下几点。

①及时清焦清炭　石油烃在高温下容易生成焦和炭，黏附或沉积在裂解炉管内，使裂解炉吸热效率下降，受热不均匀，出现局部过热，可能造成炉管烧穿，大量原料烃泄漏，在炉内燃烧，最终可能引起爆炸。另外，由于焦炭沉积可能造成炉管堵塞，严重影响生产，并可能导致原料泄漏，引起火灾爆炸。

②裂解炉防爆　为防止裂解炉在异常情况下发生爆炸，裂解炉体上应设置安装防爆门，并备有蒸气管线和灭火管线。应设置紧急放空装置。

③严密注意泄漏情况　由于裂解处理的原料烃和产物易燃易爆，裂解过程本身是高温过程，一旦发生泄漏，后果会很严重，因此操作中必须严密注意设备和管线的密闭性。

④保证急冷水供应　裂解后的高温产物，出炉后要立即直接喷水冷却，降低温度防止副反应继续进行。如果出现停水或水压不足，不能达到冷却目的，高温产物可能会烧坏急冷却设备而泄漏，引起火灾。万一发生停水，要有紧急放空措施。

（2）催化裂化

催化裂化主要用于重质油生产轻质油的石油炼制过程，是在固体催化剂参与下的反应过程。催化裂化过程由反应再生系统，分馏系统，吸收稳定系统三部分组成。

①反应再生系统　反应再生系统由反应器和再生器组成。操作时最主要的是要保持两器之间的压差稳定，不能超过规定的范围，要保证两器之间催化剂有序流动，避免倒流。否则会造成油气与空气混合发生爆炸。当压差出现较大的变化时，应迅速启动自动保护系统，关闭两器之间的阀门。同时应保持两器内的流化状态，防止死床。

②分馏系统　反应正常进行时，分馏系统应保持分馏塔底部洗涤油循环，及时除去油气带入的催化剂颗粒，避免造成塔板堵塞。

③吸收稳定系统　必须保证降温用水供应。一旦停水，系统压力升高到一定程度，应启动放空系统，维持整个系统压力平衡，防止设备爆炸引发火灾爆炸。

催化裂化一般在较高温度(460～520℃)和0.1～0.2MPa压力下进行，火灾危险性较大。若操作不当，再生器内的空气和火焰进入反应器中会引起恶性爆炸。U形管上的小设备和小阀门较多，易漏油着火。在催化裂化过程中还会产生易燃的裂化气，以及在烧焦活化催化剂不正常时，还可能出现可燃的一氧化碳气体。

(3)加氢裂化

氢气在高温高压(温度高于221℃，分压大于1.43MPa)情况下，会对金属产生氢脆和氢腐蚀，使碳钢硬度增大而降低强度，如设备或管道检查或更换不及时，就会在高压(10～15MPa)下发生设备爆炸。另外，加氢是强烈的放热反应，反应器必须通冷氢以控制温度。因此，要加强对设备的检查，定期更换管道、设备，防止氢脆造成事故；加热炉要平稳操作，防止设备局部过热，防止加热炉的炉管烧穿。

7)氯化反应

以氯原子取代有机化合物中氢原子的过程称为氯化。如由甲烷制甲烷氯化物、苯氯化制氯苯等。常用的氯化剂有：液态或气态氯、气态氯化氢和各种浓度的盐酸、磷酸氯(三氯氧化磷)、三氯化磷(用来制造有机酸的酰氯)、硫酰氯(二氯硫酰)、次氯酸酯等。

氯化过程危险性分析与防火要点如下：

(1)氯化反应的火灾危险性主要决定于被氯化物质的性质及反应过程的条件。反应过程中所用的原料大多是有机易燃物和强氧化剂，如甲烷、乙烷、苯、酒精、天然气、甲苯、液氯等。如生产1t甲烷氯化物需要2006m³甲烷、6960kg液氯，生产过程中同样具有着火爆炸危险。所以，应严格控制各种着火源，电气设备应符合防火防爆要求。

(2)氯化反应中最常用的氯化剂是液态或气态的氯。氯气本身毒性较大，氧化性极强，储存压力较高，一旦泄漏是很危险的。所以储罐中的液氯在进入氯化器使用之前，必须先进入蒸发器使其汽化。在一般情况下不准把储存氯气的气瓶或槽车当储罐使用，因为这样有可能使被氯化的有机物质倒流进气瓶或槽车引起爆炸。对于一般氯化器应装设氯气缓冲罐，防止氯气断流或压力减小时形成倒流。

(3)氯化反应是一个放热过程，尤其在较高温度下进行氯化，反应更为剧烈。一般氯化反应设备必须有良好的冷却系统，并严格控制氯气的流量，以免因流量过快，温度剧升而引起事故。

（4）由于氯化反应几乎都有氯化氢气体生成，因此所用的设备必须防腐蚀，设备应保证严密不漏。因为氯化氢气体易溶于水中，通过增设吸收和冷却装置就可以除去尾气中绝大部分氯化氢。

8）重氮化反应

重氮化是使芳伯胺变为重氮盐的反应。通常是把含芳胺的有机化合物在酸性介质中与亚硝酸钠作用，使其中的氨基（—NH$_2$）转变为重氮基（—N $=\!=$ N—）的化学反应。如二硝基重氮酚的制取等。

重氮化的火灾危险性分析：

（1）重氮化反应的主要火灾危险性在于所产生的重氮盐，如重氮盐酸盐（C$_6$H$_5$N$_2$Cl）、重氮硫酸盐（C$_6$H$_5$N$_2$H$_5$O$_4$），特别是含有硝基的重氮盐，如重氮二硝基苯酚〔（NO$_2$）$_2$N$_2$C$_6$H$_2$OH〕等，它们在温度稍高或光的作用下，极易分解，有的甚至在室温时亦能分解。在干燥状态下，有些重氮盐不稳定，活力大，受热或摩擦、撞击能分解爆炸。含重氮盐的溶液若洒落在地上、蒸气管道上，干燥后亦能引起着火或爆炸。在酸性介质中，有些金属如铁、铜、锌等能促使重氮化合物激烈地分解，甚至引起爆炸。

（2）作为重氮剂的芳胺化合物都是可燃有机物质，在一定条件下也有着火和爆炸的危险。

（3）在重氮化的生产过程中，若反应温度过高、亚硝酸钠的加料过快或过量，均会增加亚硝酸的浓度，加速物料的分解，产生大量的氧化氮气体，有引起着火爆炸的危险。

9）烷基化反应

烷基化（亦称烃化）是在有机化合物中的氮、氧、碳等原子上引入烷基的化学反应。烷基化的火灾危险性：

（1）被烷基化的物质、烷基化剂和产品大都具有着火爆炸危险。

（2）烷基化过程所用的催化剂反应活性强。如三氯化铝是忌湿物品，有强烈的腐蚀性，遇水或水蒸气分解放热，放出氯化氢气体，有时能引起爆炸，若接触可燃物，则易着火；三氯化磷是腐蚀性忌湿液体，遇水或乙醇剧烈分解，放出大量的热和氯化氢气体，有极强的腐蚀性和刺激性，有毒，遇水及酸（主要是硝酸、醋酸）发热、冒烟，有发生起火爆炸的危险。

（3）烷基化反应都是在加热条件下进行，如果原料、催化剂、烷基化剂等加料次序颠倒、速度过快或者搅拌中断停止，就会发生剧烈反应，引起跑料，造成着火或爆炸事故。

10）磺化反应

磺化是在有机化合物分子中引入磺（酸）基（—SO$_3$H）的反应。常用的磺化剂有发烟硫酸、亚硫酸钠、亚硫酸钾、三氧化硫等。如用硝基苯与发烟硫酸生产间氨基苯磺酸钠，卤代烷与亚硫酸钠在高温加压条件下生成磺酸盐等均属磺化反应。磺化过程危险性有：

（1）由于生产所用原料苯、硝基苯、氯苯等都是可燃物，而磺化剂浓硫酸、发烟硫酸（三氧化硫）、氯磺酸都是氧化性物质，且有的是强氧化剂，具备了可燃物与氧化剂作用发生放热反应的燃烧条件。这种磺化反应若加料顺序颠倒、加料速度过快、搅拌不良、冷却效果不佳等，都有可能造成反应温度升高，使磺化反应变为燃烧反应，引起着火或爆炸事故。

(2)磺化反应是放热反应，若在反应过程中得不到有效的冷却和良好的搅拌，都有可能引起反应温度超高，以至发生燃烧反应，造成爆炸或起火事故。

磺化反应操作时应注意以下几点：

(1)有效冷却　磺化反应中应采取有效的冷却手段，及时移出反应放出的大量热，保证反应在正常温度下进行，避免温度失控。但应注意，冷却水不能渗入反应器，以免与浓硫酸等作用，放出大量的热，导致温度失控。

(2)保证良好的搅拌　磺化反应必须保证良好的搅拌，使反应均匀，避免局部反应剧烈，导致温度失控。

(3)严格控制加料速度　磺化反应时磺化剂应缓慢加入，不得过快、过多，以防反应过快，热量不能及时移出，导致温度失控。

(4)控制原料纯度　应控制原料中的含水量，水与浓硫酸等作用会放出大量热导致温度失控。

(5)设置防爆装置　由于磺化反应过程的危险性，为防止爆炸事故的发生，系统应设置安全防爆装置和紧急放料装置。一旦温度失控，立即紧急放料，并进行紧急冷却处理。

(6)放料安全　反应结束后，要等降至一定温度后再放料。此时物料中硫酸的浓度依然很高，因此要注意安全，避免进水、泄漏、飞溅等造成腐蚀伤害。

4.5　化工物料安全控制

4.5.1　物料资料概况

化工生产过程中的物料(包括各种杂质)种类多，分布范围广，具有多种危险性，应确定化工生产过程涉及的物料数量及分布、理化特性和生产过程的物理状态等物料信息，具体内容包括：

(1)生产原料、辅助材料、产品、中间产品、副产品、生产过程中产物、废物的数量和分布情况。

(2)生产原料、辅助材料、中间产物、产品、副产品、废物的变更情况。

(3)对生产过程中所用的易发生火灾爆炸危险的生产原料、辅助材料、产品、中间产品、副产品、生产过程中产物、废物，应向物料的供应商咨询有关过程物料的性质和特征，储存、加工和应用安全方面的知识或信息，查询物性资料的来源和可靠性，并确定过程物料在所有过程条件下的有关物性，列出其主要的化学性能及物理化学性能(如爆炸极限、密度、闪点、自燃点、引燃能量、燃烧速度、导电率、介电常数、腐蚀速度、毒性、热稳定性、反应热、反应速度、热容量等)。

(4)确定生产、加工和储存各个阶段的物料量和物理状态，将其与危险性关联。包括易燃或毒性液体或气体的蒸发和扩散；可燃或毒性固体的粉碎和分散；易燃物质或强氧化剂的雾化；易燃物质和强氧化剂的混合；危险化学品与惰性组分或稀释剂的分离；不稳定液体的温度或压力的升高。

(5)确定产品从工厂到用户的运输中，对仓储人员、承运员、铁路工人、公众等呈现的危险。

4.5.2　化工过程物料安全控制措施

在化工生产过程中，应防止可燃物质、助燃物质(空气、强氧化剂)、引燃能源(明火、撞击、炽热物体、化学反应热等)同时存在；防止可燃物质、助燃物质混合形成的爆炸性混合物(在爆炸极限范围内)与引燃能源同时存在。

1)取代或控制用量

在工艺上可行的条件下，在生产过程中不用或少用可燃、可爆物质，如用不燃或不易燃烧爆炸的有机溶剂(如 CCl_4 或水)取代易燃的苯、汽油，根据工艺条件选择沸点较高的溶剂等。

2)加强密闭

为防止易燃气体、蒸气和可燃性粉尘与空气形成爆炸性混合物，应设法使生产设备和容器尽可能密闭操作。对具有压力的设备，应防止气体、液体或粉尘溢出与空气形成爆炸性混合物；对真空设备，应防止空气漏入设备内部达到爆炸极限。开口的容器、破损的铁桶，容积较大且没有保护措施的玻璃瓶，不允许储存易燃液体；不耐压的容器不能储存压缩气体和加压液体。

为保证设备的密闭性，对处理危险物料的设备及管路系统应尽量少用法兰连接，但要保证安装检修方便；输送危险气体、液体的管道应采用无缝钢管；盛装具有腐蚀性介质的容器，底部尽可能不装阀门，腐蚀性液体应从顶部抽吸排出。如用液位计的玻璃管，要装设坚固的保护装置，以免打碎玻璃，漏出易燃液体。应慎重使用脆性材料。在密闭设备内生产，要经常对设备和管线进行检查，防止跑、冒、滴、漏。

如设备本身不能密封，可采用液封或负压操作，以防系统中有毒或可燃性气体逸入厂房。对在负压下生产的设备，应防止吸入空气。

加压或减压设备，在投产前和定期检修后应检查密闭性和耐压程度。所有压缩机、液压泵、导管、阀门、法兰接头等容易漏油、漏气部位应经常检查，填料如有损坏应立即调换，以防渗漏。设备在运行中也应经常检查气密情况，操作温度和压力必须严格控制，不允许超温、超压运行。

接触氧化剂如高锰酸钾、氯酸钾、硝酸铵、漂白粉等生产的传动装置部分的密闭性能必须良好。应定期清洗传动装置，及时更换润滑剂，以免传动部分因摩擦发热而导致燃烧爆炸。

3）通风排气

在易形成爆炸性气体混合物的场所，应采取通风置换措施，降低可燃物的浓度。

在防火防爆环境中对通风排气的要求应按两方面考虑，即当仅是易燃易爆物质，其在车间内的浓度一般应低于爆炸下限的 1/4；对于具有毒性的易燃易爆物质，在有人操作的场所，还应考虑该毒物在车间内的最高容许浓度。

应合理选择通风方式，在自然通风不能满足要求时应采取机械通风。

对有火灾爆炸危险的厂房，通风气体不能循环使用；排风、送风设备应有独立分开的风机室，送风系统应送入较纯净的空气；排除、输送温度超过 80℃ 的空气或其他气体以及有燃烧爆炸危险的气体、粉尘的通风设备，应用非燃烧材料制成；空气中含有易燃易爆危险物质的场所使用的通风机和调节设备应防爆。

排除有燃烧爆炸危险的粉尘和容易起火的碎屑的排风系统，其除尘器装置也应防爆。有爆炸危险粉尘的空气流体宜在进入排风机前选用恰当的方法进行除尘净化，如粉尘与水混合会发生爆炸，则不应采用湿法除尘。

对局部通风，应注意气体或蒸气的密度，密度比空气大的气体要防止其在低洼处积聚，密度比空气小的气体要防止其在高处死角上积聚。有时即使是少量气体也会使厂房局部空间达到爆炸极限。

设备的一切排气管（放气管）都应伸出屋外，高出附近屋顶；排气不应造成负压，也不应堵塞。如排出蒸气遇冷凝结，则放气管还应考虑有加热蒸气保护措施。

4）惰性化

在可燃气体或蒸气与空气的混合气中充入惰性气体，可降低氧气、可燃物的百分比，缩小或消除易燃可燃物质的爆炸范围，从而消除爆炸危险和阻止火焰的传播。

化学工业上常用的惰性保护气体有氮、二氧化碳、水蒸气等，在以下几种场合常采用惰性化：

（1）对具有爆炸性的生产设备和储罐，充灌惰性气体。

（2）易燃固体的压碎、研磨、筛分、混合以及呈粉末状态输送时，可在惰性气体覆盖下进行。

（3）易燃固体的粉状、粒状的料仓可用惰性气体加以保护。

（4）可燃气体混合物在处理过程中，加惰性气体作为保护气体。

（5）有火灾爆炸危险的工艺装置、储罐、管道等连接惰性气体管，以备在发生火灾时使用惰性气体充灌保护。

（6）用惰性气体（如氮气）输送爆炸危险性液体。

（7）在有爆炸危险性的生产中，对能引起火花危险的电器、仪表等，用惰性气体（如氮气）正压保护。

（8）有火灾爆炸危险的生产装置停车检修时，在动火之前用惰性气体对有爆炸危险的设备、管线、容器等进行置换。

(9)发生事故有大量危险物质泄漏时，用大量惰性气体(如水蒸气)稀释。

生产中惰性气体的需用量，一般不是根据惰性气体达到哪一数值时可以遏止爆炸发生，而是根据加入惰性气体后氧的浓度降到哪一数值时才不能发生爆炸来确定。表4-11列出了不同物质采用二氧化碳或氮气稀释时氧的最高允许含量。

表4-11 不同可燃物质氧的最高允许含量

可燃物质	CO₂稀释/%	N₂稀释/%	可燃物质	CO₂稀释/%	N₂稀释/%
甲烷	11.5	9.5	丁二醇	10.5	8.5
乙烷	10.5	9	丙酮	12.5	11
丙烷	11.5	9.5	苯	11	9
丁烷	11.5	9.5	一氧化碳	5	4.5
汽油	11	9	二硫化碳	8	—
乙烯	9	8	氢	5	4
甲醇	11	8	铝粉	2.5	7
乙醇	10.5	8.5	锌粉	8	8

惰性气体的用量，可根据上表数据按下面的公式计算。

$$V_x = (21\% - O)V/O \tag{4-1}$$

式中　V_x——惰性气体用量，m^3；

　　　O——查得的氧的最高允许含量，%；

　　　V——设备中原有的空气(含氧21%)容积，m^3。

如果惰性气体中含有部分氧，式(4-1)则修正为

$$V_x = (21\% - O)V/(O - O') \tag{4-2}$$

式中　O'——惰性气体中的氧含量，%。

5)气体浓度监测、报警

在可燃气体、蒸气可能泄漏的区域设置检测报警仪，随时监测空气中可燃物质的浓度是防止发生火灾爆炸的重要措施。正确的选择、使用和维护可燃性气体浓度监测仪表、有害气体检测报警仪、多种气体和氧气快速检测报警仪，可以有效地防止事故的发生。

6)特殊化学物质的处理

在生产过程中必须了解各种物质的物理化学特性，并根据不同的性质，采取相应的防火防爆和防止灾害扩大蔓延的措施。对于具有自燃特性的物质，应采取隔绝空气、防水防潮或通风、散热、降温等措施；严禁混储、混运，以防两种物质互相接触发生反应而引起燃烧和爆炸。

在化工生产过程中，对热不稳定物质的温度控制十分重要。对于热不稳定物质，要特别注意降温和隔热措施。对能生成过氧化物的物质，在加热之前就应除去。热不稳定物质，在使用时应该注意同其他热源隔绝。受热后易发生分解爆炸的危险物质，如：偶氮染

料及其半成品重氮盐等，在反应过程中要严格控制温度，反应后必须清除反应釜壁上的剩余物。对不稳定的物质，还可在储存中添加稳定剂。

4.6　点火源的控制

为预防火灾及爆炸灾害，对点火源进行控制是消除燃烧三要素同时存在的一个重要措施。引起火灾爆炸事故的能源主要有明火、高温表面、摩擦和撞击、绝热压缩、化学反应热、电气火花、静电火花、雷击和光热射线等。在有火灾爆炸危险的生产场所，对这些着火源都应引起充分的注意，并采取严格的控制措施。

1）明火

常见的明火焰有：火柴火焰、打火机火焰、蜡烛火焰、煤炉火焰、液化石油气灶具火焰、工业蒸汽锅炉火焰、酒精喷灯火焰、气焊气割火焰等。对于明火焰的常见控制对策大致有：

要严格控制明火在生产中的使用。例如，加热易燃易爆物料时，应避免采用明火设备；一般加热时可采用过热水或蒸汽；当采用矿物油、联苯醚等载热体时，加热温度必须低于载热体的安全使用温度，在使用时要保持良好的循环并留有载热体膨胀的余地，防止传热管路产生局部高温出现结焦现象；定期检查载热体的成分，及时处理或更换变质的载热体；当采用高温熔盐载热体时，应严格控制熔盐的配比，不得混入有机杂质，以防载热体在高温下爆炸。如果必须采用明火，设备应严格密封，燃烧室应与设备隔离，并按防火规定留出防火间距。在使用油浴加热时，要有防止油蒸气起火的措施。在积存有可燃气体、蒸气的管沟、深坑、下水道及其附近，没有消除危险之前，不能有明火作业。

维修用火时在火灾爆炸危险场所内不得使用普通电灯、蜡烛等照明，必须使用防爆照明设备；进入厂区和罐区的机动车辆的排气管上要安装火星熄灭装置，电瓶车辆应严禁进入可燃可爆区等。

在有火灾爆炸危险的场所必须进行明火作业时，应按动火制度进行。汽车、拖拉机、柴油机等在未采取防火措施时不得进入危险场所。烟囱应有足够的高度，必要时装火星熄灭器，且在一定范围内不得堆放易燃易爆物品。

设立固定动火区应符合下述条件：固定动火区距易燃易爆设备、储罐、仓库、堆场等的距离，应符合有关防火规范的防火间距要求；区内可能出现的可燃气体的含量应在允许含量以下；在生产装置正常放空时，可燃气应不致扩散到动火区；室内动火区应与防爆生产现场隔开，不准有门窗串通，允许开的门窗应向外开启，道路应畅通，周围10m以内不得存放易燃易爆物；区内备有足够的灭火器具。

对危险化学品的设备、管道，维修动火前必须进行清洗、扫线、置换，此外对其附近的地面、阴沟也要用水冲洗。

明火与有火灾及爆炸危险的厂房和仓库等相邻时，应保证足够的安全间距。

2）高温表面

高热物体一般是指在一定环境中能够向可燃物传递热量，并能导致可燃物着火的具有较高温度的物体。高温物体按其本身是否燃烧可分为无焰燃烧放热（如木炭火星）和载热体放热（如电焊金属熔渣）两类。

常见较大体积的高温物体有：高温蒸气管道表面，高温气体、液体管道及热交换器的金属表面，加热炉、干燥炉炉壁，裂解炉、加热釜、沸热锅、高温反应器及容器表面，高温干燥装置表面，白炽灯泡及碘钨灯泡表面，汽车排气管等，这些高热物体及其表面温度高，体积大，散发热量多，均可能成燃烧爆炸的点火源。

常见微小体积的高温物体有：烟头、烟囱火星、蒸汽机车和船舶的烟囱火星、发动机排气管排出的火星、焊割作业的金属熔渣等。

高温物料的输送管线不应与可燃物、可燃建筑构件等接触；应防止可燃物散落在高温物体表面上；可燃物的排放口应远离高温表面，如果接近，则应有隔热措施。

3）摩擦与撞击

当两个表面粗糙的坚硬物体互相猛烈撞击或剧烈摩擦时极易产生火花，这种火花的热能超过大多数可燃物质的最小点火能量，足以点燃可燃的气体、蒸气和粉尘。摩擦与撞击往往成为引起火灾爆炸事故的原因。如机器上轴承等摩擦发热起火；金属零件、铁钉等落入粉碎机、反应器、提升机等设备内，由于铁器和机件的撞击起火；磨床砂轮等摩擦及铁质工具相互撞击或与混凝土地面撞击发生火花；导管或容器破裂，内部溶液和气体喷出时摩擦起火；在某种条件下乙炔与铜制件生成乙炔铜，一经摩擦和冲击即能起火起爆等等。物体掉落时的撞击、管道与设备破裂时产生的撞击、设备损伤产生的冲击和塔、管、槽的震荡而产生的摩擦、机械中轴承等转动部分的摩擦以及锤、扳手等工具产生的撞击、设备之间的摩擦和撞击，都有可能产生引发火灾爆炸的火花。因此在有火灾爆炸危险的场所，应采取防止火花生成的措施。

（1）保持机械转动部分的良好润滑以减少摩擦；要及时加油并经常清除附着的可燃污垢；机件的摩擦部分，如搅拌机和通风机上的轴承，最好采用有色金属制造的轴瓦。

（2）锤子、扳手等工具应防爆。

（3）为防止金属零件等落入设备或粉碎机里，在设备进料口前应装磁力离析器。不宜使用磁力离析器的危险物料破碎时，应采用惰性气体保护。

（4）输送气体或液体的管道，应定期进行耐压试验，防止破裂或接口松脱而喷射起火。

（5）凡是撞击或摩擦的两部分都应采用不同的金属（如铜与钢）制成，通风机翼应采用不发生火花的材料制作。

（6）搬运金属容器，严禁在地上抛掷或拖拉，在容器可能撞碰部位覆盖不会产生火花的材料。在危险场所使用铜制工具等可以有效地防止摩擦和撞击火花的产生。

（7）防爆生产厂房，地面应铺不燃材料的地坪，进入车间禁止穿带铁钉的鞋。

（8）吊装盛有可燃气体或液体的金属容器用的吊车，应经常重点检查，以防吊绳断裂、吊钩松脱，造成坠落冲击发火。

（9）高压气体通过管道时，应防止管道中的铁锈因随气流流动与管壁摩擦变成高温粒子而成为可燃气的着火源。

4）绝热压缩

气体的绝热压缩能使温度上升，导致可燃物起火或爆炸。气体绝热压缩时的温度升高值可通过理论计算和实验求得。据计算，体积为10L，压力为101325Pa，温度为20℃的空气，经绝热压缩使体积压缩成1L，这时的压力可增大到21.1倍，温度会升高到463℃。如果压缩的程度再大（压缩后的体积再小一些），则温度上升会更高。

设想在一条高压气体管路上安设两个阀门，阀门预先是关闭的，两阀门之间的管路较短，管内存留有低压空气。当快速开启靠近高压气源一端的阀门时，两阀门间的空气会受到高压气体的压缩，由于时间很短，这一压缩过程可近似地看成绝热的。如果高压气体的压力足够高，则会使二阀门之间管路内的空气温度急剧升高，达到很高的温度。如果阀门之间的管路中的气体或高压气体是可燃的，或者高压气体是氧气，则会因这种绝热压缩作用，有可能引起混合气体爆炸或引起铁管在高压氧气流中的燃烧等事故。因此，在开启高压气体管路上的阀门时，应缓慢开启，以避免这种点火现象。

在化学纤维工业生产中也有这种绝热压缩点火的实例。如大量粘胶纤维胶液注入反应容器时，由于粘胶纤维胶液中包含有空气气泡，胶液由高处向下投料便使空气气泡受到绝热压缩而升高温度，因而使容器底部残留的二硫化碳蒸气发生爆炸或燃烧。在生产和使用液态爆炸性物质（如硝化甘油、硝化乙二醇、硝酸甲酯、硝酸乙酯、硝基甲烷以及二硫化碳等燃点低的物质等）和熔融态炸药（如梯恩梯、苦味酸、特屈儿等）以及某些氧化剂与可燃物的混合物（如过氧化氢与甲醇的混合物）时，物料中若混有气泡，便会因撞击或高处坠落而发生这种绝热压缩点火现象。

防止绝热压缩成为点火源的最根本方法是尽量避免或控制出现绝热压缩的条件，例如：启闭阀门时动作速度要和缓，尽量减少压缩流的出现；控制流体在管道中的流速；绝热压缩过程的操作，应在排出物料中夹杂的各类气泡后进行等。

5）自燃发热及化学反应热的控制

能自燃发热或产生化学反应热的物质有：因氧化反应而发热的物质，如油浸物、煤、黄磷、金属粉末等；因分解反应而发热的物质，如硝化纤维类的硝化棉、赛璐珞、火药等和一些化学物品，如过氯酸盐、氯酸盐、硝酸盐、过锰酸盐等无机过氧化物、有机过氧化物、碱金属的过氧化物等；发酵引起发热的物质和禁水性物质，如浓硫酸、浓硝酸等。对这些物品，要严格按照各自的理化性质和安全规定来保管和使用。

6）防止电火花

电火花是一种电能转变成热能的常见引火源。常见的电火花有：电气开关开启或关闭时发出的火花、短路火花、漏电火花、接触不良火花、继电器接点开闭时发出的火花、电机整流子或滑环等器件上接点开闭时发出的火花、过负荷或短路时保险丝熔断产生的火花、电焊时的电弧、雷击电弧、静电放电火花等。电火花通常放电能量均大于可燃气体、可燃蒸气、可燃粉尘与空气混合物的最小点火能量，可点燃爆炸性混合物。

（1）防电气设备火花的一般对策

电气设备很难完全避免电火花的产生，因此在火灾爆炸危险场所必须根据物质的危险特性正确选用不同的防爆电气设备。

根据整体防爆的要求，按危险区域等级和爆炸性混合物的类别、级别、组别配备相应符合国家标准规定的防爆等级的电气设备，并按国家规定的要求施工、安装、维护和检修。

有静电积聚危险的生产装置和装卸作业应有控制流速、导除静电、静电消除器、添加防静电剂等有效的消除静电措施。

（2）防静电火花的主要对策

产生静电的原因很多，例如液体喷射带电、液体沉降带电、液体输送带电等。但不能说产生静电就有火灾危险，只有当积累的静电量足够大或者物体的带电量足够大，静电位足够高时，才容易引起静电放电。如果放电的火花能量大于物质材料的最小点火能量，就有可能发生火灾爆炸事故。防止和消除静电的基本方法首先应尽量减少静电的产生；在静电不可避免产生的情况下，要加速静电的逸散泄漏，防止静电积累；在静电大量产生而且积累的情况下，要采取防止放电着火的措施，减少可燃物的数量，使其不发生火灾爆炸事故。

①采用导电体接地消除静电。防静电接地可与防雷、防漏电接地相连并用。

②在爆炸危险场所，可向地面洒水或喷水蒸气等，通过增湿法防止电介质物料带静电，该场所相对湿度一般应大于65%。

③绝缘体（如塑料、橡胶）中加入抗静电剂，使其增加吸湿性或离子性而变成导电体，再通过接地消除静电。

④利用静电中和器产生与带电体静电荷极性相反的离子，中和消除带电体上的静电。

⑤爆炸危险场所中的设备和工具，应尽量选用导电材料制成。如将传动机械上的橡胶带用金属齿轮和链条代替等。

⑥控制气体、液体、粉尘物料在管道中的流速，防止高速摩擦产生静电。管道应尽量减少摩擦阻力。

⑦爆炸危险场所中，作业人员应穿导电纤维制成的防静电工作服及导电橡胶制成的防静电工作鞋，不准穿易产生静电的化纤衣服及不易导除静电的普通鞋。

7）雷电的控制

雷电是天空中雷云的一种放电现象。当雷云对地面建筑物（或物体）放电时，雷电流可达几十至几百 kA，这样大的电流，即使持续时间很短，也能在放电通道上产生大量热，温度可达几万度，可引起厂房着火，引起可燃、易燃物品爆炸起火，也可造成电气火灾，如黄岛油库火灾就是因为雷电击中储油罐造成的。化工企业必须采取有效的防、避雷措施。防雷的方法，通常采用装设避雷针、避雷线、避雷网、避雷带、避雷器等防雷装置。避雷针主要用来保护露天变配电设备，保护建筑物、构筑物和罐、塔类。避雷线主要用来保护电力线路。

避雷网和避雷带主要用来保护建筑物。避雷器用来保护电力设备等。防雷电主要对策有：

（1）对直击雷采用避雷针、避雷线、避雷带、避雷网等，引导雷电进入大地，使建筑物、设备、物资及人员免遭雷击，预防火灾爆炸事故的发生。

（2）对雷电感应，应采取将建筑物内的金属设备与管道以及结构钢筋等予以接地的措施，以防放电火花引起火灾爆炸事故。

（3）对雷电侵入波应采用阀型避雷器、管型避雷器、保护间隙避雷器、进户线接地等保护装置，预防电气设备因雷电侵入波影响造成过电压，避免击毁设备，防止火灾爆炸事故，保证电气设备的正常运行。

8）光线和放射线的控制

波长小于380nm的紫外线及波长大于770nm的红外线，具有很高的热效应，均有促进化学反应的作用，可使某些不稳定的物质着火或爆炸。太阳光线和其他一些光源的光线还会引发某些自由基连锁反应，如氢气与氯气、乙炔与氯气等爆炸性混合气体在日光或其他强光（如镁条燃烧发出的光）的照射会发生爆炸。日光照射引起露天堆放的硝化棉发热而造成的火灾在国内已发生多起。

放射线是放射性元素衰变时放射出的高速粒子束或电磁波，它能使气体电离，也能够促进化学反应而放热，并有起火的可能，对其要采取"密封"和"屏蔽"的措施防止发生事故。

日光聚焦也可引起火灾。引起聚焦的物体大多为类似凸透镜和凹面镜的物体。如盛水的球形玻璃鱼缸及植物栽培瓶、四氯化碳灭火弹（球状玻璃瓶）、塑料大棚积雨水形成的类似凸透镜、不锈钢圆底（球面一部分）锅及道路反射镜的不锈钢球面镶板等。因此，对可燃物品仓库和堆场，应注意日光聚焦点火现象。易燃易爆化学物品仓库的玻璃应涂白色或用毛玻璃。

对储存运输中的化工原料和产品，应严禁露天堆放，避免日光暴晒。还应对某些易燃易爆容器采取洒水降温和加设防晒棚措施，以防容器受热膨胀破裂，导致火灾爆炸。在石油化工原料和产品运输过程中，应采取有效的蔽光措施，绝热保温，削弱辐射热的影响。

4.7 化工工艺参数的安全控制

在化学工业生产中，工艺参数主要是指温度、压力、液位、流量、物料配比等。工艺参数失控，不但破坏了平稳的生产过程，还常常是导致火灾爆炸事故的"祸根"之一。所以，严格控制工艺参数在安全限度以内，是实现安全生产的基本保证。

4.7.1 化学反应温度的安全控制

温度是化工生产的主要控制参数之一。各种化学反应都有其最适宜的温度范围；各种机械、电气、仪表设备都有使用的最高和最低允许温度；各种原材料、助剂等都有储存使用的温度范围。原油加工、蒸馏、精馏过程中不同的控制温度更是直接决定着不同馏分产物的组成。在化工工艺过程中，如果温度过高，反应物有可能分解起火，造成压力过高，甚至导致爆炸；也可能因温度过高而产生副反应，生成危险的副产物或过反应物。升温过快、过高或冷却装置发生故障，可能引起剧烈反应，乃至冲料或爆炸。温度过低会造成反应速度减慢或停滞，温度一旦恢复正常，往往会因为未反应物料过多而使反应加剧，有可能引起爆炸。温度过低还会使某些物料冻结，造成管道堵塞或破裂，致使易燃物料泄漏引发火灾或爆炸。

温度对岗位操作的影响是最直接的。如在石油裂解过程中，超温会造成催化剂失去活性，深度裂解，导致炉管结焦烧毁甚至发生炉膛爆炸。在塑料、橡胶聚合过程中，超温往往会造成釜内爆聚、凝胶结块等。在氧化、还原反应生产过程，如果温度控制不当，可直接引发爆炸。生产过程的温度控制力求合理，方式力求完善，操作要力求准确。反应温度的安全控制措施主要有：

1) 移出反应热

化学反应总是伴随着热效应，放出或吸收一定热量。大多数反应，如各种有机物质的氧化反应、卤化反应、水合反应、缩合反应等都是放热反应。为了使反应在一定的温度下进行，必须从反应系统中移出一定的热量，以免因过热而引起爆炸。

温度的控制可以靠传热介质的流动移出反应热来实现。移走反应热的方法有夹套冷却、内蛇管冷却，或两者兼有，还有稀释剂回流冷却、惰性气体循环冷却等。还可以采用一些特殊结构的反应器或在工艺上采取一些措施，达到移走反应热控制温度的目的。例如：合成甲醇是强放热反应，必须及时移走反应热以控制反应温度，同时对废热加以利用。可在反应器内装配热交换器，混合合成气分两路，其中一路控制流量以控制反应温度。目前，强放热反应的大型反应器，其中普遍装有废热锅炉，靠废热蒸气带走反应热，同时废热蒸气作为加热源可以利用。

加入其他介质，如通入水蒸气带走部分反应热，也是常用的方法。乙醇氧化制取乙醛就是采用乙醇蒸气，空气和水蒸气的混合气体，将其送入氧化炉，在催化剂作用下生成乙醛。利用水蒸气的吸热作用将多余的反应热带走。

2) 选择合适的传热介质

传热介质，即热载体，常用的有水、水蒸气、碳氢化合物、熔盐和熔融金属、烟道气等。充分了解传热介质的性质，选择合适的传热介质，对传热过程安全十分重要。

(1) 避免使用性质与反应物料相抵触的介质 如环氧乙烷很容易与水剧烈反应，甚至极微量的水分渗入液态环氧乙烷中，也会引发自聚放热产生爆炸。又如，金属钠遇水剧烈反应而爆炸。在加工过程中,冷却介质不能用水,一般采用液体石蜡。

(2)防止传热介质结垢 在化学工业中,设备传热面结垢是普遍现象。传热面结垢不仅会影响传热效率,更危险的是在结垢处易形成局部过热点,造成物料分解而引发爆炸。换热器内传热流体宜采用较高流速,这样既可以提高传热效率,又可以减少污垢在传热表面的沉积。

(3)传热介质使用安全 传热介质在使用安全中处于高温状态,安全问题十分重要。高温传热介质,如联苯混合物(73.5%联苯醚和26.5%联苯)在使用过程中要防止低沸点液体(如水或其他液体)进入,低沸点液体进入高温系统,会立即汽化并超压而引起爆炸。传热介质运行系统在水压试验后,一定要有可靠的脱水措施,在运行前应进行干燥吹扫处理。

3)防止搅拌中断

搅拌可以加速反应物料混合以及热传导。生产过程如果搅拌中断,可能会造成局部反应加剧和散热不良而引起爆炸。对因搅拌中断可能引起事故的装置,应采取防止搅拌中断的措施,例如采用双路供电、自动停止加料及有效的降温措施等。

4.7.2　压力的控制

有些反应过程要产生气态副产物,再加上系统自身的压力,如果尾气系统排压不畅,就会使整个反应系统憋压,影响系统的压力控制,严重时会引起事故。如某化工厂乙苯绝热脱气炉在冬季开车时由于脱氢气反应系统尾气放空阻火器被凝结水冻堵,排压不畅,导致绝热脱氢炉系统憋压。如果反应系统的增压与尾气凝结水(液)的冻堵连在一起,其危害更大,所以更应引起高度重视。正确控制压力,还应防止设备管道接口泄漏,物料冲出或吸入空气。

4.7.3　液位的安全控制

生产过程的液位控制主要是不超装、超储、超投料,液面要真实。假液面是生产过程中影响液位控制的常见问题。形成假液面的原因主要有:

(1)液位计(及液位计管)冻堵;

(2)密度不同的液体混合操作时,由于液位计管和容器内的液体密度不同,造成液位计液面与容器实际液面不一致;

(3)液位计阀门关闭或堵塞;

(4)液位计管、阀门被凝胶、自聚物、过氧化物等堵塞,许多液位计管(板)是透明的,容易暴露在阳光下,所以在液位计处很容易形成自聚物和过氧化物;

(5)储罐排水(排液)不及时;

(6)容器搅拌混合效果不好,容器内有沉淀分层;

(7)液位计与容器气相不连通,造成气阻;

（8）容器内液体汽化，造成气液相界面不稳；

（9）接送料操作中液面不稳定。

消除假液面首先要稳定操作，认真进行岗位巡回检查。另外还应注意液位计的选型和结构的改进。

4.7.4　加料控制

加料控制主要是指对加料配比、加料速度、加料顺序及加料量的控制。

1）加料配比

在化工生产中，物料配比极为重要，这不仅决定反应进程和产品质量，而且对安全也有着重要影响。如乙烯和氧生产环氧乙烷的反应，其浓度接近爆炸范围，尤其是在开车时催化剂活性较低，容易造成反应器出口氧浓度过高，为保证安全，应设置联锁装置，经常检查循环气的组成。

催化剂对化学反应速率影响极大，如果催化剂过量。就有可能发生危险。可燃或易燃物料与氧化剂反应，要严格控制氧化剂的加料速率和加料量。对于能形成爆炸性混合物的生产，物料配比应严格控制在爆炸极限以外。如果工艺条件允许，可以添加水蒸气，氮气等惰性气体稀释。

2）加料速率控制

对于放热反应，加料速率不能超过设备的传热能力，否则，物料温度将会急剧升高，引起物料的分解，突沸，造成事故。加料时如果温度过低，往往造成物料的积累，过量，温度一旦适宜反应加剧，加之热量不能及时导出，温度和压力都会超过正常指标，导致事故。

如某农药厂"保棉丰"反应釜，按工艺要求，在不低于75℃的温度下，4h内加完100kg过氧化氢。但由于加料温度为70℃，反应初始速率慢，加之投入冷的过氧化氢使温度降至52℃，因此将加料速度加快，在80min内投入了过氧化氢80kg，造成过氧化氢与原油剧烈反应，反应热来不及导出，温度骤升，釜内物料汽化引起爆炸。

加料速度太快，除影响反应速度外，也可能造成尾气吸收不完全，引起毒性或可燃性气体外逸。反应温度不正常时，首先要判明原因，不能随意采用补加反应物的办法提高反应温度，更不能采用先增加加料量而后补热的办法。

加料速率的控制操作应注意以下几个方面：

（1）选择合适的计量设备。要根据实际加入量选择计量槽和计量泵的大小。如果计量泵、计量槽选择过大，会降低计量调节精度，使操作难以控制。

（2）简化计量系统工艺配管，提高自动化控制水平。尽量减少物料在系统的滞留量，一方面可以缩短计量环节的反应时间，另一方面可减少物料在计量系统停留时的凝结、结晶、沉淀。特别是间歇聚合的生产过程，堵塞液位计和加料管线是冬季生产的常见问题。

（3）准确计量、核准配方量。

（4）精心操作准确计量。认真检查计量设备，及时消除假液面。DCS 控制系统要注意核对计量前后的液面变化，防止计算机控制的误动作或假动作。

3）加料顺序

在加料过程中，值得注意的是加料顺序的问题。例如，氯化氢合成应先加氢后加氯；三氯化磷合成应先加磷后加氯；磷酸酯与甲胺反应时，应先投入磷酸酯，再滴加甲胺等。反之就有可能发生爆炸。

4）加料量的控制

化工反应设备或储罐都有一定的安全容积，带有搅拌的反应设备要考虑搅拌开动时的液面升高；储罐、气瓶要考虑温度升高后液面或压力的升高；若加料过多，超过安全容积系统，往往会引起溢料或超压。加料过少，可能使温度计接触不到液面，导致温度出现假象，由于判断错误而发生事故。

图 4-7 描述了间歇反应过程，图 4-8 反应釜物料 A 加料控制步骤，均可较好地对加料过程进行控制。

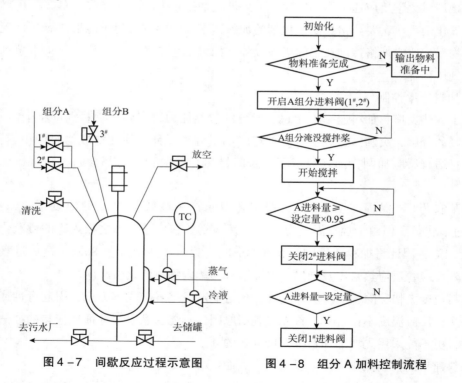

图 4-7　间歇反应过程示意图　　　　图 4-8　组分 A 加料控制流程

4.7.5　物料成分的控制

在普通化学反应和高分子聚合反应中，原料（或反应物）中的杂质虽然量小，但影响很大。如在聚合反应过程中，有些杂质会降低聚合反应活性，降低反应速度；有些杂质会破坏乳化液、悬浮液等反应系统的稳定性，造成反应器内凝聚结块、堵塞设备；有些杂质会使高分子链发生歧化和交联，影响聚合产品质量等。在许多化学反应过程中杂质的存在会引发副反应。原料中的杂质可能直接导致生产和储运过程发生事故。如丁二烯中过氧化物含量增多，就有可能发生因过氧化物受热或受震动分解引起的爆炸事故。

对于化工原料和产品，纯度和成分是质量要求的重要指标，对生产和管理安全也有着重要影响。比如，乙炔和氯化氢合成氯乙烯，氯化氢中游离氯不允许超过 0.005%，因为过量的游离氯和乙炔反应生成四氯乙烷会立即引起火爆炸。又如在乙炔生产中，电石中含磷量不得超过 0.08%，因为磷在电石中主要是以磷化钙的形式存在，磷化钙遇水生成磷化氢，遇空气燃烧，导致乙炔和空气混合物的爆炸。

反应原料气中，如果其中含有的有害气体不清除干净，在物料循环过程中会不断积累，最终会导致燃烧或爆炸等事故的发生。清除有害气体，可以采用吸收的方法，也可以在工艺上采取措施，使之无法积累。例如高压法合成甲醇，在甲醇分离器之后的气体管道上设置放空管，通过控制放空量以保证系统中有用气体的比例。这种将部分反应气体放空或进行处理的方法也可以用来防止其他爆炸性介质的积累。有时有害杂质来自未清除干净的设备。例如在六六六生产中，合成塔可能留有少量的水，通氯后水和氯反应生成次氯酸，次氯酸受光照射产生氧气，与苯混合发生爆炸。所以这类设备一定要清理干净，符合要求后才能加料。

有时在物料的储存和处理中加入一定量的稳定剂，以防止某些杂质引起事故。如氰化氢在常温下呈液态，储存时水分含量必须低于 1%，置于低温密闭容器中。如果有水存在，可生成氨，作为催化剂引起聚合反应，聚合热使蒸气压力上升，导致爆炸事故的发生。为了提高氰化氢的稳定性，常加入浓度为 0.001% ~ 0.5% 的硫酸，磷酸或甲酸等酸性物质作为稳定剂或吸附在活性炭上加以保存。丙烯腈具有氰基和双键，有很强的反应活性，容易发生聚合，共聚或其他反应，在有氧或氧化剂存在或接受光照的条件下，迅速发生聚合，共聚或其他反应，在有氧或氧化剂存在或接受光照的条件下，迅速聚合并放热，压力升高，引发爆炸。在储存时一般添加对苯二酚作稳定剂。

在化工操作中，对原材料或反应物杂质的控制，一是要按规定进行使用前的取样分析，不合格的不能使用。二是要注意观察原材料、助剂的外观质量，如丁二烯过氧化物为乳白黏稠状，许多阻聚杂质会使原料变为黄色或棕色等。其三是加强原料、助剂投入反应后的操作监控，及时根据反应异常现象判断原材料助剂中杂质的影响，有针对性地采取措施，保证生产的安全稳定。

4.7.6 过反应的控制

许多过反应的生成物是不稳定的，在反应过程中应防止过反应的发生。如三氯化磷的合成，把氯气通入黄磷中，产物三氯化磷沸点为 75℃，很容易从反应釜中移出。但如果反应过头，则生成固体五氯化磷，100℃ 时升华。五氯化磷比三氯化磷的反应活性高许多，由于黄磷的过氧化而发生爆炸的事故时有发生。苯、甲苯硝化生产硝基苯和硝基甲苯，如果发生过反应，则生成二硝基苯和二硝基甲苯，二硝基化合物不如硝基化合物稳定，在精馏时容易发生爆炸。所以，对于这一类反应，往往保留一部分未反应物，使过反应不至于发生。在某些化工过程中，要防止物料与空气中氧反应生成不稳定的过氧化物。有些物料，如乙醚，异丙醚，四氢呋喃等，如果在蒸馏时有过氧化物存在，极易发生爆炸。

4.7.7 公用工程的安全控制

装置的公用工程是指在生产装置上共同使用的电、水、蒸汽、工艺空气、仪表空气、氮气、冷剂等工程供应网。公用工程是操作和工艺参数控制最基本的保证。如果没有稳定的公用工程供给，就无法控制工艺参数，也无法正常开车。在一般生产过程中，对公用工程的使用与控制都有明确规定。如：

（1）氮气压料、吹扫、置换必须用活接头连接，用完氮气必须断开活接头，以防物料串入氮气管网中。

（2）仪表用空气禁止用于工艺吹扫和置换等作业，以保证仪表空气管网的压力稳定。

（3）冬季蒸汽管网和用汽设备接受蒸汽时，须排出冷凝液并进行预热，蒸汽阀门不能开得过猛过大。

（4）消防水、过滤水、生活水等不能互串使用。

（5）蒸汽、氮气和工艺空气的使用要集中统一调度，有压力波动应及时与调度联系。氮气压力低于物料压力时，严禁用氮气吹扫设备管线和用氮气压送物料，以防物料反串入氮气管网中。

（6）易爆聚、连续性强、危险性大的重点用电部位和系统，要采用双路供电或配备自备电源，以保证安全生产。

4.7.8 安全控制系统

化工工艺过程安全控制系统主要包括：

1）自动检测系统

利用各种检测仪表对工艺参数进行测量、指示或记录。如：加热炉温度、压力检测。

2）自动信号和联锁保护系统

自动信号系统作用是当工艺参数超出要求范围，自动发出声光信号。联锁保护系统作用是达到危险状态时，打开安全阀或切断某些通路，必要时紧急停车。如反应器温度、压力进入危险限时，加大冷却剂量或关闭进料阀。

3）自动操纵及自动开停车系统

自动操纵系统根据预先规定的步骤自动地对生产设备进行某种周期性操作。如：合成氨造气车间煤气发生炉，按吹风、上吹、下吹、吹净等步骤周期性地接通空气和水蒸气；自动开停车系统按预先规定好的步骤将生产过程自动地投入运行或自动停车。

4）自动控制系统

利用自动控制装置对生产中某些关键性参数进行自动控制，使他们在受到外界扰动的影响而偏离正常状态时，能自动地回到规定范围。

4.8　化工工艺过程应急措施

4.8.1　化工工艺异常现象的处理

化工工艺异常现象包括工艺的异常波动和外界的异常影响。其中工艺的异常波动主要是工艺操作和机械、电气、仪表等方面的原因所致。外界的异常影响如果处理不当，会直接导致各类事故发生。而异常工艺波动如果不能准确找出原因及时处理，也会演化为事故。所以正确处理异常现象是预防事故发生的最有效、最基本的原则。

1）异常现象的处理原则

（1）正确区分工艺波动与工艺异常的界线。工艺超出了正常的波动范围就可视为异常现象。工艺异常现象第一类是由于对正常的工艺波动发现不及时、处理调节不当而发展形成。这类工艺异常可以通过常规调节手段调节；第二类是由于系统和设备的故障引发的，这类工艺异常现象在初期往往与正常的工艺波动混在一起，一旦超出正常波动范围而形成工艺异常现象之后，用常规的调节方法难以使之恢复正常，必须找出并消除设备系统的故障之后，才能使工艺恢复正常；第三类工艺异常现象是由外界环境的突变引起的，如突然停电、停气、停水、停冷剂、停导热油等，此类工艺异常现象事先没有任何先兆，危害性也较大。

（2）精心操作、勤于观察思考，善于从变化趋势中发现异常的工艺变化。

（3）工艺异常现象要尽可能做到发现早、判断准、处理及时果断。如果耽误了处理时间，异常现象就有可能导致事故。

（4）对异常现象要认真分析，综合考虑，防止在异常现象处理中引发新的异常。

（5）异常现象处理时要按规定程序进行，不能盲目蛮干，不能随地乱排乱放物料，严禁在室内排放易燃易爆物料。

2）异常现象的安全处理要点

（1）停电　正在反应的物料要加大冷剂通入量，并进行人工搅拌，防止局部爆聚。临近反应终点的物料可视情况提前卸料，并适当多加入终止剂。关闭有关阀门，防止物料互串。尾气放空，防止系统憋压。

（2）停水　及时加大其他冷剂的用量，以防止反应釜超温；防止水冷却的蒸馏（精馏）系统气相冲塔。

（3）停氮气　停止压送料及吹扫置换等操作，及时断开氮气接头，防止因氮气无压而使易燃、易爆及有毒、有害物料反串入氮气管网中。

（4）停工艺空气　停止设备空气置换作业，停止用工艺空气强制通风作业的容器内检修施工作业。

（5）停仪表空气　立即切换，进行现场手动操作。防止因停仪表空气而发生超温超压等工艺失控现象。

（6）停蒸汽　立即采取措施，防止冬季蒸汽保温设备管线等设备的冻结。防止物料降温凝固结块。防止粉末干燥系统的湿料结块。

（7）停燃料气　关闭燃料气阀门，注意防止燃料气复送后造成火灾或回火。

（8）事故状态的处理　事故状态下操作人员要沉着冷静，不慌不乱，果断地按事故应急预案进行处理，防止事故发生。如液态烃跑料后，现场空间充满了可燃气体，遇明火就会发生火灾爆炸事故。这时要立即设法切断物料来源，封锁现场，禁止一切可能产生火花的作业。设封锁隔离区，以防可燃物扩散遇火源而爆燃。从远距离（如配电室）停电，禁止无关人员进入现场。立即报警，要求消防车远距离监护，统一协调指挥各专业人员现场抢救。

4.8.2　限制火灾爆炸的扩散蔓延措施

限制火灾爆炸的扩散蔓延的措施应该是整个工艺装置的重要组成部分。工艺阻火装置其作用主要防止火焰蹿入设备、容器和管道内，或阻止火焰在设备和管道内扩展。在可燃气体进出口两侧之间设置阻火介质，当一侧着火时，火焰的传播被阻而不会烧向另一侧。常用的阻火装置有安全液封，阻火器和单向阀。

1）安全液封

常用的安全液封有敞开式和封闭式两种，如图4-9所示。液封封住气体进出口之间，进出口任何一侧着火，都在液封中被熄灭。

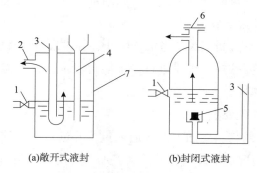

(a)敞开式液封　　　　(b)封闭式液封

图4-9　安全液封示意图

1—验水栓；2—气体出口；3—进气管；4—安全管；5—单向阀；6—爆破片；7—外壳

2）水封井

水封井是安全液封的一种，使用在散发可燃气体和易燃液体蒸气等油污的污水管网上，可防止燃烧、爆炸沿污水管网蔓延扩展，水封井的水封液柱高度，不宜小于250mm。水封井如图4-10所示。

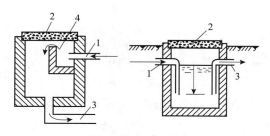

图 4－10　水封井

1—污水进口；2—井盖；3—污水出口；4—溢水槽

3）阻火器

在易燃易爆物料生产设备与输送管道之间，或易燃液体、可燃气体容器、管道的排气管上，多采用阻火器阻火。阻火器有金属网、砾石、波纹金属片等型式。金属网、波纹金属片和砾石阻火器示意图如图 4－11、图 4－12、图 4－13 所示。

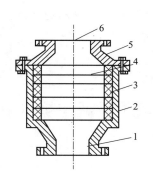

图 4－11　金属网阻火器

1—进口；2—外壳；3—垫圈；
4—金属网；5—上盖；6—出口

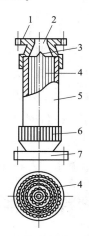

图 4－12　波纹金属片阻火器

1—上盖；2—出口；3—轴芯；4—波纹金属片；
5—外壳；6—下盖；7—进口

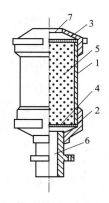

图 4－13　砾石阻火器

1—外壳；2—下盖；3—上盖；4—网格；5—砂粒；6—进口；7—出口

4）单向阀

亦称止逆阀、止回阀。生产中常用于只允许流体在一定的方向流动，阻止在流体压力下降时返回生产流程。如向易燃易爆物质生产的设备内通入氮气置换，置换作业中氮气管网故障压力下降，在氮气管道通入设备前设一单向阀，即可防止物料倒入氮气管网。单向阀的用途很广，液化石油气钢瓶上的减压阀就是起着单向阀作用的。

装置中的辅助管线（水、蒸汽、空气、氮气等）与可燃气体、液体设备、管道连接的生产系统，均可采用单向阀来防止发生串料危险。

5）阻火闸门

是为防止火焰沿通风管道或生产管道蔓延而设置的。跌落式自动阻火闸门在正常情况下，受易熔金属元件的控制而处于开启状态，一旦温度升高（火焰），易熔金属被熔断，闸门靠本身重量作用自动跌落关闭管道。

6）火星熄灭器

也叫防火帽，一般安装在产生火花（星）设备的排空系统上，以防飞出的火星引燃周围的易燃物料。火星熄灭器的种类很多，结构各不相同，大致可分为以下几种形式：

（1）降压减速　使带有火星的烟气由小容积进入大容积，造成压力降低，气流减慢。

（2）改变方向　设置障碍改变气流方向，使火星沉降。

（3）网孔过滤　设置网格、叶轮等，将较大的火星挡住或将火星分散开，以加速火星的熄灭。

（4）冷却　用喷水或蒸汽熄灭火星，如锅炉烟囱（使用鼓风机送风的烟囱）常用。

4.8.3　物料泄压排放

当化工生产装置发生故障，反应物料发生剧烈反应，采取加强冷却，减少加料等措施难以奏效，不能防止反应设备超压、超温、爆聚、分解爆炸事故，应将设备内物料及时排放。放空管用来紧急排泄有超温、超压、爆聚和分解爆炸的物料。有的化学反应设备除设置紧急放空管外还应设置安全阀、爆破片或事故储槽，有时只设置其中一种。

1）可燃液体的排放设施

可燃液体的排放设施有抽送系统和压力自流系统两种类型。抽送系统由紧急冷却器、紧急排液管线、事故储槽或排放罐等组成。压力自流系统由紧急排液管线、紧急放空塔、紧急排放池及隔油、转油和排污系统组成。紧急放空塔、紧急排放池设施也可以用于抽送系统。

紧急冷却器是用于冷却排放的料液。事故储槽是专门用于接受冷却后紧急排泄物料的安全设备，一般为立式钢罐。容积较大的直接火加热器、危险性较大的反应器，如氧化、硝化、氯化反应器等，均需装设事故储槽。大型化工装置油品的排放，需通过紧急放空塔、紧急排放池进行。

2）可燃液体应急排放的安全技术措施

（1）排放设施的安装符合要求

紧急排放的物料温度往往较高，因此，紧急排液管线要认真考虑热补偿问题，防止管线受高温作用，破裂失效。事故放空管道应用水封保护，以防火焰沿管发生蔓延。

事故储罐上面要安装呼吸管以控制罐内压力，呼吸管应对着安全方向，并且阻火器加以保护。几个装置共用一个放空塔、池设施排液时，冷却器就布置在装置内，由各装置自行管理。几个装置共用一条紧急排液管线时，其连接处必须各加单向阀，防止物料串流。

（2）及时启动排放设施

发生事故时，应能及时启动安全排放设施。事故阀门通常设在厂房外或第一层靠近出口的位置。如果阀门有远距离传动装置，则事故阀门应安在需放空的设备或装置附近，起动按钮要设在厂房外出口旁。事故放空最好是自动打开阀门，并与设备或装置停止运转的设施相联动。起动阀门的自动系统传感器，要安装在可能发生火灾的区域。

紧急排放的管道要向事故储槽或排放罐一侧倾斜，并且尽可能取直线减少弯曲。除设备闸阀外，所有事故放空管道上不准安装闸阀。

紧急排放管线要经常检查，如有可能，应经常用300℃、0.3MPa（表压）的过热蒸汽吹扫，以确保其畅通。

（3）事故排放设备应有足够容积

主要紧急排液安全处理设备的规格，需依据最大紧急排液量来确定。最大紧急排液量一般按在同一时间内只有一个装置发生事故来考虑。如果几个装置或全厂共用一个紧急放空设施，则按一次紧急排液量最大的装置考虑紧急排液安全处理设施。

（4）控制排放液体流速

处理事故要求的时间较短，小于10~15min，最好采用抽送和压放的方式排放，如石油炼制企业的催化裂化装置，就是采用此法排放其中物料的。利用惰性气体压放，既可加快排放速度，又可消除在设备中发生爆炸的可能性。

通常在操作中出现异常事故，或在设备运行中发生故障，或在火灾情况下须进行紧急排放的易燃易爆液态物料，都是处于沸点的温度条件下，通过管线进入紧急放空塔等设备中，若流速过快，易引起闪蒸。另外，排液速率过快时，生产装置内可造成瞬间真空，吸入空气或火焰，带来更大的爆炸危险。因此，应适当控制排放速率。对于密度较大而泄放压力较小的液态物料，一般闪蒸量较少，紧急排液时间也可较长，一般按30min考虑，如石油炼制企业的常减压蒸馏、延迟焦化、热裂化等装置，主要应采用自流排液方式，经紧急排液管线、紧急冷却器转送紧急放空塔、紧急事故罐等储存处理系统。

紧急排液管直径应根据排液量和紧急排液的限制时间及安全性来确定。石油炼制企业，$6 \times 10^5 t/a$ 或 $1.2 \times 10^6 t/a$ 的催化裂化装置要求紧急排液时间较短，排放管径应较大，其余装置的排放管径一般与加热炉入口管径相同。

(5)防止排放设备发生火灾爆炸

为了预防排放的液体物料发生闪蒸，蒸出的可燃蒸气与空气形成爆炸性混合物，紧急冷却的冷却面积要足够大，保证其冷却效果。紧急放空塔的冷却水量，应根据最大紧急放空量和泄放物料的温度确定。

事故储槽要制成密闭式的，在使用过程中可能积存凝结水。此时，若放进高温液体，可能使水急剧汽化，槽内压力急剧上升而发生蒸气物理性爆炸。因此，积存的水要定期放掉。事故储槽的底要做成有坡度的，以便将水排干净。

为了防止高温液体流入封闭式事故储槽和空气接触形成爆炸性混合物而发生爆炸，排放高温液体之前，要用水蒸气或惰性气体吹洗事故储槽及其管道。

第5章 化工单元操作和运行安全

5.1 化工单位操作安全技术

5.1.1 化工单元操作安全

化工单元操作是指各种化工生产中以物理过程为主的处理方法，主要包括加热、冷却、加压操作、负压操作、冷冻、物料输送、熔融、干燥、蒸发与蒸馏等。

1)加热

加热是促进化学反应和物料蒸发、蒸馏的必要手段。加热操作的要点是按规定严格控制升温速度和温度波动范围。

(1)保证适宜的反应温度　在进行加热操作时，必须按工艺要求升温，温度不能过高，温度过高会使化学反应速度加快。若是放热反应，则放热量增加，一旦散热不及时，温度失控，就可引起燃烧和爆炸。

(2)保证适宜的升温速度　升温速度过快不仅容易使反应超温，而且还会损坏设备，例如，升温过快会使带有衬里的设备及各种加热炉、反应炉等设备损坏。

(3)严格控制压力变化　加热操作时，要注意设备的压力变化，通过排气等措施，及时调节压力，以免在升温过程中造成压力过高，发生冲料、燃烧和爆炸事故。

(4)正确选择加热方法　常用加热的方法如表5-1所示，一般有直接火加热(烟道气加热)、蒸汽或热水加热、载体加热以及电加热等。

表5-1　不同加热方法及所能达到的温度范围

加热方法	水蒸气加热	矿物油加热	有机载体加热	熔盐加热	直接火加热(烟道气加热)	电加热
温度/℃	≤100~140	≤230	255~380	330~540	≤1030	≤1130

用高压蒸汽加热时，对设备的耐压要求高；使用热载体加热时，要防止热载体循环系统堵塞、破损，造成热油喷出，酿成事故；使用电加热时，电气设备要符合防爆要求；直接火加热危险性最大，温度不宜控制，可能造成局部过热而烧坏设备，引起易燃物质的分解爆炸。当加热温度接近或超过物料的自燃点时，应采用惰性气体保护；若加热温度接近物料分解温度，此生产工艺为危险工艺，必须设法改进工艺条件，如负压环境或加压操

作，以降低系统危险性。

2）冷却与冷凝

冷却与冷凝的主要区别在于被冷冻的物料是否发生相的改变。若发生相变（如气相变为液相）则称为冷凝，无相变而只是温度降低则称为冷却。

在化工生产中，把物料冷却在大气温度以上时，可以用空气或循环水作为冷却介质；冷却温度在 15~25℃ 之间，可以用地下水；冷却温度在 0~15℃ 之间，可以用冷冻盐水。还可以借某种沸点较低的介质的蒸发从需冷却的物料中取得热量来实现冷却，常用的介质有氟利昂、氨等，物料可被冷却至 -15℃ 左右。

化工常用冷凝器形式如图 5-1 所示。主要有以下 3 种。

（1）整体式　将冷凝器和塔连成一体，占地面积少，缺点是塔顶结构复杂，检修不方便，多用于冷凝器较小或冷凝液难以用泵输送以及用泵输送有危险的场合，如图 5-1（a）、（b）所示。

（2）自流式　将冷凝器装在塔顶附近的台架上。其特点是与整体式相近，冷凝液自流入塔，靠改变台架高低来获得回流和采用所需的位差，如图 5-1（c）所示。

（3）强制循环式　将冷凝器装在离塔顶较远的低处，用泵向塔内提供回流，在冷凝器和泵之间设置回流罐，如图 5-1（d）、（e）所示。

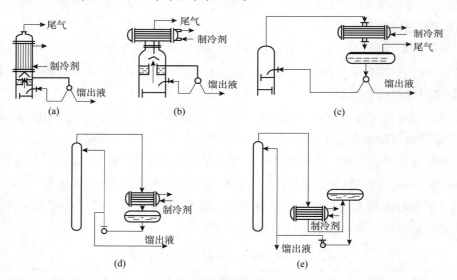

图 5-1　冷凝器的形式与流程

冷却与冷凝过程安全要点：

（1）根据被冷却物料的温度、压力、理化性质以及所要求工艺条件，正确选用冷却设备和冷凝剂。对于腐蚀性材料的冷却，应选用耐腐蚀材料的冷却设备，如石墨冷却器、塑料冷却器，以及用高硅铁管、陶瓷管制成的套管冷却器。

（2）严格注意冷却设备的密闭性，不允许物料和冷却剂互串。制冷系统及管路系统设备应注意其耐压程度，防止设备管路产生裂纹和泄漏。同时要加强安全阀、压力表等安全装置的检查、维护。盛装冷料的设备及容器，应注意低温材料的选择，防止金属的低温脆裂。

（3）冷却操作时，冷却介质不能中断，否则会造成积热，系统温度、压力骤增，引起爆炸。开车时，应先通冷却介质；停车时，应先停物料，后停冷却系统。

（4）有些凝点较高的物料，遇冷易变得黏稠或凝固，在冷却时要注意控制温度，防止物料卡住搅拌器或堵塞设备及管道。不凝性可燃气体安全排空时，可充氮保护。

3）加压

凡操作压力超过大气压的都属于加压操作。加压操作应该注意以下几点：

（1）加压设备符合要求　加压设备必须符合工艺和压力容器的基本要求。

（2）加压系统密闭　加压系统不能有渗漏，以免造成物料泄漏，或造成压力下降，引起反应异常，出现生产事故。

（3）控制升压速度和压力　在升压过程中，要保持适当的升压速度，避免压力过高，导致物料喷出，产生静电火花，引起火灾爆炸。

（4）严密监视压力表　在升压操作中，为掌握操作速度和压力，要监测压力表读数。

（5）设备防爆　加压设备应安装防爆装置，如爆破片、紧急排放管等，防止压力过高引起的装置爆炸事故。

4）负压操作

负压操作即低于大气压下的操作。负压系统的设备和加压设备一样，必须符合强度要求，以防在负压下把设备抽瘪。

负压系统必须有良好的密封，否则一旦空气进入设备内部，形成爆炸性混合物，引起爆炸。当需要恢复常压时，应待温度降低后，缓缓放进空气，或先用惰性气体置换，以防自燃或爆炸。

5）物料输送

化工生产中物料的输送应根据物料状态（如块状、粉状、液态、气态等）和物料特性（如易燃、易爆、有毒、腐蚀等）的不同，采用不同的方式和设备。为保证输送设备的安全，应安装超负荷、超行程停车保护装置、事故自动停车和就地手动事故按钮停车系统。对于长距离输送系统，应安装开、停车联系信号，以及给料、输送、中转系统的自动联锁装置或程序控制系统。物料输送中提倡安装自动注油和清扫装置。

（1）块状与粉状物料的输送

块状与粉状物料的输送多采用皮带输送、螺旋输送、刮板输送、链斗输送、斗式提升、高位密闭溜槽以及气力输送等形式。

采取皮带传动时，皮带与皮带轮接触部位应设置安装防护罩；防止皮带因高温物料烧毁，或因偏斜刮挡而造成皮带撕裂的事故发生。

采用齿轮传动时，齿轮同齿轮、齿轮同齿条、链条的啮合应良好。应注意负荷的均匀输送，防止因卡料而拉断链条、链板，甚至拉毁整个输送设备机架。

斗式提升机应有可能因链条拉断而坠落的防护装置。链式输送机还应注意下料器的操作，防止下料过多，料面过高造成链带拉断。

螺旋输送器要防止螺旋导叶与壳体间隙混入杂物(如铁筋、铁块等)，以防挤坏螺旋导叶和壳体。

采用气力输送时，气流输送系统除本身会产生故障之外，最大的问题是系统的堵塞和由静电引起的粉尘爆炸。粉料气流输送系统应保持良好的严密性，其管道材料应选择导电性材料并有良好的接地，如采用绝缘材料管道，则管外应采取接地措施。输送速度不应超过该物料允许的流速，粉料不要堆积管内，要及时清理管壁。

(2)液态物料的输送

用各种泵类输送易燃可燃液体时，流速过快会产生静电积累，其管内流速不应超过安全速度。

危险性物料输送装置(管道、传送带、螺旋槽等)应有防止液体结晶黏结器壁的技术保障措施，并应结合工艺特点和生产情况制定定期清扫的管理制度。

(3)气态物料的输送

气体输送往往输送量很大，需要的动力也相当大。由于气体的可压缩性，故在输送机械内部气体压力变化的同时，体积和温度也将随之发生变化。这些变化对气体输送机械的结构、形状有很大影响。对于易燃、易爆气体或蒸气的输送，压缩设备的电机部分，应全部采用防爆型，应有良好接地，管内可燃气体流速不应过高。

输送可燃气体物料的管道应经常保持正压，防止空气进入，并根据实际需要安装逆止阀、水封和阻火器等安全装置。

6)熔融

在化工生产中常常需要将某些固体物料(如苛性钠、苛性钾、萘、磺酸等)熔融之后进行化学反应。熔融操作安全应考虑被熔融物料的化学性质，如熔融时的黏度、熔融过程中副产物的生成、熔融设备、加热方式以及物料的破碎方面。

碱熔过程中的碱屑或碱液飞溅到皮肤上或眼睛里会造成灼伤。熔融物和磺酸盐中若含有无机盐等不熔杂质会造成局部过热、烧焦，致使熔融物喷出，造成烧伤。

熔融过程一般在150~350℃下进行，为防止局部过热，必须不间断地搅拌。用水适当稀释熔融物，可使熔融过程在危险性较小的低温状态下进行。

7)干燥

干燥是利用热能使固体物料中的水分(或溶剂)除去的单元操作。在化工生产中，由于被干燥物料的形状(如块状、粒状、溶液、浆状及膏糊状等)和性质(如耐热性、含水量、分散性、黏性、耐酸碱性、防爆性及湿度等)各不相同，对于干燥后的产品要求(如含水量、形状、强度及粒度等)也不尽相同，因此，所采用的干燥方法和干燥器的型式也是多种多样的。干燥的热源有热空气、过热蒸气、烟道气和明火等。传导干燥设备主要有滚筒干燥器和真空干燥器；对流干燥设备主要有箱式干燥器、转筒干燥器、气流干燥器和喷雾干燥器。

以喷雾干燥器为例，其结构如图5-2所示。喷雾干燥器适用于热敏性物料。操作时，空气通过预热器，进入干燥器顶部的空气分配器，热空气呈螺旋状均匀进入干燥器。料液由料液罐经过滤器由泵送至干燥器顶部的离心雾化器，使料液喷成极小的物状液滴，料液和热空气并流接触，水分迅速蒸发，在极短的时间内干燥为成品。成品由干燥塔底部和旋风分离器排出，废气从干燥器下端送出，通过滤袋回收物料后再排出。

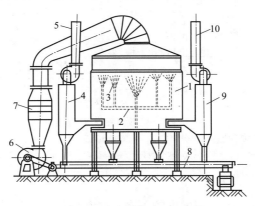

图5-2　喷雾干燥器结构图

1—干燥室；2—旋转十字管；3—喷嘴；4，9—滤袋；
5，10—废气排出管；6—风机；7—空气预热器；8—螺旋卸料斗

（1）干燥过程中要严格控制干燥温度，防止局部过热，以免造成物料分解爆炸。在过程中散发出来的易燃易爆气体或粉尘，不应与明火和高温表面接触，防止燃爆。根据具体情况，应考虑安装温度计、温度自动调节装置、自动报警装置、防爆泄压装置。

（2）严格控制干燥气流速度。在对流干燥中，由于物料相互运动发生碰撞，摩擦易产生静电，容易引起干燥过程所产生的易燃气体和粉尘混合发生爆炸。因此干燥操作时应严格控制干燥气流速度，并安装设置良好的接地装置。

（3）严格控制有害杂质，定期清理死角积料。

（4）真空干燥器消除真空时，一定要先降低温度后才能放进空气，以免引起火灾爆炸。

（5）滚筒干燥器操作时应适当调整刮刀与筒壁间隙，牢牢固定刮刀，防止产生撞击火花；用烟道气加热的干燥过程中，应注意均匀加热，不可断料，不可中途停止运转。

8）蒸发

蒸发是溶液浓缩的单元操作。图5-3是典型的单效蒸发操作装置流程，采用加热的方法，使溶有不挥发性溶质的溶液中的部分溶剂被汽化除去，而溶液得到浓缩。蒸发按其操作压力不同可分为常压、加压和减压蒸发；按蒸气的利用次数不同可分为单效和多效蒸发。

蒸发工艺过程应根据蒸发的溶液的特性和工艺要求，选择适宜的蒸发流程和设备。有些物料浓缩时易于结晶、沉淀和结垢，导致传热效率的降低，并产生局部过热，促使物料分解、燃烧和爆炸，因此要控制蒸发温度；有些热敏性物料分解，可采用真空蒸发的方法，降低蒸发温度，或采用高效蒸发器，增加蒸发面积，减少停留时间；有些物料则具有较大的黏度或较强的腐蚀性，要合理选择蒸发器的材料，设备或部件，要采用特种钢材制造，或做防腐处理。

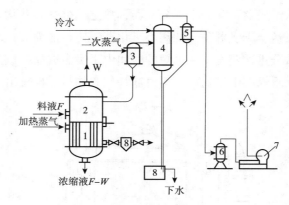

图 5 - 3　单效真空蒸发流程

1—加热室；2—分离室；3—二次分离室；4—混合冷凝器；
5—气液分离器；6—缓冲罐；7—真空泵；8—冷凝水排除器

9）蒸馏

蒸馏是借液体混合物各组分挥发度的不同，使其分离为纯组分的操作。蒸馏不仅可分离液体混合物，而且可以通过改变操作压力使常温常压下是气态或固态的混合物在液化后得以分离。按蒸馏方式可分为简单蒸馏、平衡蒸馏、精馏及特殊精馏等；按操作方式可分为间歇蒸馏和连续蒸馏；按物系中组分的数目可分为双组分蒸馏和多组分蒸馏；按操作压强可分为常压蒸馏、减压蒸馏和加压蒸馏。简单蒸馏示意图如图 5 - 4 所示。

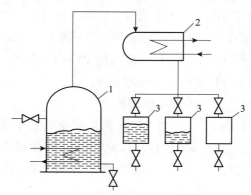

图 5 - 4　简单蒸馏示意图

1—蒸馏釜；2—冷凝器；3—产品储罐

在安全问题上，除了根据加热方法采取相应的安全措施外，还应考虑物料性质、工艺要求、操作压力及操作过程等，正确选择蒸馏方法和蒸馏设备。操作压力的改变可直接导致液体沸点的改变，亦可改变液体的蒸馏温度。

（1）常压蒸馏

在处理中等挥发性物料（沸点为 100℃ 左右）时，采用常压蒸馏。常压蒸馏操作应注意：

①正确选择热源　易燃液体的蒸馏不能采用明火作热源，采用水蒸气或过热水蒸气加

热较为安全。

蒸馏高沸点物料时(如苯二甲酸酐)，可以采用明火加热，这时应防止产生自燃点很低的树脂油状物遇空气而自燃。同时应防止蒸干，使残渣转化为结垢，引起局部过热而着火爆炸。油焦和残渣应经常清除。

②注意防腐和密闭　为防止易燃液体或蒸气泄漏，引起火灾爆炸，应保证系统密闭性；对于蒸馏有腐蚀性的液体，应防止塔壁、塔板等腐蚀，以免引起泄漏。

③防止冷却水漏入塔内　对于高温蒸馏系统，一定要防止塔顶冷凝器的冷却水漏入蒸馏塔内，否则水会迅速汽化导致塔压迅速升高而发生冲料，甚至引起火灾爆炸。故开车前一定要将塔内和蒸气管道内的冷凝水除尽。

④防止堵塔　常压蒸馏操作中，还应防止因液体所含高沸物或聚合物凝结造成堵塞，使塔压升高引起爆炸。

⑤保证塔顶冷凝　塔顶冷凝器中的冷却水不能中断，否则，未凝易燃蒸气逸出可能引起燃烧。

(2)真空蒸馏(减压蒸馏)

对于沸点较高，而在高温下蒸馏时又引起分解、爆炸或聚合的物质，采用真空蒸馏较为合适，既节能又安全。如硝基甲苯在高温下易分解爆炸，而苯乙烯在高温下则易聚合，可采用真空蒸馏。操作时应注意：

①保证系统密闭　真空(减压)蒸馏系统的密闭性十分重要。蒸馏过程中，一旦吸入空气，很容易引起燃烧爆炸事故。因此，真空(减压)系统所用的真空泵应安装单向阀，防止停泵造成空气倒吸入设备。

②保证停车安全　真空(减压)蒸馏设备停车时，应先冷却，然后通入氮气吹扫置换，再停真空泵。若先停真空泵，空气将吸入高温蒸馏塔，引起燃烧爆炸。

③保证开车安全　真空(减压)蒸馏系统开车时，应先开真空泵，再开塔顶冷却水，最后再开沸蒸气。否则，液体会被吸入真空泵，可能引起冲料，引起爆炸。真空蒸馏易燃物质的排气管应通至厂房外，管道上应安装阻火器。

(3)加压蒸馏

对于常压下沸点低于30℃的液体，应采用加压蒸馏操作。除符合常压操作的安全要求外，加压蒸馏还应注意：

①保证系统密闭　加压操作，气体或蒸气容易向外泄漏，引起火灾、中毒和爆炸等事故。设备必须保证良好的密闭性。

②严格控制压力和温度　由于加压蒸馏处理的液体沸点都比较低，危险性很大。因此，为防止冲料等事故发生，必须严格控制蒸馏压力和温度，并应安装安全阀。

此外，在蒸馏易燃液体时，应注意消除系统静电。特别是苯、丙酮、汽油等不易导电液体的蒸馏，更应将蒸馏设备、管道良好接地。室外蒸馏塔应安装可靠的避雷装置。

对易燃易爆物质的蒸馏，厂房要符合防爆要求，有足够的泄压面积，室内电机、照明等电器设备均应采用防爆产品，并且要求灵敏可靠。

10）冷冻

在工业生产过程中，蒸气、气体的液化，某些组分的低温分离，以及某些物品的输送、储藏等，需将物料降到比水或周围空气更低的温度，这种操作称为冷冻或制冷。

一般说来，冷冻程度与冷冻操作技术有关，凡冷冻范围在 −100℃ 以内的称冷冻；而 −100 ~ −200℃ 或更低的温度，则称深度冷冻，简称深冷。一般常用的压缩冷冻机由压缩机、冷凝器、蒸发器和膨胀阀等四部分组成。使用冷冻设备应注意：

（1）某些制冷剂易燃且有毒，如氨等，应防止制冷剂泄漏。

（2）对于制冷系统的压缩机、冷凝器、蒸发器以及管路，应注意耐压等级和气密性，防止泄漏。同时要加强安全阀、压力表等安全装置的检查、维护。

（3）制冷系统因发生事故或停电而紧急停车时，应注意被冷冻物料的排空处理。

（4）装有冷料的设备及容器，应注意其低温材料的选择，防止金属的低温脆裂。

11）废气排放

易燃或可燃有毒气体及蒸气排出物，如果不能回收或用作原料时，在装置开车期间、停车检修期间，或安全阀、爆破片等防爆装置发生事故动作前，都必须将排出气体和蒸气汇集并送至火炬燃烧掉。火炬排放系统是化工企业安全生产中尤其是石油化工生产企业中一个很重要的系统。火炬排放系统在生产中引起的事故案例也时有发生。因此，要加强该系统的管理。火炬排放系统的危险因素很多，概括起来主要应注意以下几点：

（1）防止空气渗入火炬集气管　空气渗入火炬集气管，是火炬系统发生火灾爆炸事故的最主要因素。加强系统密闭性是防止空气进入的根本措施。另外，设置阻火装置也是防止火焰进入火炬系统的有效方法。

（2）防止易燃易爆气体逸出　由于火炬系统处理的主要是易燃、易爆和有毒的废气，一旦大量逸出，很容易引发事故。

（3）防止管道内积聚大量冷凝液　火炬系统管道和设备内积聚大量冷凝液，会引起管道中的水力冲击和系统压力发生变化，可能导致泄漏等事故。防止积液的有效措施是在管道和设备底部或低处设置排液管道或排液口。

（4）防止不相容物质在火炬系统混合　不能同时往火炬系统排放各种不相容而且可能生成易爆混合物的气体，如氧化物和可燃气体，以免系统发生爆炸。

（5）注意火炬产生的热辐射和火花　应将火炬上升到比较安全的高度，同时最好远离易燃易爆物质生产和储存区域。

（6）防止火焰脱离火炬或火炬熄灭　一般在火炬不能连续排气时容易发生这种情况。对于断断续续的火炬排放系统，当火焰脱离火炬和火炬熄灭时，会有大量有毒的或可燃的气体进入大气，在一定条件下会形成烟云燃烧，四处飘散，造成大面积中毒事件和引发火灾，而且，当火焰脱离火炬和火炬熄灭时，还可能造成外面的空气吸入火炬系统，引起系统内燃烧爆炸。

（7）防止沉淀物堵塞管道　由于排出气体夹带粉尘和各种聚合物，会造成粉尘沉淀和聚合物凝聚沉淀，堵塞管道，不仅降低了管道的流通能力，还可能造成系统压力变化，引发危险。因此，操作中应经常进行沉淀物清理。根据排放气体和夹带物的性质，通常可以采用冲洗、吹扫的方法。

为保证火炬系统安全，除努力消除各种危险因素外，系统还应设置自动抑爆装置。

12）污水排放

由于化工生产的特性，所产生的污水往往会混有易燃、易爆或有毒的物质，一旦排出，就会在下水道和污水净化设施内形成爆炸性混合物和毒气挥发，引起火灾、爆炸和中毒事件。因污水排放不当引起很多事故发生。应注意：

（1）防止形成爆炸性混合物。

①设置液封　在工艺设备到下水道的排污管线上，应设置液封装置。液封应设在排气竖管之前。

②设置排气竖管　在每个污水下水道或管道每隔一定距离设置一个排气竖管。

③防止含不相容物质的污水混合　过氧化物或其他氧化剂与可燃物混合时，会形成爆炸性混合物。因此，要坚决禁止将混合时会形成爆炸性混合物的各种污水排入同一下水道。下水管线应定期清洗，除去沉淀物。

④严格分析监控　对于污水排放系统的排入污水成分、系统敞开部位或与外界空气经常接触的区域，应经常进行取样分析，做到排污心中有数，以便采取必要的措施，消除事故隐患。

（2）防止毒物排出。

①无毒化处理　对于污水中含有毒物质的车间，污水不能直接排入下水道，应进行无毒化（或低毒化）处理，或送到污水处理车间。

②系统密封　在含有毒物的污水进行无毒化处理之前，应保证排放系统的密闭性，防止毒物汽化逸出，引发中毒事故。

③系统分析监控　对毒物排出系统区域，应经常进行取样分析，避免发生中毒事故。在可能发生毒物逸出的室内区域，要有良好的通风装置。

5.1.2　化工工艺操作安全

化工工艺操作安全是化工生产安全的重要组成部分，特别是关键岗位工艺指标的控制至关重要。

针对化工工艺指标多、要求严、标准高等特点，首先要按照工艺指标对安全生产影响的大小进行分类，即安全工艺指标、一般工艺指标。凡涉及人身安全、可能导致重大事故发生的关键安全工艺指标，应列为重点监控对象，有针对性地重点管理，实现工艺指标的可控、在控。其次，要对工艺指标控制范围进行区域划分，可分为正常操作控制区域、危险控制区域、事故区域。在实际操作中，一旦发现安全工艺指标波及危险区域，就要立即采取措施加以调整；否则，进入事故区域就可能酿成安全事故。再次，要对重要安全工艺指标进行危险性分析评价，做到心中有数。要结合岗位操作实际，从指标失控概率高低、危险性大小等方面综合分析，找出工艺操作安全的重点或薄弱环节，并制定相应的整改措施加以治理，确保装置安全运行。

生产装置在投入使用前，应结合生产实际，编制工艺规程、岗位操作规程和安全技术规程。当引进新工艺或改变工艺条件时，要逐级审查批准，重新修订操作规程，及时印发到岗位，组织员工学习新工艺操作法，严禁擅自修改工艺操作规程和工艺流程指标。

5.2 泵操作安全

化工生产中，主要采用泵来输送液体。通常有离心泵、往复泵、旋涡泵、齿轮泵、螺杆泵、流体作用泵等，最常用的是离心泵和往复泵。

5.2.1 离心泵操作安全

离心泵的结构如图 5-5 所示，叶轮与泵轴连在一起，可以与轴一起旋转，泵壳上有两个接口，一个在轴向，接吸入管，一个在切向，接排出管。通常，在吸入管口装有一个单向底阀，在排出口装有一调节阀，用来调节流量。

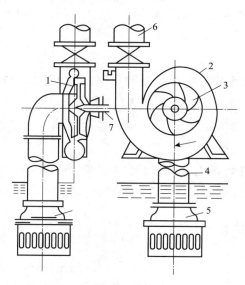

图 5-5 离心泵的构造和装置

1—叶轮；2—泵；3—叶片；4—吸入导管；5—底阀；6—压出导管；7—泵轴

离心泵安装高度不能太高，应小于允许安装高度。安装离心泵时，混凝土基础需稳固，且基础不应与墙壁、设备或房柱基础相连接，以免产生共振，引起物料泄漏。尽量设法减小吸入管路的阻力，以减少发生汽蚀的可能性。离心泵吸入管路应短而直；吸入管路的直径可以稍大；减少吸入管路不必要的管件和阀门，调节阀应装于出口管路。

1)离心泵安全操作要点

(1)开泵前，检查泵的进排出阀门的开关情况，泵的冷却和润滑情况，压力表、温度计、流量表等是否灵敏，安全防护装置是否齐全。

(2)盘车数周，检查是否有异常声响或阻滞现象。

(3)离心泵启动前应灌泵，并排气。应在出口阀关闭的情况下启动泵，使启动功率最小，以保护电机。泵体和吸入管必须用液体充满，如在吸液管的一侧装单向阀门，使泵在停止工作时泵内液体不致流空，或将泵置于吸入液面之下，或采用自灌式离心泵都可将泵内空气排空。如果是输送易燃、易爆、易中毒介质的泵，在灌注、排气时，应特别注意勿使介质从排气阀内喷出。如果是易腐蚀介质，勿使介质喷到电机或其他设备上。

(4)为防止杂物进入泵体，吸入口应加过滤网。泵与电机的联轴节应加防护罩以防绞伤。应检查泵及管路的密封情况。

(5)启动泵后，检查泵的转动方向是否正确。当泵达到额定转数时，检查空负荷电流是否超高。当泵内压力达到工艺要求后，立即缓慢打开出口阀。泵开启后，关闭出口阀的时间不能超过3min。因为泵在关闭排出阀运转时，叶轮所产生的全部能量都变成热能使泵变热，时间一长有可能把泵的摩擦部位烧毁。

(6)停泵前先关闭出口阀，以免损坏叶轮，使泵进入空转，然后停下原动机，关闭泵入口阀。

(7)在输送可燃性液体时，管内流速不能大于安全流速，且管道应有可靠的接地措施以及防静电。同时要避免吸入口产生负压，使空气进入系统导致爆炸。泵运转中应定时检查、维修等，特别要经常检查轴封的泄漏情况和发热与否；经常检查轴承是否过热，注意润滑。

(8)如果泵突然发出异声、振动、压力下降、流量减小、电流增大等不正常情况时，应停泵检查，找出原因后再重新开泵。

(9)结构复杂的离心泵必须按制造厂家的要求进行启动、停泵和维护。

2)离心泵的故障处理

离心泵的故障原因及处理方法列于表5-2。

表5-2　离心泵的故障原因及处理方法

故障	原因	处理方法
泵启动后不供液体	气未排净，液体未灌满泵	重新排气、灌泵
	吸入阀门不严密	检修或更换吸入阀
	吸入管或盘根箱不严密	更换填料，处理吸入管漏处
	转动方向错误或转速过低	改变电机接线，检查原动机
	吸入高度大	检查吸入管，降低吸入高度
	盘根箱密封液管闭塞	检查清洗密封管
	过滤网堵塞	检查清理过滤网

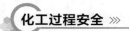

故障	原因	处理方法
启动时泵的负荷过大	排出阀未关死或内漏	开泵前关闭排出阀或更换阀
	从平衡装置引出液体的管道堵塞	检查和清洗平衡管
	叶轮平衡盘装得不正确	检查和清除不正确的装配
	电机短路	检查电机接线和保险丝
在运转过程中流量减小	转速降低	检查原动机
	有气体进入吸入管或进入泵内	检查入口管，消除漏处
	压力管路中阻力增加	检查所有阀门、管路、过滤器等可能堵塞之处，并加以清理
	叶轮堵塞	检查和清洗叶轮
	密封环、叶轮磨损	更换磨损的零部件
在运转过程中压头降低	转速降低	检查原动机，消除故障
	液体中含有气体	检查和处理吸入管处，压紧或更换盘根，将气排出
	压力管道破裂	关小排出阀，处理排气管漏处
	密封环磨损或叶轮损坏	更换密封环或叶轮
原动机过热	转数超过额定值	检查原动机，消除故障
	泵的流量大于许可流量而压头低于额定值	关小排出阀门
	原动机或泵发生机械损坏	检查、修理或更换损坏零部件
发生振动或异声	机组装配不当	重新装配、调整各部间隙
	叶轮局部堵塞	检查、清洗叶轮
	机械损坏，泵轴弯曲，转动部分咬住，轴承损坏	检查并更换损坏的部件
	排出管和吸入管紧固装置松动	加固紧固装置
	吸入高度太大，发生汽蚀现象	停泵，采取措施降低吸入高度

5.2.2 往复泵操作安全

往复泵的结构如图 5-6 所示，主要由泵体、活塞（或活柱）和两个单向活门构成。依靠活塞的往复运动将外能以静电力形式直接传给液态物料，借以输送。往复泵按其吸入液体动作可分为单动、双动及差动往复泵。

蒸汽往复泵以蒸汽为驱动力，不用电和其他动力，可以避免产生火花，故而特别适用于输送易燃液体。当输送酸性和悬浮液时，选用隔膜往复泵较为安全。

1）往复泵安全操作

（1）往复泵开车前，须对各运动部件进行检查。检查的重点是：盘根箱的密封性、润滑和冷却系统状况、各阀门的开关情况、泵和管线的各连接部位的密封情况等。检查活塞、缸套是否磨损，吸液管上的垫片是否适合法兰大小，以防泄漏。各注油处要适当加润滑油。检查各安全防护装置是否完好、齐全，各种仪表是否灵敏。

（2）开车前，将泵体内充满水，排除管内空气。具有空气室的往复泵，应保证空气室内有一定体积的气体，应及时补充损失的气体。若在出口装有阀门时，须将出口阀门打开。盘车数周，检查是否有异常声响或阻滞现象。泵启动后，应检查各传动部件是否有异声，泵负荷是否过大，一切正常后方可投入使用。

（3）需特别注意的是，对于往复泵等正位移泵，严禁出口阀门调节流量，否则将造成设备或管道的损坏。为了保证额定的工作状态，对蒸汽泵通过调节进气管路阀门改变双冲程数；对动力泵则通过调节原动机转数或其他装置。

（4）泵运转时突然出现不正常，应停泵检查。

（5）结构复杂的往复泵必须按制造厂家的操作规程进行启动、停泵和维护。

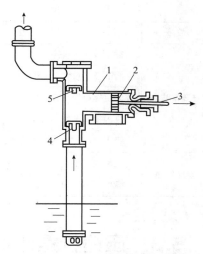

图5-6　往复泵装置图
1—泵缸；2—活塞；3—活塞杆；
4—吸入阀；5—排出阀

2）往复泵故障处理

往复泵的故障原因及处理方法列于表5-3。

表5-3　往复泵的故障原因及处理方法

故障	原因	处理方法
不吸水	吸入高度过大	降低吸入高度
	底阀的过滤器被堵或底阀本身有故障	清理过滤器或更换底阀
	吸入阀或排出阀泄漏太厉害	修研或更换吸入阀或排出阀
	吸入管路阻力太大	清理吸入管，吸入管减少弯头或加大弯头曲率半径，更换成较粗的管线
	吸入管路漏气严重	处理好漏处
流量低	泵缸活塞磨损	更换活塞或活塞环
	吸入或排出阀漏	更换吸入、排出阀
	吸入管路漏气严重	处理漏点
压头不足	泵缸活塞环及阀漏	更换活塞环或更换阀
	动力不足、转动部分有故障（动力泵）	处理转动部分故障、使用额定电压更高的电机
	蒸汽不足、蒸汽部分漏气（蒸汽泵）	提高蒸汽压力、处理蒸汽漏点
蒸汽耗量大	蒸汽缸活塞环漏气	更换蒸汽缸活塞环
	盘根箱漏气	更换盘根

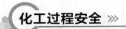

续表

故障	原因	处理方法
有异常响声	冲程数超过规定值	调整冲程数
	阀的举高过大	修理阀
	固定螺母松动	紧固螺母
	泵内掉入杂物	停泵检查，取出杂物
	吸入空气室空气过多排出，空气室空气太少	调整空气室的空气量
零件发热	润滑油不足	检查润滑油油质和油量，更换新油
	摩擦面不干净	修研或清洗摩擦面

5.3　压缩机操作安全

压缩机按结构型式可分为往复式压缩机、离心式压缩机和轴流式压缩机。

往复式压缩机依靠活塞的往复运动达到对气体压缩的目的。离心式压缩机由蜗壳、叶轮、机座等组成，依靠离心力的作用压缩气体，达到输送气体的目的。轴流式压缩机也称作轴流风机，是通过旋转的叶片对气体产生推升力，使气体沿着轴向流动，产生压力，达到输送气体的目的。

压缩机按润滑形式可分为无油压缩机、油润滑压缩机、喷油回转压缩机。

5.3.1　压缩机操作危险性分析

1）机械伤害

对人有危险的所有转动件和往复件应提供防护装置，飞轮也应有防护装置。防护装置应便于拆卸和安装，应有足够的刚度承受变形，并能防止因人体接触而引起运动件和防护装置的摩擦。

2）着火

压缩机润滑系统中的故障可能导致温度升高，当继续运转，温度会不断升高，润滑油有着火的危险。在任何情况下，都不应使用易燃液体清洗阀、过滤器、冷却器的气道、气腔、空气管道以及正常工作条件下与压缩空气接触的其他零件。

油润滑压缩机压力系统由于积炭可发生着火事故。影响积炭形成有四个因素：

（1）给油量　供油过度助长积炭的形成。

（2）空气过滤　随空气吸入的尘粒使油变稠，油通过排气系统热部件的通道时间延长，增加了油氧化反应的时间，因而加速了积炭的形成。

（3）温度　明显氧化的起始温度与使用油的品级和种类有关。带有水冷却气缸的压缩机，推荐采用处理过的或去除矿物质的水，以防止水道结垢。公认的起火原因之一是冷却水中断，引起排气温度急剧上升，超过压缩机的正常温度，当热区内的积炭层增加到足够厚时，产生起火。阀的损坏，同样也会使排气温度升高，引起事故的发生。

级压力比很高的压缩机，在冷却不良或润滑油过量时，会出现"压燃"现象。在特定情况下，压燃引起的缸内爆燃，可变成沿着排气管道方向的连续爆燃。

（4）存在催化剂　例如氧化铁。

3）爆炸

曲轴箱爆炸是由于润滑油和空气的易燃混合物引燃的结果。随着有限密闭空间的燃烧，燃烧产生的压力常常超过曲轴箱的强度，从而产生破坏性事故。引火源一般是过热的零部件，装设压力释放装置可防止压力超过曲轴箱的强度，释放装置可采用弹簧加载盖板或具有阻焰器的特殊设计的阀门。

4）噪声危害

压缩机在运转时会产生很强的噪声。在压缩机机房的墙壁、顶篷上采用吸声材料并设置减噪和防止驻波形成的挡板，可以改进压缩机机房的传声环境，使总的噪声声级降低。操作人员和维修人员在噪声超过规定值的压缩机机房内停留时，应带护耳器。

5.3.2　压缩机操作安全要求

（1）压缩机装置应尽可能保持清洁、无尘垢。经常检查润滑系统，使之通畅、良好。应只使用压缩机和空气过滤器的制造厂推荐或允许使用的润滑油。缺油是压缩机发生事故的常见原因，压缩机发生故障前常出现油耗量增加的现象，因此，定时测定油耗量能帮助操作人员及时发现故障。采用循环油泵供油的，应注意油箱的油压和油位；采用注油泵自动注油的，则应注意各注油点的注油量。

（2）压缩机初次开车和改变电力接头或换向装置后，应检查电机的转向，以保证其按正确方向运转。开车前，应排除空气压缩机和原动机的进气管道及冷凝收集器和气缸中的冷凝液。压缩机开车前必须盘车。压缩可燃气体的压缩机开车前必须进行置换，分析合格后方可开车。

（3）压缩机运转时，时刻注意压缩机的压力、温度等各项工艺指标是否符合要求。注意压缩机的各运动部件的工作状况。如有不正常的声音、局部过热、异常气味等。定期检查爆破片是否有疲劳裂纹、腐蚀或其他损坏的迹象。如不能准确判断原因，应紧急停车处理。

（4）气体在压缩过程中会产生热量，这些热量是靠冷却器和气缸夹套中的冷却水带走的。必须保证冷却器和水夹套的水畅通，不得有堵塞现象。冷却器和水夹套必须定期清洗，冷却水温度不应超过40℃。如果压缩机运转时，冷却水突然中断，应立即关闭冷却水入口阀，而后停机使其自然冷却，以防设备很热时，放进冷却水使设备骤冷发生炸裂。

（5）应随时注意压缩机各级出入口的温度。如果压缩机某段温度升高，则有可能是压缩比过大、活门坏、活塞环坏、活塞瓦磨损、冷却或润滑不良等原因造成的。应立即查明原因，做相应的处理。如不能立即确定原因，则应停机全面检查。

（6）应定时（每30min）把分离器、冷却器、缓冲器分离下来的油水排掉。如果油水积蓄太多，就会带入下一级气缸。少量带入会污染气缸、破坏润滑，加速活塞瓦、活塞环、气缸的磨损；大量带入则会造成液击，毁坏设备。

（7）如果气缸盖、活门盖、管道连接法兰、阀门法兰等部位漏气，需停机卸掉压力后再行处理。严禁带压松紧螺栓，以防受力不均、负荷较大导致螺栓断裂。

（8）在寒冷季节，压缩机停车后，必须把气缸水夹套和冷却器中的水排净或使水在系统中强制循环，以防气缸、设备和管线冻裂。

5.3.3 压缩机故障处理

压缩机的故障原因及处理方法列于表5-4。

表5-4 压缩机的故障原因及处理方法

故障	原因	处理方法
轴瓦发热	轴瓦(轴承)间隙调整不好、轴承损坏	调整轴瓦(轴承)间隙、修研或更换轴瓦(轴承)
	润滑不良、润滑油脏	调整润滑抽量，清洗油龙头、油过滤网和油过滤器或更换新油
气缸温度高	冷却水量不足、冷却水温度高	加大冷却水量、降低水温
	冷却水夹套堵塞	清理冷却水夹套
	压缩比大	调整压缩比
	气缸活门坏	更换损坏的气缸活门
	活塞环坏	停车检查更换活塞环
	气缸内润滑油不足	调整注油器的注油量
	气缸拉毛	停车修研气缸套
	活塞瓦磨损	停车重新挂活塞瓦
	气缸余隙量大	调整气缸余隙
轴瓦(轴承)发出不正常响声	轴承(轴瓦)松动，瓦量大	重新调整轴承(轴瓦)量
	轴承(轴瓦)损坏	更换轴承(轴瓦)
	轴承(轴瓦)润滑不良	改善润滑
气缸内发出异常响声或撞击声	气缸内带入液体，发生液击	及时排放冷却器、分离器、缓冲器内的油水，紧急停车，清除气缸内的积水
	气缸内有杂物	紧急停车，清除气缸内的杂物
	气缸余隙过小	重新调整气缸余隙
	活塞背帽松动	停车，拧紧活塞背帽
	气缸润滑不良，气缸拉毛	加强润滑，修研气缸套
	活塞瓦磨损严重	活塞重新挂瓦或更换瓦
	活塞环坏	更换活塞环

续表

故障	原因	处理方法
气缸活门发出异常声音或有倒气声	活门弹簧力太弱或坏 活门阀片坏 活门座密封口坏 活门固定螺栓松动	修理或更换活门
	活门内垫坏	更换活门内垫
某段出口压力升高，而下一段压力降低	下一段气缸活门坏	更换下一段气缸活门
	下一段活塞环坏	更换下一段活塞环
	下一段气缸余隙过大	调整下一段气缸余隙
某段出口压力下降	本段气缸活门坏	更换本段气缸活门
	本段活塞环坏	更换本段活塞环
	本段近路阀、放空阀、排油水阀内漏或振开	关死上述阀门、检查、修研或更换上述阀门
	压力调节器故障	检查、修理压力调节器
吸入压力下降	入口过滤器堵塞	清理入口过滤器
	入口水封积水过多	放掉入口水封中的水
	加量过大、过猛	缓慢加量，调整负荷
	前一工序有问题	打循环，与前一工序联系
	入口压力调节器故障	修理入口压力调节器
吸入压力升高	气缸活门坏	更换气缸活门
	活塞环坏	更换活塞环
	近路阀开度太大	调整近路阀开度
	压力调节器失灵	修理压力调节器
	前一工序有问题	与前一工序联系
打气量降低	气缸活门坏	更换气缸活门
	活塞环坏	更换活塞环
	气缸余隙过大	调整气缸余隙
	吸气压力低	联系前一工序，清理入口分离器，排放入口水封积水
	各级吸气温度高	清洗冷却器、气缸水夹套，加大水量，降低水温
	各段近路、放空和排油水阀内漏或开度大	调整阀的开度、修研或更换内漏阀门

故障	原因	处理方法
填料温度高或漏气	填料修研质量差	重新修研填料
	填料装配间隙不当	重新调整填料各部间隙量
	填料材质不对	选择符合要求的材质
	填料润滑不良	调整注油量，加强润滑
	填料冷却不良	清理填料冷却水套，加大水量
	活塞杆磨损或有疤痕	修研或更换活塞杆
中体部位发出异常声响或温度升高	十字头与活塞杆连接松动	紧固十字头与活塞杆连接螺栓
	十字头销松动	拧紧十字头销的固定螺栓
	连杆小头瓦量过大或过小，小头瓦松动	调整小头瓦量或更换小头瓦
	十字头滑板松动	拧紧滑板固定螺栓
	十字头滑板磨损或损坏	修研或更换十字头滑板
	中体滑道拉毛	修研中体滑道
	润滑不良	调整油量，如油脏更换新油
	十字头滑板与滑道间隙过大或过小	调整滑板间隙
	十字头跳动或跑偏	拉线、调整
	中体滑道处有异物	取出异物
主轴箱内发出异常响声	主轴瓦、甩瓦松动	紧固主轴瓦、甩瓦固定螺栓
	主轴瓦、甩瓦量过大或过小	调整主轴瓦、甩瓦量
	主轴瓦、甩瓦损坏	更换主轴瓦、甩瓦
	主轴、连杆的蹿量大	调整主轴、连杆蹿量
	曲拐碰击油管或其他异物	重新排布油管、电偶管，取出异物
	主轴瓦、甩瓦润滑不良	吹通油路，加大油量，保证油质
	主轴箱回油不畅，箱内积油过多	疏通主轴箱回油管路
压缩机振动严重	气缸内油水多	及时排放油水，调整气缸内的注油量，停车、清除气缸内积水
	压缩机的地脚螺栓松动	重新调整和紧固地脚螺栓
	各段压缩比失调	调整各段压缩比
	气缸、滑道、连杆不在一条直线上	重新拉线较正
	中体或气缸的固定螺栓松动	紧固中体或气缸的固定螺栓
	设计考虑脉动不够，使缓冲器和配管不合理	应用气流脉动原理重新加设缓冲器和重新配管
	管道及附属设备固定卡或支撑不牢、松动	加回管道和设备固定卡或支架

5.4　管道运行安全

5.4.1　概述

　　管道的主要作用是输送、分离、混合、排放、计量和控制或制止流体的流动。管道包括直管、弯管、管件(角弯、三通、膨胀节等)。管道附件包括管道上连接的阀门、安全阀、压力表、爆破片和阴极保护装置等。

　　管道内的介质对管道运行安全有直接的影响。若管道所输送的介质为腐蚀性物质或有毒物质，泄漏后会对管道周围的人员、设备或环境带来危害；若管道所输送的介质为易燃易爆物质，介质泄漏后可能遇明火而爆炸。启闭管道阀门时，阀瓣与阀座的冲击、挤压，可成为冲击引火源。阀门在高低压段之间突然打开时，低压段气体急剧压缩局部温度上升，形成绝热压缩引火源。物料在高速流动的过程中，粉体与管壁、粉体颗粒之间、液体与固体、液体与气体、液体与另一不相溶的液体之间、气体与所含少量固态或液态杂质之间，发生碰撞和摩擦，极易带上静电，产生火花。危险物料输送管道周围具有摩擦撞击、明火、高温热体、电火花、雷击等多种外部点火源。可燃物料从管道破裂处或密封不严处高速喷出时会产生静电，成为泄漏的可燃物料或周围可燃物的引火源。

5.4.2　管道运行事故原因分析

　　1)管道破裂泄漏

　　管道经常发生破裂泄漏的部位主要有：与设备连接的焊缝处；阀门密封垫片处；管段的变径和弯头处；管道阀门、法兰、长期接触腐蚀性介质的管段等。管道破裂原因有：

　　(1)管道的设计不合理

　　①管道挠性不足。由于管道的结构、管件与阀门的连接形式不合理或螺纹制式不一致等原因，会使管道挠性不够。如果发现管道挠性不足，又未采取适宜的固定方法，很容易因设备与机器的振动、气流脉动而引起振动，从而使焊缝出现裂纹、疲劳和支点变形，最后导致管道破裂。

　　②错误选用材料，导致管道机械强度和冲击韧度降低。

　　③没有考虑管道受热膨胀而隆起的问题，致使管道支架下沉或温度变化时因没有自由伸长的可能而破裂。

　　④管道敷设问题。某些大型管道因为暴露在空气中而出现冰冻现象，极易发生破裂；管道承受外载过大，如埋入地下的管道距地表面太浅，承受来往车辆重载压轧使管道受损，或回填土压力过大，致使管道破裂。

　　(2)选材加工失误

　　①选用材料不符合要求或误用。如用碳钢钢管代替原设计的合金钢管，将使整个管道

或局部管材机械强度和冲击韧度大大降低；管壁有砂眼等，导致管道运行中发生断裂事故。

②弯管加工时所采用的方法与管道材料不匹配或加工条件不适宜，使管道的壁厚太薄、薄厚不均和椭圆度超过允许范围。

③焊接质量低劣。这主要是指焊缝裂纹、错位、烧穿、未焊透、焊瘤和咬边等问题。

（3）安装不合格

工作条件为高温或低温的管道的法兰螺栓是在常温条件下紧固的。当管道处于工作状态时，法兰螺栓会因温度的升高或降低而膨胀或收缩，最终在工作状态下松弛。松弛会导致振动，进而破裂。

（4）管道运行环境影响

①腐蚀　管道内腐蚀性液体对管道的腐蚀；管道受物料腐蚀，或长期埋入地下，或铺设在地沟内与排水沟相通，被水浸泡而腐蚀。

②温度　长期在高温下工作发生蠕变；低温下操作材料冷脆断裂。

③振动　气流脉动引起设备振动，最终导致管道疲劳断裂。

④管道内液体的影响　管道中高速流动的介质冲击与磨损；装有孔板流量计的管道中，因流体冲刷管壁减薄严重而破裂。

2）管道内形成爆炸性混合物

检修时在管道（特别是高压管道）上未堵盲板，致使空气与可燃气体混合，或停车检修和开车时，未对管道进行置换，或采用非惰性气体置换，或置换不彻底，空气混入管道内，形成爆炸性混合物。

3）管道内超压爆炸

在管道中由于产生聚合或分解反应，会造成异常压力。如在乙烯和过氧化物催化剂的管道中，温度过高，超过催化剂引发温度，乙烯就会在管道内聚合或分解，产生高热，使压力上升，导致管道胀裂或爆炸。

4）管道内堵塞

输送低温液体或含水介质的管道，在低温环境条件下极易发生结冰"冻堵"。间歇使用的管道，流速减慢的变径处、可产生滞留部位和低位是易发生"冻堵"之处。

输送具有黏性或湿度较高的粉状、颗粒状物料的管道；输送夹杂着过大碎块的物料的管道，易在供料处、转弯处发生堵塞。

操作不当使管道前方的阀门未开启或阀门损坏卡死，或接受物料的容器已经满负荷，或流速过慢，突然停车等都会使物料沉积，发生堵塞。

5）管道内发生自燃火灾

管道内结焦、积炭，在高温高压下易自燃，引起燃烧或爆炸。如在加工含硫原料油炼油厂的高压管线中，硫化亚铁是一种很常见的物质，是铁锈和硫化氢发生反应的产物。设备停用后打开，硫化亚铁与空气接触会迅速发生自燃。

5.4.3　管道泄漏与爆炸事故的预防措施

管道在化工生产工艺过程中有着广泛的使用，要保证其安全运行，在管道设计、加工、安装、验收和维护等环节应采取必要的安全措施。

1）管道设计

（1）管道应尽量直线敷设，平行管的连接应考虑热膨胀问题。

（2）按管道的工艺条件正确选择钢管形式、材质，切不可随意代替或误用。

（3）置换或工艺用惰性气体与可燃性气体管道应装设两个阀门，中间应加装放空阀，将漏入的氧气放空，防止氧气串入到氮气管道。喷嘴氧气进口管道的氮气置换，可采用中压蒸汽置换吹扫，以免氧气和氮气管道相通。

2）加工检验

（1）严格进行材料缺陷非破坏性检查，特别是铸件、锻件和高压管道，发现有缺陷材料不得投入使用。安装后，进行水压实验，试验压力应为工作压力的1.5倍。

（2）对管道的焊缝进行外观检查和非破坏性检查，确保焊口质量。焊工须经过试焊合格后方可继续进行焊接。

（3）管子和管件的外观检验，如裂纹、夹渣、壁厚偏差、缺陷和机械损伤等。A级管道应逐根检查，B级管道应按照比例抽检。

（4）螺栓、螺母、垫片等应按规定进行相应的检验。

3）安装

（1）在高温或低温下运行的管道，安装规范要求对于管道法兰螺栓要进行热紧或冷紧。由于工作条件为高温或低温管道的法兰螺栓安装时是在常温条件下紧固的，但当其处于工作状态时，由于温度升高或降低而引起膨胀或收缩，为了防止常温时紧固的螺栓松弛，必须在管道处于工作温度或一定温度时再进行紧固，称为热紧或冷紧。

热紧或冷紧一般在管道试运行24h后进行。热紧、冷紧的紧固力应适度，并应有相关安全措施，以保证操作人员安全。

（2）在分层排布时，热管在上，冷管在下。有腐蚀性介质的管道在下。

（3）应考虑到管子的热胀冷缩，特别是热力管道应安装补偿器。在化工管道上常用的补偿器有弯管式、波型、门式和填料套筒式。弯管式和门式补偿器制作方便。大型热管采用波型补偿器，而填料套筒式补偿器多用在铸铁管和其他脆性材料的管道上。

（4）敷设地下管道，避开交通车辆来往频繁、重载交通干线或其他外载过重的地域，且回填土适宜。

4）管道工程验收

管道工程投入运行前应进行全面的检查验收，验收内容包括试压、吹扫清洗和验收。大型复杂管网系统的试压、吹洗，事先应制定专门的方案，有计划地进行。

（1）试压　管道系统进行压力试验过程中，不得带压修理，以免发生危险。埋地压力管道在回填土后，还要进行最终水压试验和渗水量测定，即进行第二次压力试验和测定渗水量。

（2）吹扫清洗　吹扫清洗的目的是为了保证管道系统内部的清洁。采用气体或蒸气清理称为吹扫，采用液体介质清理称为清洗。

（3）验收　管道施工完毕后交付生产时，应提交一系列技术文件，如管子、管件、阀门等的材料合格证；焊接探伤记录；各种试验检查记录；竣工图等。高压管道系统还应提供高压管及管道制造厂家的全部证明书；验收记录及校验报告单；高压阀门试验报告、修改试验通知以及材料代用记录；焊接记录及Ⅰ类焊缝位置图；热处理记录及探伤报告单；压力试验、吹洗、检查记录；其他记录及竣工图等。

5）维护

（1）机械和设备出口的工艺参数不得超过工艺管道设计或缺陷评定后的许用工艺参数，管道严禁在超温、超压、强腐蚀和强振动条件下运行。

（2）检查管道、管件，阀门和紧固件有无严重腐蚀、泄漏、变形、移位和破裂以及保温层的完好程度。

（3）检查管道有无强烈振动，管与管、管与相邻件有无摩擦，管卡、吊架和支承有无松动或断裂。

（4）检查管内有无异物撞击或摩擦的声响。

（5）定期校验安全附件、指示仪表有无异常，发现缺陷及时报告，应及时修复或更换。

5.4.4　高压管道检验

高压工艺管道的检验是掌握管道技术现状、消除缺陷、防范事故的主要手段。检验工作由企业锅炉压力容器检验部门或外委有检验资格的单位进行，并对其检验结论负责。高压工艺管道检验分外部检查、探查检验和全面检验。

1）外部检查

车间每季至少检查一次；企业每年至少检查一次。检查项目参照管道的维护有关内容。

2）探查检验

探查检验是针对高压工艺管道不同管系可能存在的薄弱环节，实施对症性的定点测厚及连接部位或管段的解体检查。

（1）定点测厚

测点应有足够的代表性，找出管内壁的易腐蚀部位，流体转向的易冲刷部位，制造时易拉薄的部位，使用时受力大的部位，以及根据实践经验选点。并充分考虑流体流动方式，如三通，有侧向汇流、对向汇流、侧向分流和背向分流等流动方式，流体对三通的冲刷腐蚀部位是有区别的，应对症选点。

将确定的测定位置标记在绘制的主体管段简图上，按图进行定点测厚并记录。定期分析对比测定数据并根据分析结果决定扩大或缩小测定范围和调整测定周期。根据已获得的实测数据，研究分析高压管段在特定条件下的腐蚀规律，判断管道的结构强度，制定防范和改进措施。

高压工艺管道定点测厚周期应根据腐蚀、磨蚀年速率确定。腐蚀、磨蚀速率小于0.10mm/a，每四年测厚一次；0.10~0.25mm/a，每两年测厚一次；大于0.25mm/a，每半年测厚一次。

（2）解体抽查

解体抽查主要是根据管道输送的工作介质的腐蚀性能、热学环境、流体流动方式，以及管道的结构特性和振动状况等，选择可拆部位进行解体检查，并把选定部位标记在主体管道简图上。

一般应重点查明法兰、三通、弯头、螺栓以及管口、管口壁、密封面、垫圈的腐蚀和损伤情况。同时还要抽查部件附近的支承有无松动、变形或断裂。对于全焊接高压工艺管道只能靠无损探伤抽查或修理阀门时用内窥镜扩大检查。

解体抽查可以结合机械和设备单体检修时或企业年度大修时进行，每年选检一部分。

3）全面检验

全面检验是结合大修对高压工艺管道进行鉴定性的停机检验，以决定管道系统继续使用、限制使用、局部更换或判废。全面检验的周期不得超过设计寿命。遇有下列情况者全面检验周期应适当缩短。

（1）工作温度大于180℃的碳钢和工作温度大于250℃的合金钢的临氢管道或探查检验发现氢腐蚀倾向的管段。

（2）通过探查检验发现腐蚀、磨蚀速率大于0.25mm/a，剩余腐蚀余量低于预计全面检验时间的管道和管件，或发现有疲劳裂纹的管道和管件。

（3）使用年限超过设计寿命的管道。

（4）运行时出现超温、超压或膨胀变形，有可能引起金属性能劣化的管段。

全面检验主要包括以下：

（1）表面检查

表面检查是指宏观检查和表面无损探伤。宏观检查是用肉眼检查管道、管件、焊缝的表面腐蚀，以及各类损伤深度和分布，并详细记录。表面探伤主要采用磁粉探伤或着色探伤等手段检查管道管件焊缝和管头螺纹表面有无裂纹、折叠、结疤、腐蚀等缺陷。

对于全焊接高压工艺管道可利用阀门拆开时用内窥镜检查；无法进行内壁表面检查时，可用超声波或射线探伤法检查代替。

（2）解体检查和壁厚测定

管道、管件、阀门、丝扣和螺栓、螺纹的检查，应按解体要求进行。按定点测厚选点的原则对管道、管件进行壁厚测定。对于工作温度大于180℃的碳钢和工作温度大于250℃的合金钢的临氢管道、管件和阀门，可用超声波能量法或测厚法根据能量的衰减或壁厚"增厚"来判断氢腐蚀程度。

（3）焊缝埋藏缺陷探伤

对制造和安装时探伤等级低的、宏观检查成型不良的、有不同表面缺陷的或在运行中承受较高压力的焊缝，应用超声波探伤或射线探伤检查埋藏缺陷，抽查比例不小于待检管道焊缝总数的10%。但与机械和设备连接的第一道、口径不小于50mm的，或主支管口径比不小于0.6的焊接三通的焊缝，抽查比例应不小于待检件焊缝总数的50%。

(4)破坏性取样检验

对于使用过程中出现超温、超压有可能影响金属材料性能的或以蠕变率控制使用寿命、蠕变率接近或超过1%的，或有可能引起高温氢腐蚀或氮化的管道、管件、阀门，应进行破坏性取样检验。检验项目包括化学成分、机械性能、冲击韧性和金相组成等，根据材质劣化程度判断邻接管道是否继续使用、监控使用或判废。

(5)耐压和气密性试验

耐压试验的目的是检验受压部件的结构强度和容器在试验压力下是否有渗漏、塑性变形或其他缺陷，并验证是否具有在设计压力下安全运行所需要的承压能力。气密性试验主要是检验容器的各连接部位是否有泄漏现象。

5.5 压力容器的运行安全

5.5.1 压力容器概述

压力容器结构并不复杂，但因其承受各种静、动载荷或交变载荷，还有附加的机械或温度载荷，加工的物料多为有危险性的饱和液体或气体，容器一旦破裂就会卸压，导致液体蒸发或蒸气、气体膨胀，瞬间释放出大量的破坏能量。承压容器多为焊接结构，容易产生各种焊接缺陷，一旦检验或操作失误，易发生爆炸破裂，器内的易燃、易爆、有毒介质将向外喷泻，会造成灾难性后果。一般情况下，压力容器是指同时具备下列三个条件的容器：

(1)最高工作压力(p_w)大于或等于0.1MPa(不含液体静压力，下同)；

(2)内直径(非圆形截面指断面最大尺寸)大于或等于0.15m，且容积(V)大于或等于0.025m³；

(3)介质为气体、液化气体或最高工作温度高于或等于标准沸点的液体。

压力容器按设计压力可分为低压(代号L，0.1MPa≤p<1.6MPa)、中压(代号M，1.6MPa≤p<10MPa)、高压(代号H，10MPa≤p<100MPa)、超高压容器(代号U，100MPa≤p<1000MPa)。按在生产工艺过程中的作用原理，压力容器分为反应压力容器、换热压力容器、分离压力容器、储存压力容器。具体划分如下：

(1)反应压力容器(代号R) 主要用于完成介质的物理、化学反应的压力容器，如反应器、反应釜、分解锅、分解塔、聚合釜、高压釜、超高压釜、合成塔、铜洗塔、变换炉、蒸煮锅、蒸球、蒸压釜、煤气发生炉等。

(2)换热压力容器(代号E) 主要用于完成介质的热量交换的压力容器，如管壳式废热锅炉、热交换器、冷却器、冷凝器、蒸发器、加热器、硫化锅、消毒锅、染色器、拱缸、磺化锅、蒸炒锅、预热锅、溶剂预热器、蒸锅、蒸脱机、电热蒸气发生器、煤气发生炉水夹套等。

（3）分离压力容器（代号 S） 主要用于完成介质的流体压力平衡和气体净化分离等的压力容器，如分离器、过滤器、集油器、缓冲器、洗涤器、吸收塔、干燥塔、汽提塔、分汽缸、除氧器等。

（4）储存压力容器（代号 C，其中球罐代号 B） 主要是盛装生产用的原料气体、液体、液化气体等的压力容器，如各种类型的储罐。

在一种压力容器中，如同时具备两个以上的工艺作用原理时，应按工艺过程中的主要作用来划分品种。

5.5.2 压力容器安全运行要求

压力容器设计的承压能力、耐蚀性能和耐高低温性能是有条件、有限度的。操作的任何失误都会使压力容器过早失效甚至酿成事故。国内外压力容器事故统计资料显示，因操作失误引发的事故占 50% 以上。特别是化工新产品不断开发、容器日趋大型化、高参数和中高强钢广泛应用的条件下，更应重视因操作失误引起的压力容器事故。压力容器作为化工生产工艺过程中的主要设备，要保证其安全运行，必须做到：

1）平稳操作

压力容器在操作过程中，压力的频繁变化和大幅度波动，对容器的抗疲劳破坏是不利的。应尽可能使操作压力保持平稳。同时，容器在运行期间，也应避免壳体温度的突然变化，以免产生过大的温度应力。

压力容器加载（升压、升温）和卸载（降压、降温）时，速度不宜过快，要防止压力或温度在短时间内急剧变化对容器产生不良影响。

2）防止超载

压力容器的工艺规程、岗位操作法和容器的工艺参数应规定在压力容器结构强度允许的安全范围内。使用单位不得任意改变压力容器设计工艺参数，严防在超温、超压、过冷和强腐蚀条件下运行。

3）状态监控

压力容器操作人员在容器运行期间要不断监督容器的工作状况，及时发现容器运行中出现的异常情况，并采取相应措施，保证安全运行。容器运行状态的监督控制主要从工艺条件、设备状况、安全装置等方面进行。

（1）工艺条件

主要检查操作压力、温度、液位等是否在操作规程规定的范围之内；容器内工作介质化学成分是否符合要求等。

（2）设备状况

压力容器最常见的失效形式是破裂失效，有韧性破裂、脆性破裂、疲劳破裂、腐蚀破裂、蠕变破裂等几种类型。通过对破裂宏观变形和微观形貌的观察分析，可以判断破裂的类型和致因。

主要检查容器本体及与之直接相连接部位如人孔、阀门、法兰、压力温度液位仪表接管等处有无变形、裂纹、泄漏、腐蚀及其他缺陷或可疑现象；容器及与其连接管道等设备有无振动、磨损；设备保温(保冷)是否完好等情况。应根据对材质、结构和缺陷的检验结果，进行材质、结构和缺陷的评定，做出可继续使用、控制使用或停止使用的结论。

(3)安全装置

主要检查各安全附件、计量仪表的完好状况，如各仪表有无失准、堵塞；联锁、报警是否可靠投用，是否在允许使用期内，室外设备冬季有无冻结等。

4)紧急停运

压力容器发生下列异常现象之一时，操作人员应立即采取紧急措施，并按规定程序报告本单位有关部门。这些现象主要有：

(1)工作压力、介质急剧变化、介质温度或壁温超过许用值，采取措施仍不能得到有效控制；

(2)主要受压元件发生裂缝、鼓包、变形、泄漏等危及安全的缺陷；

(3)安全附件失灵；

(4)接管、紧固件损坏，难以保证安全运行；

(5)发生火灾直接威胁到压力容器安全运行；

(6)过量充装；

(7)液位失去控制；

(8)压力容器与管道严重振动，危及安全运行等。

5.5.3 压力容器的安全操作

石化、化工生产装置中塔器、储槽、反应器、换热器、锅炉等设备一般都是压力容器。压力容器的安全管理要认真执行《固定式压力容器安全技术监察规程》(TSG 21—2016)。岗位操作过程中的压力容器使用安全要点如下：

(1)压力容器安全操作的根本保证是严格执行工艺条件。不超温、不超压、不超储，及时排水(排液)，消除假液面和设备、阀门、管线的冻堵。认真执行岗位巡回检查，及时消除跑、冒、滴、漏和其他工艺异常及安全隐患，保证压力容器的安全运行。

(2)要认真落实岗位压力容器使用维护专责制，加强日常巡检和维护，保证压力容器及附件如安全阀、液位计、温度计、压力表等安全装置完好投用。

(3)检修更换压力容器阀门时，要严把阀门的材质和质量关，特别是储槽类压力容器进出口第一道切断阀不能使用铸铁阀门，且阀门的公称压力要比压力容器的压力上限高一个压力等级。

(4)压力容器检修完毕后必须经过严格定压查漏试验(压力容器的定期水压试验和气压试验由安全和机动部门的专业人员进行试验)。定压查漏合格之后方可投入使用。定压查漏工作要特别注意以下问题：

①定压查漏试验必须在容器及其安全阀、液位计、温度计、压力表、爆破片和管线、阀门处于工艺流程使用状态下进行。特别注意在系统压力表阀、液位计阀开启状态下进行。

②定压查漏必须专人进行，认真做好记录。对所有检修过的法兰及焊缝、阀门、安全阀、仪表接头、液位计等静密封点逐一检查，查出的漏点要做记号，待卸压后进行消除，漏点消除后再充压查漏，直至合格。禁止压力容器在受压状态进行检修作业。

③定压要严格保证定压时间，平均每小时泄漏量不超过 0.2% 为合格。

(5)压力容器安全阀前一般不装阀门。如装阀门，必须保证阀门全开并加铅封。操作人员交接班时要注意检查安全阀前阀门的开启和铅封情况。

(6)在正常生产状况下，安全阀前后禁止加堵盲板，不能为了图省事(特别是当安全阀有故障而时常小漏的时候)在安全阀前、后加堵盲板。

(7)对容易挂胶堵塞介质的设备，为了防止安全阀在正常状况下未超压起跳就被介质堵塞，影响正常动作，设计时可在安全阀前增设一块爆破片。

(8)操作中要注意检查爆破片后压力表的变化。正常操作下该表压力为零，如果有压力，可能是爆破片破裂。

(9)对超期服役和降级使用的压力容器，要有重点监护使用责任书。在工艺允许的范围内尽可能降压、降温，加强设备维护保养、监测和测试和日常安全检查。

5.6　压力容器安全装置

压力容器的安全装置是指为了承压容器能够安全运行而装在设备上的一种附属装置，又常称之为安全附件。压力容器应根据其结构、大小和用途分别装设相应的安全装置。压力容器的安全装置，按其使用性能或用途可以分为以下四大类型：

(1)泄压装置　设备超压时能自动排放压力的装置，如安全阀、爆破片等。

(2)计量装置　指能自动显示设备运行中与安全有关的工艺参数的器具，如压力表、液位计、温度计等。

(3)报警装置　指设备在运行过程中出现不安全因素致使其处于危险状态时，能自动发出音响或其他报警信号的仪器，如压力报警器、温度监测仪等。

(4)联锁装置　指为了防止操作失误而设的控制机构，如联锁开关、联动阀等。

5.6.1　安全泄压装置

安全泄压装置是防止压力容器超压的装置。它的功能是：压力容器内的压力超过正常工作压力时，能自动开启，将容器内的介质排出去，使压力容器内的压力始终保持在最高允用压力范围之内。安全泄压装置按其结构型式分为四种类型：

1)安全阀(阀型)

阀型安全泄压装置就是常用的安全阀，它是通过阀的自动开启排出内部介质来降低设備内的压力。这类安全泄压装置的特点是：仅仅排泄器内高于规定的部分压力，而当器内压力降至正常工作压力时自动关闭，设备可继续运行。装置本身能重复使用多次，安装调整也比较容易，但它的密封性能较差，泄压反应较慢，且阀口有被堵塞或阀瓣有被粘住的可能。阀型泄压装置适用于介质比较纯净的设备，不宜用于介质具有剧毒性的设备和器内压力有可能急剧升高的设备。

（1）安全阀的类型

在化工装置中，常用的安全阀有弹簧式、杠杆式，其结构如图5-7、图5-8所示。此外还有冲量式安全阀、先导式安全阀、安全切换阀、安全解压阀、静重式安全阀等。

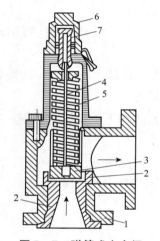
图5-7　弹簧式安全阀
1—阀体；2—阀座；3—阀芯；4—阀杆；
5—弹簧；6—螺帽；7—阀盖

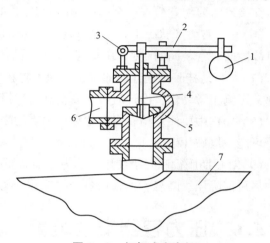
图5-8　杠杆式安全阀
1—重锤；2—杠杆；3—杠杆支点；4—阀芯；
5—阀座；6—排出管；7—容器或设备

弹簧式安全阀的加载装置是一个弹簧，通过调节螺母，可以改变弹簧的压缩量，调整阀瓣对阀座的压紧力，从而确定其开启压力的大小。弹簧式安全阀结构紧凑，体积小，动作灵敏，对震动不太敏感，可以装在移动式容器上，缺点是阀内弹簧受高温影响时，弹性有所降低。杠杆式安全阀主要依靠杠杆重锤的作用力而工作，但由于杠杆式安全阀体积庞大往往限制了选用范围。

（2）安全阀的选用

应根据容器的工艺条件及工作介质的特性，从安全阀的安全泄放量、加载机构、封闭机构、气体排放方式、工作压力范围等方面考虑。安全阀的排量必须不小于容器的安全泄放量，工作压力范围要与压力容器的工作压力范围相匹配。

（3）安全阀的安装

①安全阀应垂直安装在压力容器液面以上的气相空间，或安装在连接压力容器气相空间的管道上。压力容器与安全阀之间的连接管和管件的通孔，其截面积不得小于安全阀的进口面积。压力容器一个连接口上装设数个安全阀时，则该连接口入口的面积，至少应等于数个安全阀的面积总和。

②压力容器与安全阀之间，一般不宜装设中间截止阀门；对于装易燃、毒性程度为极度、高度、中度危害或黏性介质的压力容器，为便于安全阀的更换、清洗，可在压力容器与安全阀之间装截止阀，但截止阀的流通面积不得小于安全阀的最小流通面积，并且要有可靠的措施和严格的制度，以保证在运行中截止阀保持全开状态并加铅封。凡动用此截止阀都应有操作记录。

③安全阀装设位置，应便于它的日常检查、维护和检修，并应考虑能听到安全阀开启时的响声。安装在室外露天的安全阀，要有防止冬季阀内水分冻结的可靠措施。

④介质为高度危害或易燃易爆介质的容器，安全阀的排出口应引至安全地点，并进行妥善处理。两个以上的安全阀若共用一根排放管时，排放管的截面积应不小于所有安全阀出口截面积的总和，但氧气或可燃气体以及其他能相互产生化学反应的两种气体不能共用一根排放管。

⑤一般情况下，安全阀的开启压力应调整为容器正常工作压力或由检验单位所限定的容器允许使用压力的 1.05 ~ 1.10 倍，但不得大于容器的设计压力。

安装杠杆式安全阀时，必须使它的阀杆保持在铅垂的位置。所有进气管、排气管连接法兰的螺栓必须均匀上紧，以免阀体产生附加应力，破坏阀体的同心度，影响安全阀的正常动作。

（4）安全阀的维护和检验

安全阀应经常保持清洁，防止阀体弹簧等被油垢脏物所粘住或被锈蚀。还应经常检查安全阀的铅封是否完好，气温过低时，有无冻结的可能性，检查安全阀是否有泄漏。对杠杆式安全阀，要检查其重锤是否松动或被移动等。如发现缺陷，要及时校正或更换。

安全阀要定期检验，每年至少校验一次。定期检验工作包括清洗、研磨、试验和校正。

（5）安全阀常见故障及排除措施

安全阀常见故障及排除措施如表 5 - 5 所示。

表 5 -5　安全阀常见故障及排除措施

事故类型	原因	对策措施
安全阀泄漏	密封面上有氧化皮、水垢、杂物等	用手动排气除去或拆开清理
	密封面机械损伤或腐蚀	用研磨或车销后研磨的方法修复或更换
	弹簧老化失效或因腐蚀弹性降低	更换弹簧
	阀杆弯曲变形或阀芯与阀座支撑面倾斜	查明原因重新装配或更换阀杆等部件
	杠杆式安全阀的杠杆与支点发生偏斜，使阀芯与阀座受力不均	校正杠杆中心线

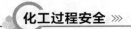

事故类型	原因	对策措施
安全阀不在规定的压力下开启动作	安全阀调压不当	重新调定
	阀芯与阀座被粘住或生锈	吹洗安全阀；严重时需研磨阀芯、阀座
	阀杆与衬套间的间隙过小，受热时膨胀卡死	适当增大阀杆与衬套的间隙
	弹簧式安全阀的弹簧压得过紧或紧度不够，杠杆式安全阀的重锤质量过大或过小，或重锤与支点的距离不当	重新调整
	阀门通道被盲板等障碍物堵住	清除障碍物
	弹簧产生永久变形	更换弹簧
安全阀达不到全开状态	安全阀选用的公称压力过大或弹簧刚度过大	重新选用安全阀
	调节圈调整不当	重新调整
	阀芯在导向套中摩擦阻力过大	清洗、修磨或更换部件
	安全阀的排放管设置不当，气体流动阻力大	重新设置排放管路
阀瓣振动	调节圈与阀瓣间隙大	重新调整
	安全阀的排气量比容器的安全泄放量大得多	重新选型，使之匹配
	安全阀进口太小或阻力太大，使安全阀的排气量不够	更换或调整安全阀的进口管路
	排放管阻力过大	对管路进行调整以减少阻力
排气后阀瓣不能及时回座	阀瓣在导向套中摩擦阻力大，或阀杆、阀芯安装位置不正或被卡住	进行清理、调整、修理或更换部件
	阀瓣的开启和回座机构未调整好	重调整；对弹簧式安全阀，通过调节其调节圈位置来调整其回座压力
其他	安全阀的阀芯和阀座密封不严且无法修复	停止使用并更换
	安全阀的阀芯与阀座粘死或弹簧严重腐蚀、生锈	
	安全阀经实际使用确认选型错误	

2）断裂型

断裂型安全泄压装置，常见的有爆破片。根据爆炸过程的特点，在设备或容器的适当部位设置一定大小面积的脆性材料（如铝箔片等），构成薄弱环节。它是通过爆破片的断裂来排放气体的。这种装置的特点是：密封性能较好，泄压反应较快，但卸压后，爆破片不能继续使用，容器也得停止运行。断裂型泄压装置宜用于介质有剧毒的容器和器内因化学反应使压力急剧升高的容器，不宜用于液化气体储罐。对于工作介质为剧毒气体或在可燃气体里含有剧毒气体的压力容器，其泄压装置应采用爆破片，而不宜用安全阀，以免泄漏污染环境。

（1）爆破片

爆破片的装设应符合下列要求：

①爆破片装置与容器的连接管应为直管，通道面积不得小于膜片的泄放面积。

②对易燃、毒性强度为极度、高度、中度危害介质的压力容器，应在爆破片的排除口装设导管，将排放介质引至安全地点，并进行妥善处理，不得直接排入大气。

爆破片应进行定期更换，其更换原则是：

对于超过最大设计爆破压力而未爆破的爆破片应立即更换；在苛刻调节下使用的爆破片装置应每年更换；一般爆破片装置应在 2 ~ 3 年内更换。

（2）防爆帽

防爆帽又称爆破帽，也是一种断裂型安全泄压装置。它的样式较多，但基本作用原理一样。它的主要元件是一个一端封闭、中间具有一薄弱断面的厚壁短管。当容器的压力超过规定时，防爆帽即从薄弱断面处断裂，气体从管孔中排出。为了防止防爆帽断裂后飞出伤人，在它的外面应装有保护装置。

3）熔化型

熔化型安全泄压装置就是常用的易熔塞。它是利用装置内低熔点合金在较高的温度下熔化，打开通道而泄压的。这种装置的特点是：结构简单，更换容易，但降压后不能继续使用，排放面积小。它只能用于器内压力完全取决于温度的小型容器，如气瓶等。

4）组合型

常见的组合型安全泄压装置，是阀型与断裂型的串联组合，它同时具有阀型和断裂型的特点。一般用于介质有剧毒或稀有气体的容器，不能用于升压速度极快的反应容器。

5.6.2　计量装置

1）温度计

常用温度计分类如表 5 – 6 所示。

表 5 – 6　常用测温仪表分类

测温方法	测温原理		温度计名称	测温范围/℃	使用场合
接触式	体积变化	固体热膨胀	双金属温度计	–200 ~ 700	轴承、定子等处的温度，做现场指示及防爆、有振动处的温度，传输距离不很远
		液体热膨胀	玻璃液体温度计，压力式温度计		
		气体热膨胀	压力式温度计（冲气体）		
	电阻变化	金属热电阻	铂、铜、镍、铑铁热电阻	–200 ~ 650	液体、气体、蒸气的中、低温，能远距离传输
		半导体热敏电阻	锗、碳、金属氧化物热敏电阻		
	热电效应	普通金属热电偶	铜 – 铜镍、镍铬 – 镍硅等热电偶	0 ~ 1800	液体、气体、蒸气的中、高温，能远距离传输
		贵重金属热电偶	铂铑 – 铂、铂铑 – 铂铑等热电偶		
		难溶金属热电偶	钨 – 铼、钨 – 钼等热电偶		
		非金属热电偶	碳化物 – 硼化物等热电偶		
非接触式	辐射测温	亮度法	光学温度计	600 ~ 3200	用于测量火焰、钢水等不能直接测量的高温场合
		全辐射法	辐射温度计		
		比色法	比色温度计		

温度计在使用时应用注意：防止机械碰砸损坏；防止热电偶、电阻体套管腐蚀漏料和套管被搅拌桨叶打弯打伤；防止热电偶、电阻体接线碰砸断裂。

2）压力表

压力表是测量压力容器中介质压力的一种计量仪表。压力表的种类较多，有液柱式、弹性元件式、活塞式和电量式四大类。介质是否具有腐蚀性、温度的高低、现场的振动、电磁场等环境因素，都会影响压力表的使用。选择压力表一定要充分考虑这些因素，同时还应注意测试中其他要求，如要求远距离传送、自动记录或要求报警等等。

安装压力表时，为便于操作人员观察，应将压力表安装在最醒目的地方，并要有充足的照明，同时要注意避免受辐射热、低温及振动的影响。装在高处的压力表应稍微向前倾斜，但倾斜角不要超过30°。压力表接管应直接与容器本体相接。为了便于卸换和校验压力表，压力表与容器之间应装设三通旋塞。旋塞应装在垂直的管段上，并要有开启标志，以便核对与更换。蒸汽容器，在压力表与容器之间应装有存水弯管。盛装高温、强腐蚀及凝结性介质的容器，在压力表与容器之间应装有隔离缓冲装置。

使用中的压力表，应根据设备的最高工作压力，在它的刻度盘上划明警戒红线，但不要涂画在表盘玻璃上，以免玻璃转动使操作人员产生错觉，造成事故。

未经检验合格和无铅封的压力表均不准安装使用。

压力表应保持洁净，表内指针指示的压力值能清楚易见。压力表的接管要定期吹洗。在容器运行期间，如发现压力表指示失灵，刻度不清，表盘玻璃破裂，泄压后指针不回零位，铅封损坏等情况，应立即校正或更换。

压力表的维护和校验应符合国家计量部门的有关规定。压力表上应有校验标记，注明下次校验日期或校验有效期。校验后的压力表应加铅封。

压力表常见的故障有：

（1）当压力升高后，压力表指针不动。其原因可能是：旋塞未开；旋塞、压力表连管或存水弯管堵塞；指针与中心轴松动或指针卡住。

（2）指针抖动。造成指针抖动的原因有：游丝损坏；旋塞或存水弯管通道局部被堵塞；中心轴两端弯曲，轴两端转动不同心。

（3）指针在无压时回不到零位。造成这种现象的原因是：弹簧弯管产生永久变形失去弹性；指针与中心轴松动，或指针卡住；旋塞、压力表连管或存水弯管的通道堵塞。

（4）指示不正确，超过允许误差。这主要是由于弹簧管因高温或过载而产生过量变形；齿轮磨损松动；游丝紊乱；旋塞泄漏等原因造成的。

压力表有下列情况之一时，应停止使用：

（1）有限止钉的压力表，在无压力时，指针转动后不能回到限止钉处；无限止钉的压力表，在无压力时，指针距零位的数值超过压力表规定的允许误差；

（2）表盘封面玻璃破碎或表盘刻度模糊不清；

（3）封印损坏或超过校验有效期限；

（4）表内弹簧管泄漏或压力表指针松动；

（5）其他影响压力表准确指示的缺陷。

3）液位计

在化工生产中，液位是一个很重要的参数，它对于生产的影响不可忽视。液位计又称液面计，是用来测量容器内液面变化情况的一种计量仪表。液化气体储罐、槽车、气液相反应器等容器都需要装设液位计，以防止因超装过量而导致事故或由于投料过量而造成物料反应不平衡的现象。

化工生产过程中的液面情况十分复杂，除常压、常温、一般性介质水平液面情况外，还会遇到高温、高压、易燃易爆、黏性及多泡沫沸腾状的液面情况，在实际操作中对液位测量的要求是多方面的，液位测量的范围变化也很大。

（1）液位计选用

工业上使用的液位计，按工作原理可分为直读式、浮力式、静压式、电容式、光纤式、激光式、核辐射式。其中直读式是指借用与被测容器旁通的玻璃管或夹缝的玻璃管显示液位高度，方法直观、简单。表5-7列出了一般液位计的分类与性能。

表5-7 液位计的分类与性能

比较项目		直读式液位计		压力式液位计			浮力式液位计			电容式液位计	光纤式液位计
		玻璃管式液位计	玻璃板式液位计	压力表式液位计	吹气式液位计	压差式液位计	带钢丝绳浮子式液位计	浮球式液位计	浮筒式液位计		
仪表特征	测量范围/m	<1.5	<3			20	20			2.5	
	测量精度					1%		1.5%	1%	2%	
	可动部件	无	无	无	无	无	有	有	有	无	有
	是否接触被测介质	是	是	是	是	是	是	是	是	是	是
输出方式	连续或间断测量或定点控制	连续	连续	连续	连续	连续	连续	连续、定点	连续	连续定点	连续、定点、间断
	操作条件	现场直读	现场直读	远传仪表显示	现场目测	远传仪表显示	远传可计数	报警	指示记录	指示	远传报警
测量条件	工作压力/10^4 Pa	<16	<40	常压	常压		常压	<16	<320	<320	
	工作温度/℃	100~150	100~150			-20~200		<150	<200	-200~200	
	防爆性	本质安全	本质安全	可隔爆	本质安全	可隔爆	可隔爆	本质安全、可隔爆	可隔爆		本质安全

选用液位计应根据压力容器的介质、最高工作压力和温度，同时考虑仪表测量范围、测量精度、工作可靠性、液位计的放置情况等。

①盛装易燃、毒性程度为极度、高度危害介质的液化气体压力容器，应采用玻璃板液位计或自动液面指示器，并应有防止泄漏的保护装置。

②低压容器选用管式液位计，中、高压容器选用承压较大的板式液位计。

③寒冷地区室外使用的容器，或由于介质温度与环境温度的差值较大，导致介质的黏度过大而不能正确反映真实液面的容器，应选用夹套型或保温型结构的液位计。盛装0℃以下介质的压力容器，应选用防霜液位计。

④要求液面指示平稳的，不应采用浮标式液位计，可采用结构简单的视镜。

⑤压力容器较高时，宜选用浮标式液位计，槽车上一般选用旋转管式或滑管式液位计。

(2)液位计的安装

①在安装使用前，低、中压容器用液位计，应进行1.5倍液位计公称压力的水压试验；高压容器用的液位计，应进行1.25倍液位计公称压力的水压试验。

②液位计应安装在便于操作人员观察的位置，并有照明防爆装置。如液位计的安装位置不便于观察，则应增加其他辅助设施。大型压力容器还应有集中控制的设施和警报装置。

③液位计安装完毕并经调校后，应在刻度表盘上用红色漆画出最高、最低液面的警戒线。

④使用温度不要超过玻璃管、板的允许使用温度。在冬季，则要防止液位计冻堵和发生假液位。

⑤压力容器运行操作人员，应加强液位计的维护管理，经常保持完好和清晰。使用单位可根据运行实际情况，对液位计实行定期检修制度。

⑥液位计有下列情况之一的，应停止使用：超过检验周期；玻璃板(管)有裂纹、破碎；阀件固死，不起作用；经常出现假液位。

5.6.3　报警装置

在化工生产过程中安装信号报警装置或信号报警监控器，可以在出现不正常状况或危险状况时警告操作人员，使操作人员能及时采取措施，消除隐患或撤离危险现场。信号报警通常采用声、光、数字显示方式，如蜂鸣器、喇叭、警笛、色彩指示灯、发光管、数码显示器等，而且对于重点安全防护部位要求同时具备声、光报警信号。信号报警装置通常都与监测仪表或监测系统相联系。当温度、压力、液位、可燃气体的浓度等超过控制指标时，报警系统部分会发出报警信号，并将有关信息送至保险保护装置。例如在硝化反应中，硝化器的冷却水为负压，为防止器壁泄漏事故，在冷却水排出口装有带铃的导电性测量仪，若冷水中混有酸，导电率提高，则会响铃示警。

随着化学工业的发展，警告信号系统的自动化程度不断提高。例如反应塔温度上升的自动报警系统可分为两级，急剧升温监测系统，以及与进出口流量相对应的温差监测系统。警报的传送方式按故障的轻重设置信号。

5.6.4　联锁装置

安全联锁就是利用机械或电器控制依次接通各个仪器及设备并使之彼此发生联系，达到安全生产的目的。化工生产中联锁装置有以下几种情况：

（1）同时或依次放两种液体或气体时；

（2）反应终止需要惰性气体保护的；

（3）打开设备前预先解除压力或降温时；

（4）当多个设备同时或依次动作易于操作失误时；

（5）当工艺参数达到某极限值，开启处理装置时。

例如：硫酸与水的混合操作，必须先把水加入设备，再注入硫酸，否则将会发生喷溅和灼伤事故。把注水阀门和注酸阀门依次联锁起来，就可以达到此目的。某些需要经常打开孔盖的带压反应容器，在开盖之前必须卸压。频繁的操作容易出现差错，需要把罐内压力卸掉和打开孔盖联锁起来。

必须指出，安全联锁既可手动实现，也可自动地实现。在大型化工生产过程中，安全联锁、联动装置通常与安全监测系统联系在一起，自动地实施安全措施。

5.7　化工检修作业安全

5.7.1　化工装置检修安全概述

化工设备检修火灾危险性较大，操作不慎或违反操作规程极易引起火灾爆炸事故。统计资料表明，国内外化企业发生的事故中，停车检修作业或在运行中抢修作业中发生的事故占有相当大的比例。

化工设备检修可分为计划检修和计划外检修。

（1）计划检修　根据生产设备的管理经验和设备状况，按计划进行的检修称为计划内检修。根据检修内容、周期和要求的不同，计划检修可以分为小修、中修和大修。

（2）计划外检修　设备运行过程中突然发生故障或事故，必须进行不停车或停车检修。这种检修事先难以预料，无法安排检修计划，而且要求检修时间短，检修质量高，检修的环境及工况复杂，其难度相当大。

1）化工设备检修的特点

化工生产中使用的设备如炉、塔、釜、器、机、泵、槽、池等大多是非定型设备，种类繁多，规格不一；仪表、管道、阀门等种类多，数量大，结构和性能各异；检修内容多，工期紧，工种多；检修受到环境、气候、场地的限制，有些要在露天作业，有时还要上、中、下立体交叉作业，有时作业在设备内外同时进行。

生产装置和设备的复杂，设备和管道中残存的易燃易爆、有毒有害、有腐蚀性的物质，检修作业频繁又离不开动火，稍有疏忽就会发生火灾爆炸、中毒和化学灼伤等事故。经验表明，生产装置在停车、检修施工、复工过程中最容易发生事故。

2) 化工设备检修前的准备工作

装置检修必须制定停车、检修、开车方案及其安全措施。检修方案除了应包括检修时间、检修内容、工期、施工方法等一般性内容外，还要有设备和管线吹扫、置换、蒸煮、抽加盲板方案及其流程图，以及重大项目清单及其安全施工方案，加重大起重吊装方案等。

在制订检修方案之前，必须对检修装置进行全面系统地危害辨识和风险评价，然后根据辨识和评价结果，参照以往的经验和安全，制定包括检修安全措施，紧急情况下的应急响应措施等方面内容的检修方案。

检修前，检修人员应明确检修内容、步骤、方法、质量标准、人员分工、注意事项、可能存在的危险因素及由此而应采取的安全措施；检修人员应到检修现场了解和熟悉现场环境，进一步核实安全措施的可靠性。

5.7.2 化工装置停车安全措施

1) 停车操作安全基本要求

装置停车时，操作人员要在较短的时间内开关很多阀门和仪表，密切注意各部位温度、压力、流量、液位等参数变化，劳动强度大，精神紧张。为了避免出现差错，停车时必须按确定的方案进行，严格按照停车方案确定的时间、停车步骤、工艺变化幅度，以及确认的停车操作顺序图表，有秩序地进行。停车操作应注意下列问题：

(1) 降温降压的速度应严格按工艺规定进行。降温降压的速度不宜过快，尤其在高温条件下，温度骤变会造成设备和管道变形、破裂，引起易燃易爆、有毒介质泄漏而发生着火爆炸或中毒。

(2) 开关阀门的操作要缓慢。开阀门时，打开头两扣后要停片刻，先使物料少量通过，观察物料畅通情况，然后再逐渐开大，直到达到要求为止。开蒸气阀门时要注意管线的预热、排凝和防火击。

(3) 装置停车时，设备、管道内的液体物料应尽可能倒空、抽净，送出装置。对残存物料的排放，应采取相应措施，不得就地排放或排入下水道中。

(4) 高温真空设备的停车，必须先消除真空，待设备内的介质温度降到自燃点以下，方可与大气相通，以防空气进入引发燃爆。

2) 装置吹扫与置换

为了保证动火和进设备作业安全，检修前要对设备内易燃易爆、有毒有害介质进行抽净、排空、吹扫、置换；对积附在器壁上的可燃、有毒介质残渣、沉积物等进行蒸煮或洗涤；对酸碱等腐蚀性液体及经过酸洗或碱洗过的设备，则应进行中和处理。

（1）吹扫

设备和管线内没有排净的可燃、有毒液体，一般采用蒸汽或惰性气体进行吹扫。吹扫时要根据检修方案制定的吹扫流程图、方法步骤和所选吹扫介质，按管线号和设备位号逐一进行，并填写登记表。吹扫作业注意事项：

①吹扫时要注意选择吹扫介质。炼油装置的瓦斯线、高温管线以及闪点低于130℃的油管线和装置内物料爆炸下限低的设备、管线，不得用压缩空气吹扫。空气容易与这类物料混合达到爆炸性混合物，吹扫过程中易产生静电火花或其他明火，发生着火爆炸事故。

②吹扫时阀门开度应小（一般为2扣）。稍停片刻，使吹扫介质少量通过，注意观察畅通情况。采用蒸汽作为吹扫介质时，有时需用胶皮软管，胶皮软管要绑牢，同时要检查胶皮软管承受压力情况，禁止这类临时性吹扫作业使用的胶管用于中压蒸汽。

③设有流量计的管线，为防止吹扫蒸汽流速过大及管内带有铁渣、锈、垢，损坏计量仪表内部构件，一般经由副线吹扫。

④机泵出口管线上的压力表阀门要全部关闭，防止吹扫时发生水击把压力表震坏。压缩机系统倒空置换原则，以低压到中压再到高压的次序进行，先倒净一段，如未达到目的而压力不足时，可由二、三段补压倒空，然后依次倒空，最后将高压气体排入火炬。

⑤管壳式换热器、冷凝器在用蒸汽吹扫时，必须分段处理，并要放空泄压，防止液体汽化，造成设备超压损坏。

⑥对于油类系统管线，应先吹扫重质油管线，然后吹扫轻质油管线。吹扫顺序为：

$$渣油 \longrightarrow 蜡油 \longrightarrow 柴油 \longrightarrow 汽油 \longrightarrow 瓦斯$$

⑦吹扫时，要按系统逐次进行，再把所有管线（包括支路）都吹扫到，不能留有死角。吹扫完应先关闭吹扫管线阀门，后停气，防止被吹扫介质倒流。

⑧精馏塔系统倒空吹扫，应先从塔顶回流罐、回流泵倒液、关阀，然后到塔釜、再沸器、中间再沸器液体，保持塔压一段时间，待盘板积存的液体全部流净后，由塔釜再次倒空放压。塔、容器及冷换设备吹扫之后，还要通过蒸汽在最低点排空，直到蒸汽中不带油为止，最后停汽，打开低点放空阀排空，要保证设备打开后无油、无瓦斯，确保检修动火安全。

⑨吹扫采用本装置自产蒸汽，应首先检查蒸汽中是否带油。装置内油、汽、水等有互串的可能，一旦发现互串，蒸汽就不能用来灭火或吹扫。

⑩装置管线物料吹扫前，岗位之间应加强联系，防止憋压、冒顶等事故发生。

⑪吹扫介质压力不能过低，以防止被吹扫介质倒流至氮气管网，影响全局。

（2）置换

对可燃、有毒气体的置换，大多采用蒸汽、氮气等惰性气体为置换介质，也可采用注水排气法，将可燃、有毒气体排净。置换和被置换介质进出口和取样部位的确定，应根据置换和被置换介质密度的不同来选择：若置换介质的密度大于被置换介质，取样点宜设置在顶部及易产生死角的部位；反之，则改变其方向，以免置换不彻底。

用惰性气体置换过的设备，若需进入其内部作业，还必须采用自然通风或强制通风的方法将惰性气体置换掉，以防窒息。氧含量为 19.5% ～ 23.5%、可燃气体浓度小于0.2%、有毒气体浓度在国家卫生标准允许范围内为合格。

（3）特殊置换

①存放酸碱介质的设备、管线，应先予以中和或加水冲洗。例如硫酸储罐（铁质）用水冲洗，残留的浓硫酸变成强腐蚀性的稀硫酸，与铁作用，生成氢气与硫酸亚铁。其化学反应式为：

$$Fe + H_2SO_4 \longrightarrow H_2 \uparrow + FeSO_4$$

氢气遇明火会发生着火爆炸。所以硫酸储罐用水冲洗以后，还应用氮气吹扫，氮气保留在设备内，对着火爆炸起抑制作用。如果进入作业，则必须再用空气置换。

②丁二烯生产系统，停车后不宜用氮气吹扫，因氮气中有氧的成分，容易生成丁二烯自聚物。丁二烯自聚物，有四种类型：链状橡胶聚合物，二聚物，端基聚合物（白色菜花状或海绵状），过氧化自聚物（呈黄褐色油状体或黏稠体）。

丁二烯自聚物很不稳定，遇明火和氧、受热、受撞击可迅速自行分解爆炸。有人做过试验：将约 1.8g 丁二烯过氧化自聚物放在 140mL 容积的测爆器内，以每分钟 1.1～1.7℃的速度升温，80℃时爆炸。0.01s 的时间内，压力突升至 14.7MPa，其威力比三硝基甲苯大两倍多。检修这类设备前，必须认真确认是否有丁二烯过氧化自聚物存在，要采取特殊措施破坏丁二烯过氧化自聚物。目前多采用氢氧化钠水溶液处理法直接破坏丁二烯过氧化自聚物，方法如下：

a）设备内物料倒空，气相经放空管线放压；

b）与设备相连的物料管线加盲板或断开；

c）按酸碱配制的操作规定，在加热装置的储槽中配 5% 的氢氧化钠溶液，并在溶液中加入 1%～3% 亚硝酸钠（设备中自聚物量大，则亚硝酸钠为 3%，量小可按 1%）；

d）将配好的混合溶液用泵打入并充满设备进行循环，通过加热装置将溶液升温至65℃，循环 8h；继续将溶液循环并于 8h 内缓慢升温至煮沸，在煮沸下循环 16h，过氧化物即破坏完毕。

③低沸点物料倒空置换一定要先排液后放压，防止液态烃排放过程中大量气化，使管线设备冷脆断裂。

④非低温材质设备承受低沸点物料倒空置换作业，应维持一定的加热量，待减压完毕后，方可切断加热剂。

⑤对制冷区水换热器倒空，应待系统泄压完毕，立即停止水循环，及时将水倒空。防止水返串入冷区。

3）蒸煮和清洗

对吹扫和置换都无法清除的残渣、沉积物等。可用蒸汽、热水、溶剂、洗涤剂或酸、碱溶液来蒸煮或清洗。蒸煮或清洗时，应根据积附物的性质选择不同的方法，如水溶性物质可用水洗或热水蒸煮；黏稠性物料可先用蒸汽吹扫，再用热水煮洗；对那些不溶于水或在安全上有特殊要求的积附物，可用化学清洗的方法除去，如积附氧化铁、硫化铁类沉积物的设备、管线和丁二烯生产系统等。化学清洗时，应注意采取措施防止可能产生的硫化氢等有毒气体危害人体。若用以上方法仍不能彻底清除，可用人工方法铲除。

4）抽加盲板

石化装置之间、装置与储罐之间、厂际之间，有许多管线相互连通输送物料，因此生产装置停车检修，在装置退料进行蒸煮水洗置换后，需要切断物料。化工生产的设备，管道虽然有各种阀门控制，但因为化工生产中阀门构件长期受内部介质的冲刷和腐蚀，严密性能减弱，可能会出现微量甚至局部泄漏。因此，千万不能将釜、罐的进料管等有毒介质管道与人员要进入的釜罐连通，而仅把阀门关闭作为隔绝措施，应加盲板或拆除一段管道才能做到有效隔绝。另外，应注意带有压力的管道、设备，不许松、紧法兰螺栓，拆卸时无压力应当成有压力对待，应留一对角螺栓，查设备管道的确无压力时再完全拆卸螺栓。

抽堵盲板工作应注意以下几点：

（1）根据检修计划，预先制定抽堵盲板流程图，注明抽堵盲板的部位和规格，并统一编号，指定专人负责。抽堵盲板前要注意检查设备及管道内的压力是否已降至安全值，残液是否已排净。

（2）要根据管道的口径、系统压力及介质的特性，制造有足够强度的盲板。盲板应留有手柄，以便于抽堵和检查。

（3）盲板应加在有物料来源的阀门后部法兰处。盲板两侧均应有垫片（靠物料侧须用新垫片），并用螺栓把紧，以保持其严密性。

（4）抽堵盲板时，要采取必要的安全措施，穿戴合适的防护用品。当系统可能存在可燃或有毒介质时，必须佩戴防毒工具。拆卸法兰螺栓时，应小心操作，防止系统内介质喷出伤人。

（5）做好盲板的检查登记。对抽堵的盲板应分别逐一登记，并对照抽堵盲板流程图进行检查确认无误后挂上盲板标识牌，以防止错堵、漏堵或漏抽。

在完成了装置停车、倒空、吹扫、置换、蒸煮、清洗和隔离等工作后，装置停车即完成。在正式转入检修施工之前，还应对地面、明沟内的油污进行清理，封盖装置及其周围的所有下水井，防止工业下水系统有易燃易爆气体外逸，也防止检修过程中有火花落入工业下水系统引起着火爆炸。

5.7.3 化工装置检修作业安全

1）受限空间作业

（1）化工设备内作业存在的不安全因素

①设备与设备之间、设备内外之间相互隔断，导致作业空间通风不畅，照明不良。

②活动空间较小，工作场地狭窄，导致作业人员出入困难，相互之间联系不便，不利于作业监护。

③有限作业空间内，一般温度较高，导致作业人员体能消耗较大，易疲劳，易出汗，易发生触电事故。

④有些塔、釜、槽、罐、炉膛、容器内残留酸、碱、毒、尘、烟等介质，具有一定危险性，稍有疏忽就能发生火灾、爆炸和中毒事故，而且一旦发生事故，难以施救。

（2）化工设备内检修作业采取的安全防范措施

化工设备内作业必须严格执行《化学品生产单位特殊作业安全规范》（GB 30871—2014）等有关规定，认真落实安全技术措施。

①安全隔离　安全隔离就是将所要检修的化工设备，在作业之前必须采取插入盲板或拆除一段管道等方式与系统运行设备、管道，进行可靠隔离，不能用水封或阀门等代替，防止阀门关闭不严或操作失误而使易燃、易爆、有毒介质串入检修设备内，确保作业人员安全。

②切断电源　将电源断开，如取下保险丝、拉下电器闸刀等，并上锁，使在检修中的运转设备不能启动，并在电源处放置"有人检修、禁止合闸"的警告牌。使用的照明必须是防爆型安全灯，电压为12V，绝缘要良好，灯具要捆扎牢靠。

③置换、通风　清洗置换时要注意清理设备内的沉积物，因这种沉积物会继续蒸发分解，所以必须用蒸汽或热水吹扫清理合格。在检修前需进行清洗置换，冲洗水溶液应达到中性，同时易燃、易爆气体浓度不超标。

④气体浓度监测　在进入设备前30min必须取样分析，设备中空气中有毒、有害气体和氧的含量，必须符合《工业企业设计卫生标准》（GBZ 1—2010）和化学品生产单位特殊作业安全规范（GB 30871—2014）的要求。氧含量应为18%～21%才允许进入设备内作业（富氧环境下不应大于23.5%）。如在设备内作业时间较长，应每隔2h分析1次，如发现超标，立即停止作业，撤出人员。

⑤防护用品　如遇有特殊情况，在缺氧有毒环境中应戴自吸或机械送风式的长管防毒面具或氧气呼吸器。在腐蚀性介质污染环境中，应从头到脚穿戴耐腐蚀的头盔、手套、胶靴、面罩、衣着等全身防护用品。佩戴防毒面具在罐内作业，每隔半小时轮换1次。

⑥现场监护　进入设备内检修时，设备现场必须设两人以上进行专门监护。监护人要熟悉设备内介质的理化特性、毒性、中毒症状、火灾和爆炸性，根据介质特性备有急救器材、防护用品；监护人所站位置能看清罐内作业人员作业情况；监护人除了向罐内递送工具、材料外，不得从事其他工作，更不能擅离岗位。发现罐内有异常时，立即召集急救人员进行紧急救护；凡进入罐内抢救的人员，必须根据现场情况穿戴好个人劳动防护用品，确保自身安全，绝不允许未采取任何个人防护措施而冒险入罐救人。

⑦现场急救措施　在意外事故发生后，要及时、迅速、正确地对受伤人员进行抢救，并对事故现场进行处理，因此，在作业之前应做好应急救援准备工作。接触有毒、缺氧的

化工设备，应备有劳动防护用品、消防器材(隔离式防毒面具、灭火器)；接触酸、碱等介质应备有清水。

⑧悬挂安全警示牌　对容器设备和特种作业现场，在作业之前悬挂安全警示牌，写明安全检修注意事项、劳动防护用品的使用方法以及急救方法。

2)切割、焊接和其他动火作业

化工企业的容器切割、焊接和其他动火作业预防事故技术措施有：

(1)转换处理

动火检修前用惰性气体置换容器内的可燃爆炸物料，如氯气中含氢气，氢气中含氧气都会增加爆炸的危险性。动火分析合格标准为：

①当被测气体或蒸汽的爆炸下限大于或等于4%时，其被测浓度应不大于0.5%(体积分数)；

②当被测气体或蒸汽的爆炸下限小于4%时，其被测浓度应不大于0.2%(体积分数)。

(2)蒸汽吹扫

在蒸汽吹扫过程中，如果时间短，可能出现虽然取样分析合格，但过一段时间后，残留物会继续蒸发产生可燃蒸气达到爆炸极限的现象。

(3)通风

为了保持容器内有足够的氧气，需将容器的人孔、手孔全部打开，保持自然通风状态或采用机械通风，但不可用纯氧作通风手段。

(4)系统隔离

采用盲板将与进出口管路截断，使其与生产的部分完全隔离，需注意：

①盲板应保证密封性好，严密不漏气；

②盲板应有足够的强度，符合生产工艺条件要求；

③根据物料性质，应满足防腐要求；

④拆卸与容器相连的一段管路；

⑤严禁用关闭阀门代替盲板与生产系统其他设备管线隔离。

(5)分析、检测、控制可燃物含量

严格控制可燃物的浓度在安全范围内。换过程中要多次取样化验分析，观察容器内可燃物含量的变化，以便采取措施。使用可燃气体检测仪进行检测时，应保证该检测仪定期进行调试，与其他分析方法做比较，确保灵敏准确。

5.7.4　开车作业安全

1)化工装置开车典型事故分析

(1)不能在超温或超压的情况下拆修阀门。

某厂锅炉车间两名水处理操作工，未放压就拆阀门大盖螺栓，结果在打开大盖时，酸突然喷出，造成面部严重灼伤，双目失明。

某厂蒸馏车间常压塔塔底泵出口阀法兰漏油，将该泵停下，启动备用泵。时值严冬季节，经30多个小时自然冷却，认为管线已凝固，便由钳工将阀门十字架拆掉，向外掏旧填料。当掏出一半时，突然油从阀芯喷出，立即自燃着火，大火将泵房大梁烧变形，门窗全部烧毁，装置被迫停产4天。

某橡胶厂聚合车间松香液过滤器堵塞，上午用氮气未吹扫通，下午检修工人开始拆卸过滤器下人孔螺栓，准备清理，当螺栓拆到一半时松香液喷出，将一名作业人员烫伤。

（2）胶管要牢固、防止脱落肇事。

某厂一名作业人员从铁路槽车向液氨瓶内卸液氨，由于所用的胶管接头绑扎不牢脱落，液氨喷入眼内，又因现场的人员缺乏急救知识，只顾急于送医院，没有立即就地采用清水冲洗措施，延误了时间，造成双目失明。

（3）冬季开车生产应做好防冻防凝工作。某厂热裂化装置在十二月份开车过程中，当开分馏塔侧线向轻柴油汽提塔引油过程中，发现管线冻了，便组织多人用蒸汽带进行处理。当管线吹通后，油品便从管线冻裂处大量喷出，20多米高的平台全是油，与高温管线接触引起着火，火焰高达几十米，当场烧死3人。一人无路可走，从平台上跳下摔死。

（4）装置开车时，在启动每台设备及控制阀时，应先关闭放空阀，以防跑料。

某厂常减速压装置在开车过程中，在向常压塔和汽提塔引过热蒸汽时，发现水击现象严重，为了脱水，便将过热蒸汽引到常三线汽提塔内，并打开常三线放空阀进行切水，事后忘关放空阀。当开工逐步正常启用常三线时，热油从放空阀漏出着火烧死一人，两人受伤。装置被迫停车10天。

（5）修泵未关入口阀门，造成火灾爆炸。

某厂蒸馏装置热油泵房，检修重柴油泵，4名钳工既不与生产车间领导联系，也不通知操作工，又未对泵进行检查，就动手拆泵。泵体刚打开，因入口阀未关，300℃的热油顿时涌出，约2min，泵房燃起大火，将350m² 的泵房全部烧坏，设备部分烧毁，13人烧伤。

（6）设备不能带病运转。

某厂加氢车间，在检修后的开车过程中，因循环氢压缩机入口管线破裂，跑出大量氢气，造成氢压机室恶性爆炸事故，当场死亡8人，10人受伤，炸坏四套加氢装置的全部控制系统及仪表，炸塌机械室、操作室和配电间共2200m²，直接经济损失180万元。

2）开车前安全要求

生产装置经过停工检修后，在开车运行前要进行一次全面的安全检查验收。目的是检查检修项目是否全部完工，质量是否全部合格，劳动保护安全卫生设施是否全部恢复完善，设备、容器、管道内部是否全部吹扫干净、封闭，盲板是否按要求抽加完毕，检修人员、工具是否撤出现场，达到了安全开工条件。

用蒸汽、氮气通入装置系统，一方面扫去装置检修时可能残留部分的焊渣、焊条头、铁屑、氧化皮、破布等，防止这些杂物堵塞管线，另一方面验证流程是否贯通。这时应按工艺流程逐个检查，确认无误，做到开车时不串料、不憋压。按规定用蒸汽、氮气对装置系统置换，分析系统氧含量达到安全值以下的标准。

进料前，在升温、预冷等工艺调整操作中，检修工与操作工配合做好螺栓紧固部位的热把、冷把工作，防止物料泄漏。岗位应备有防毒面具。油系统要加强脱水操作，深冷系统要加强干燥操作，为投料奠定基础。

装置进料前、要关闭所有的放空、排污、导淋等阀门，然后按规定流程，经检查无误，启动机泵进料。进料过程中，操作工沿管线进行检查，防止物料泄漏或物料走错流程；装置开车过程中，严禁乱排乱放各种物料。装置升温、升压、加量，按规定缓慢进行；操作调整阶段，应注意检查阀门开度是否合适，逐步提高处理量，使其达到正常生产为止。

3）检修后的开工

在开工之前，要进行对检修后的装置进行全面检查验收工作。在装置开车的过程中应做好如下几个方面的工作：

（1）开工前要进行贯通试压，检查装置畅通情况和严密性，发现问题及时处理。

（2）物料引进前用惰性气体置换内空气，并化验合格。

（3）在有温度和压力的状态下，法兰及阀门压盖泄漏，不准拆下螺栓或卸开压盖、压盘根。系统升温过程中要加强检查，并做好热紧工作。

（4）加热炉点火升温不易过快，要按升温曲线进行，并采取措施防止炉管烧坏。

（5）换热设备启动，应先引进冷物料，后引进热物料，操作要缓慢平稳，防止造成泄漏。

（6）备用设备必须完好以备随时启用，在冬季开工生产时还应做好防冻、防凝工作。

第6章　危险化学品包装、储存和运输安全

6.1　危险化学品包装的安全技术

化学品从生产到使用过程中，一般经过多次装卸、储存、运输等过程。在这些过程中，产品将不可避免地受到碰撞、跌落、冲击和振动。化学品包装方法得当，就会降低储存、运输中的事故发生率，否则，就有可能导致重大事故。如1997年1月，巴基斯坦曾发生一起严重的氯气泄漏事故，一卡车在运输瓶装氯气时，由于车辆颠簸，致使液氯钢瓶剧烈撞击，引起瓶体破裂，导致大量氯气泄漏，造成多人中毒死亡事故。与此相反，1997年3月18日凌晨，我国广西一辆满载1t 200桶氰化钠剧毒品的大卡车翻入桂江，由于包装严密，打捞及时，包装无一破损，避免了一场严重的泄漏污染事故。

化学品包装是化学品储运安全的基础。国家制定了一系列相关标准，使化学品的包装更加规范。

6.1.1　影响化学品包装的因素

包装是产品从生产者到使用者之间所采取的一种保护措施，在流通过程中会受到外界各种因素影响。设计制作过程中应充分考虑可能的影响因素，以便采取相应的预防措施。一般认为，包装在流通过程中受以下因素的影响较大。

1）装卸作业的影响

随着叉车、吊车等现代化装卸工具的应用，托盘包装、集装箱也广为采用。当吊车起吊或下落时，有较大的惯性作用于包装上。产品在多次的装卸和短距离搬运作业过程中可能受到高处跌落、碰撞等冲击。因此，装卸工具、搬运方式对包装有着直接的影响。所以在设计制作包装时，应充分考虑装卸工具所产生的外力作用，保证危险品的运输与储存安全。

2）运输过程的影响

危险品运输受震动损坏的机会较多，也会对包装带来较大影响。

3）储存过程的影响

危险品在储存过程中，一般都要堆成具有一定高度的货垛，处于下层的包装会承受较大的重力负荷；同时储存时间的长短，储存条件的好坏(如潮湿、梅雨)等也都会对包装产

生影响。

4）气候条件的影响

危险品在储存运输中，有可能遇到大风、大雨、冰雪等恶劣天气的影响。有关温度和湿度对危险化学品包装的影响如表 6 - 1 所示。

表 6 - 1 微气候对危险化学品包装的影响

类别	品名	温度/℃	相对湿度/%	备注
爆炸品	黑火药、化合物	≤32	≤80	
	水作稳定剂	≥1	<80	
压缩气体和液化气体	易燃、不燃、有毒	≤30		
易燃液体	低闪点	≤29		
	中高闪点	≤37		
易燃固体	易燃固体	≤35		
	硝酸纤维素酯	≤25	≤80	
	安全火柴	≤35	≤80	
	红磷、硫化磷、铝粉	≤35	<80	
自燃物品	黄磷	>1		
	烃基金属化合物	≤30	≤80	
	含油制品	≤32	≤80	
遇湿易燃物品	遇湿易燃物品	≤32	≤75	
氧化剂和有机过氧化物	氧化剂和有机过氧化物	≤30	≤80	
	过氧化钠、镁、钙等	≤30	≤75	
	硝酸锌、钙、镁等	≤28	≤75	袋装
	硝酸铵、亚硝酸钠	≤30	≤75	袋装
	盐的水溶液	>1		
	结晶硝酸锰	<25		
	过氧化苯甲酰	2～25		含稳定剂
	过氧化丁酮等有机氧化剂	≤25		

6.1.2 危险化学品包装的分类

按包装结构强度、防护性能及内装物的危险程度，将危险品包装分成三类：

Ⅰ类包装：货物具有较大危险性，包装强度要求高；

Ⅱ类包装：货物具有中等危险性，包装强度要求较高；

Ⅲ类包装：货物具有的危险性小，包装强度要求一般。

6.1.3　危险化学品包装的安全试验

《危险货物运输包装通用技术条件》（GB 12463—2009）规定了危险品包装的四种试验方法，即堆码试验、跌落试验、气密试验、液压试验。

（1）堆码试验　将坚硬载荷平板置于试验包装件的顶面，在平板上放置重物，一定堆码高度（陆运 3m、海运 8m）和一定时间（一般 24h）内，观察堆码是否稳定、包装是否变形和破损。

（2）跌落试验　按不同跌落方向及高度跌落包装，观察包装是否破损和撒漏。如钢桶的跌落方向为：第一次，以桶的凸边呈斜角线撞击在地面上，如无凸边，则以桶身与桶底接缝处撞击。第二次，试验其他最薄弱的地方，如纵向焊缝、封闭口等。

（3）气密试验　将包装浸入水中，对包装充气加压，观察有无气泡产生。或在桶接缝处或其他易渗漏处涂上皂液或其他合适的液体后向包装内充气加压，观察有无气泡产生。

（4）液压试验　按不同包装类型，选择不同压力加压 5min，观察包装是否损坏。如对耐酸坛、陶瓷坛，Ⅰ类包装选择压力为 250kPa，Ⅱ类和Ⅲ类包装压力为 200kPa。

盛装化品的包装，必须由指定部门检验，满足有关试验标准后方可启用。

6.1.4　危险化学品包装容器的安全要求

危险化学品包装容器是指根据危险化学品的特性，按照有关法规、标准专门设计制造的，用于盛装危险化学品的桶、罐、瓶、箱、袋等包装物和容器，包括用于汽车、火车、船舶运输危险化学品的槽罐。

根据危险品的危险特性和储存与运输的特点，危险品包装容器应符合以下要求：

1）包装的材质、种类、封口应与所装物品的性质相符

（1）材质　危险品的性质不同，对其包装及容器材质的要求也不同。如苦味酸若与金属化合，能生成苦味酸的金属盐类，其爆炸敏感性比苦味酸更大，所以此类物质严禁使用金属容器盛装；又如，丙烯酸甲酯对铁有一定的腐蚀性，储运中容易渗漏，所以不能用铁桶盛装。

（2）种类　危险品的状态不同，所选用包装的种类也不同。如液氨是由氨气压缩而成，沸点 -33.35℃，乙胺沸点 16.6℃，在常温下都必须装入耐压气瓶中；但若将氨气和乙胺溶解于水中，状态发生了变化，就可用铁桶盛装。

（3）封口　一般而言，包装的封口越严密越好。如：各种气体、易挥发的危险品、绝大多数易燃液体、粉状易燃，粉状有毒化学品等物品的包装，封口必须严密。但对于碳化钙等类危险品的包装，因其遇水或潮湿空气能产生乙炔气体，当桶内积聚气体过多而不能排出时，在装卸搬运过程中发生碰撞，或桶内坚硬的碳化钙与铁桶壁产生火星时，会发生乙炔爆炸事故，所以盛装碳化钙的铁桶，除充氮外，一般不能密封，而应设计乙炔排气的小孔。

2）包装及容器要有一定的强度

包装及容器的强度，应能经受储运过程中正常的冲撞、震动、积压和摩擦。

3）包装应有适当的衬垫

包装要根据物品的特性和需要，采用适当的材料和正确的方法对物品进行衬垫，以防止运输过程中内、外包装之间，包装和包装之间以及包装与车辆、装卸机械之间发生冲撞、摩擦、震动，致使包装破损。同时，有些物品的衬垫还能防止液体物品挥发和渗漏，如液体泄漏后，还可以起吸附作用。一般危险化学品储存衬垫如表6-2所示。

表6-2 一般危险化学品储存衬垫

类 别	品名	内包装	外包装	衬垫	备注
爆炸品	黑火药	塑料袋、铁皮里	木箱		三层包装
	爆竹、烟花	包好裹严	木箱	松软料	
	化合物	玻璃瓶	木箱	不燃材料	
	三硝基苯酚等	玻璃瓶	塑料套筒	不燃材料	稳定剂
压缩气体	压缩气体	钢瓶（带帽）	安全胶圈		
液化气体	液化气体				
易燃液体	易燃液体	金属桶玻璃瓶	木箱	松软材料	
		（气密封）			
易燃固体	易燃固体	衬纸、玻璃瓶	金属桶、木桶、木箱	松软材料	
	赛璐珞板材及制品	纸	木箱		
	安全火柴	盒（柴头无外露）	包、纸板箱		
自燃物品	黄磷	瓶、金属桶	木箱	不燃材料	稳定剂
	烃基金属氧化物	瓶	钢筒		
	含油制品		透笼木箱		不紧压
遇湿易燃物品	碱金属及氧化物	瓶、桶	木箱	不燃材料	稳定剂
			木桶	不燃材料	
氧化剂和有机过氧化物	氧化剂	桶、瓶、袋	木箱	松软材料	
	过氧化钠（钾）、高锰酸锌、氯酸钾（钠）	瓶、桶	木箱	不燃材料	
	过氧化苯甲酰	瓶、桶	木箱	不燃材料	稳定剂

4）包装颜色的要求

危险化学品包装颜色基本上遵循安全色的要求，为识别危险化学品品种和名称，对一些较为常用的危险化学品包装颜色作出了规定，如气瓶的漆色如表6-3所示。

表6-3　气瓶的漆色

气瓶名称	外表颜色	字样	字样颜色	色样
氢气	淡绿	氢	火红	淡黄色
氧气	淡酞蓝	氧	黑	白色
氦气	淡黄	液氦	黑	
液氮	深绿	液氮	白	
压缩空气	黑	空气	白	白色
硫化氢	白	液化硫化氢	大红	红
液化烷烃	棕	气体名称	白	
液化烯烃	银灰		淡黄	
液化石油气	铝白	气体名称	大红	
氟、氯烷气	黑	气体名称	黑	
氮气	铝白	氮	淡黄	白色
二氧化碳	白	液化二氧化碳	黑	黑色
碳酰二氯(光气)	银灰	液化光气	黑	
其他可燃气体	银灰	气体名称	大红	无机深绿
其他不燃气体	银灰	气体名称	黑	有机淡黄
惰性气体	橘黄	气体名称	深绿	白色
特种气体		气体名称	深绿	白色

6.1.5　危险化学品包装安全的基本要求

(1)危险货物运输包装应结构合理,具有一定强度,防护性能好。包装的材质、形式、规格、方法和单件质量(重量),应与所装危险货物的性质和用途相适应,并便于装卸、运输和储存。

(2)包装应质量良好,其构造和封闭形式应能承受正常运输条件下的各种作业风险,不应因温度、湿度或压力的变化而发生任何渗(撒)漏,包装表面应清洁,不允许黏附有害的危险物质。

(3)包装与内装物直接接触部分,必要时应有内涂层或进行防护处理,包装材质不得与内装物发生化学反应而形成危险产物或导致削弱包装强度。

(4)内容器应予以固定。如属易碎性的应使用与内装物性质相适应的衬垫材料或吸附材料衬垫妥实。

(5)盛装液体的容器,应能经受在正常运输条件下产生的内部压力。灌装时必须留有足够的膨胀余量(预留容积),除另有规定外,并应保证在温度55℃时,内装液体不致完全充满容器。

(6)包装封口应根据内装物性质采用严密封口、液密封口或气密封口。

（7）盛装需浸湿或加有稳定剂的物质时，其容器封闭形式应能有效地保证内装液体（水、溶剂和稳定剂）的百分比，使其在储运期间保持在规定的范围以内。

（8）有降压装置的包装，其排气孔设计和安装应能防止内装物泄漏和外界杂质进入，排出的气体量不得造成危险和污染环境。

（9）复合包装的内容器和外包装应紧密贴合，外包装不得有擦伤内容器的凸出物。

（10）所有包装（包括新型包装、重复使用的包装和修理过的包装）均应符合危险货物运输包装性能试验的要求。

（11）包装所采用的防护材料及防护方式，应与内装物性能相容且符合运输包装件总体性能的需要，能经受运输途中的冲击与震动，保护内装物与外包装，当内容器破坏、内装物流出时也能保证外包装安全无损。

（12）危险化学品的包装内应附有与危险化学品完全一致的化学品安全技术说明书，并在包装上加贴或拴挂与包装内危险化学品完全一致的化学品安全标签。

（13）盛装爆炸品的包装，除符合上述要求外，还应满足以下附加要求：

①盛装液体爆炸品容器的封闭形式，应具有防止渗漏的双重保护。

②除内包装能充分防止爆炸品与金属物接触外，铁钉和其他没有防护涂料的金属部件不得穿透外包装。

③双重卷边接合的钢桶，金属桶或以金属做衬里的包装箱，应能防止爆炸物进入隙缝。钢桶或铝桶的封闭装置必须有合适的垫圈。

④包装内的爆炸物质和物品，包括内容器，必须衬垫妥实，在运输中不得发生危险性移动。

⑤盛装有对外部电磁辐射敏感的电引发装置的爆炸物品，包装应具备防止所装物品受外部电磁辐射源影响的功能。

6.1.6 危险化学品的包装标志及安全标签

为了加强对危化品包装的管理，便于在装卸、搬运以及监督检查中，易于识别危险品的包装方法、包装材料及内、外包装的组合方式，国家对危险品包装规定了统一的标记代号和标志。

1）包装储运图示标志

为了保证化学品运输中的安全，《包装储运图示标志》（GB/T 191—2008）规定了运输包装件上提醒储运人员注意的一些图示符号。如：小心轻放、防雨、防晒、易碎等，供操作人员在装卸时能针对不同情况进行相应的操作。

2）危险货物包装标志

不同化学品的危险性、危险程度不同，为了使接触者对其危险性一目了然，《危险货物包装标志》（GB 190—2009）规定了危险货物图示标志的类别、名称、尺寸和颜色。

3）安全标签

在化学品包装上粘贴安全标签，是向化学品接触人员警示其危险性、正确掌握该化学品安全处置方法的良好途径，《化学品安全标签编写规定》(GB 15258—2009)规定了化学品安全标签的内容、制作要求、使用方法及注意事项。标签随商品流动，一旦发生事故，可从标签上了解到有关处置资料，同时，标签还提供了生产厂家的应急咨询电话，必要时，可通过该电话，与生产单位取得联系，得到处理方法。

6.1.7　危险化学品的包装标志及安全标签的使用

1)危险化学品包装级别的标记代号

危险化学品包装级别的代号用小写英文字母表示：

x——表示该包装符合Ⅰ、Ⅱ、Ⅲ级包装的要求；

y——表示该包装符合Ⅱ、Ⅲ级包装的要求；

z——表示该包装符合Ⅲ级包装要求。

2)包装容器的标记代号用下列阿拉伯数字表示：

1——桶；

2——木琵琶桶；

3——罐；

4——箱、盒；

5——袋、软管；

6——复合包装；

7——压力容器；

8——筐、篓；

9——瓶、坛。

3)包装容器的材质标记代号用下列大写英文字母表示：

A——钢；

B——铝；

C——天然木；

D——胶合板；

F——再生木板(锯末板)；

G——硬质纤维板、硬纸板、瓦楞纸板、钙塑板；

H——塑料材料；

L——编织材料；

M——多层纸；

N——金属(钢、铝除外)；

P——玻璃、陶瓷；

K——柳条、荆条、藤条及竹篾。

4)包装件组合类型标记代号的表示方法：

(1)单一包装　单一包装型号由一个阿拉伯数字和一个英文字母组成，英文字母表示包装容器的材质，其左边平行的阿拉伯数字代表包装容器的类型。英文字母右下方的阿拉伯数字，代表同一类型包装容器不同开口的型号。

例：1A——表示钢桶；

$1A_1$——表示闭口钢桶；

$1A_2$——表示中开口钢桶；

$1A_3$——表示全开口的钢桶。

（2）复合包装 复合包装型号由一个表示复合包装的阿拉伯数字"6"和一组表示包装材质和包装型式的字符组成。这组字符为两个大写英文字母和一个阿拉伯数字。第一个英文字母表示内包装的材质，第二个英文字母表示外包装的材质，右边的阿拉伯数字表示包装型式。

例：6HA1 表示内包装为塑料容器，外包装为钢桶的复合包装。

（3）其他标记代号：

S——表示拟装固体的包装标记；

L——表示拟装液体的包装标记；

R——表示修复后的包装标记；

⑥——表示符合国家标准要求；

Ⓤ——表示符合联合国规定的要求；

例：钢桶标记代号

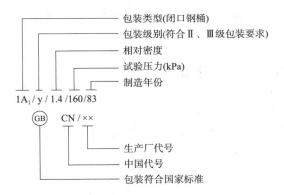

6.2 危险化学品的储存安全

6.2.1 危险化学品储存事故原因

危险化学品储存是指企业、单位、个体工商户、百货商店（场）等储存爆炸品、压缩气体和液化气体、易燃液体、易燃固体、自燃物品和遇湿易燃物品、氧化剂和有机过氧化物、有毒品和腐蚀品等危险化学品的行为。多年的危化品储存事故的经验和教训表明，发生危化品储存事故原因主要有：

（1）点火源控制不严 储存过程中点火源的安全控制可参考本书4.6节点火源的控制。

据危险化学品事故有关统计，发生事故的时间段，以气温较高的夏天居多。例如1997年6月27日，北京化工集团有限公司东方化工厂乙烯储罐因阀门破裂，可燃气体泄漏遇静电发生爆炸火灾，烧毁大型储罐17个，造成8人死亡，40人受伤，燃烧区域达6万多平方米，直接财产损失1.17亿元。

（2）性质相互抵触的物品混存 出现混放性质抵触的易燃易爆化学物品，往往是由于保管人员缺乏知识，或者有些易燃易爆化学物品出厂时缺少鉴定，在产品说明书上没有说清楚而造成的；也有一些单位因储存场地缺少，而任意临时混放。

如广东省深圳市安贸危险物品储运公司将硝酸铵、高锰酸钾、硫化碱、过硫酸钠、碳酸钡、火柴等易燃易爆化学物品混存于同一库房内，于1993年8月5日发生爆炸造成了死亡15人，受伤823人，直接经济损失2.4亿元。

（3）产品变质 有些危险化学品已经长期过期，仍废置在仓库内，又未及时处理，往往因为变质，造成化学反应而引发事故。

（4）包装损坏或不符合要求 危险化学品容器包装损坏，或者出厂的包装不符合安全要求，都会引起事故。

（5）违反操作规程 搬运危险化学品没有轻装轻卸，或者堆垛过高不稳，发生倾倒，或者进行库内改装打包，封焊修理等违反安全操作规程造成事故。

（6）建筑物不符合存放要求 危险品库房的建筑设施不符合要求，造成库内温度过高，通风不良，湿度过大，漏雨进水，阳光直射，有的缺少保温设施，使物品达不到安全储存条件而发生事故。

6.2.2 危险化学品储存安全

为了加强对危险化学品储存的管理，国家制定了一系列法规和标准，对危险化学品的防火间距、储藏养护技术条件、储存地点的建筑结构和布置、安全储存等方面都提出了具体的要求。

（1）危险化学品的储存方式

危险化学品的储存方式，分为隔离储存、隔开储存和分离储存三种：

①隔离储存 指在同一房间或同一区域内，不同的物料之间分开一定距离，非禁忌物料（注：禁忌物料系指化学性质相抵触或灭火方法不同的化学物料。）间用通道保持空间的储存方式。

②隔开储存 指在同一建筑或同一区域内，用隔板或墙，将其与禁忌物料分离开的储存方式。

③分离储存 指在不同的建筑物或远离所有建筑的外部区域内的储存方式。

（2）根据危险化学品的性能分区、分类、分库储存，化学性质相抵触或灭火方法不同的各类危险化学品，不得混合储存。

①爆炸物品不准和其他类物品同储，必须单独隔离限量储存。

②压缩气体和液化气体必须与爆炸物品、氧化剂、易燃物品、自燃物品、腐蚀性物品隔离储存。

③易燃气体不得与助燃气体、剧毒气体同储，氧气不得与油脂混合储存。

④易燃液体、遇湿易燃物品、易燃固体不得与氧化剂混合储存，具有还原性的氧化剂应单独存放。

⑤腐蚀性物品，包装必须严密，不允许泄漏，严禁与液化气体和其他物品共存。

⑥有毒物品应储存在阴凉、通风干燥的场所，不能接近酸类物质。如氰化钾、氰化钠等氰化物，与酸类接触后会产生剧毒的氰化氢气体，引起附近人员中毒死亡。

（3）危险化学品的存放应符合防火、防爆的安全要求

①爆炸物品、一级易燃物品、有毒物品以及遇火、遇热、遇潮能引起燃烧、爆炸或发生化学反应，产生有毒气体的危险化学品不得在露天或在潮湿、积水的建筑物中储存。

②受日光照射能发生化学反应引起燃烧、爆炸、分解、聚合或能产生有毒气体的危险化学品应储存在一级建筑物中，其包装应采取避光措施。

（4）危险化学品的储存量及储存安排，应符合表6-4的要求。

表6-4 危险化学品的储存量及储存安排

储存要求　　储存类别	露天储存	隔离储存	隔开储存	分离储存
平均单位面积储存量/（t/m²）	1.0~1.5	0.5	0.7	0.7
单一储存区最大储量/t	2000~2400	200~300	200~300	400~600
垛距限制/m	2	0.3~0.5	0.3~0.5	0.3~0.5
通道宽度/m	4~6	1~2	1~2	5
墙距宽度/m	2	0.3~0.5	0.3~0.5	0.3~0.5
与禁忌品距离/m	10	不得同库储存	不得同库储存	7~10

（5）对特别危险或剧毒化学品的保管，如爆炸物品、氰化钾、氰化钠等，必须实行双人双锁保管制度，加强检查。

（6）堆垛不得过高、过密，堆垛之间以及堆垛与墙壁之间，要留出一定的空间距离，以利人员通过和良好通风。

（7）危险化学品出入库验收

危险化学品出入库前均应按合同进行检查验收、登记，经核对后方可入库、出库，当物品性质未弄清时不得入库。验收的内容包括：危险化学品的质量、数量、包装、危险标志。

（8）危险化学品的养护

①危险化学品入库后，应采取适当的养护措施，定期检查，包括日常巡检和安全大检查。

②温度、湿度等外界环境因素会引起危险化学物品物理、化学性质上的变化，甚至会引起着火或爆炸事故。应安装专用仪器定时监测，严格控制库房温度、湿度，经常检查，发现变化及时调整。

③危险化学品入库，必须保持包装完好，封口密闭。

④对易燃、易爆物品要避免曝晒在阳光下，须隔绝火种与热源；在搬运操作中，防止撞击、摩擦而引起火星发生事故。

⑤对换包装危险品的空容器，在使用前，必须进行检查，彻底清洗，以防遗留物品与装入物品发生反应引起燃烧、爆炸和中毒。在工作过程中，对遗留在地上和垫板上的散漏物资，必须及时清除处理。

⑥严格控制火源。库房内一般不允许动火，确需动火作业时，必须办理动火审批手续。

⑦防止超期超量储存。氧化剂、自燃物品、遇水燃烧物品等超过储存期或储量超过规定要求，极易发生变质、积热自燃或压坏包装引发事故，故应严格控制储存量和储存期限。

6.3　危险化学品运输安全

6.3.1　危险化学品运输的一般要求

(1)托运危险物品必须出示有关证明，向指定的铁路、交通、航运等部门办理手续。托运物品必须与托运单上所列的品名相符。

(2)危险物品的装卸运输人员，应按装运危险物品的性质，佩戴相应的防护用品，装卸时必须轻装轻卸，严禁摔拖、重压和摩擦，不得损毁包装容器，并注意标志，堆放稳妥。

(3)危险物品装卸前，应对车(船)搬运工具进行必要的清扫，不得留有残渣，对装有剧毒物品的车(船)，卸车后必须洗刷干净。

(4)装运爆炸、剧毒、放射性、易燃液体、可燃气体等物品，必须使用符合安全要求的运输工具。

①禁止用电瓶车、翻斗车、铲车、自行车等运输爆炸物品。运输强氧化剂、爆炸品及用铁桶包装的一级易燃液体时，没有采取可靠的安全措施，不得用铁底板车及汽车挂车。

②禁止用叉车、铲车、翻斗车搬运易燃、易爆液化气体等危险物品。

③温度较高地区装运液化气体和易燃液体等危险物品，要有防晒设施。

④放射性物品应用专用运输搬运车和抬架搬运，装卸机械应按规定负荷降低25%。

⑤遇水燃烧物品及有毒物品，禁止用小型机帆船、小木船和水泥船承运。

(5)运输爆炸、剧毒和放射性物品，应指派专人押运，押运人员不得少于2人。

（6）运输危险物品的车辆，必须保持安全车速，保持车距，严禁超车，超速和强行会车。运输危险物品的行车路线，必须事先经当地公安交通部门批准，按指定的路线和时间运输。

（7）运输易燃、易爆物品的机动车，其排气管应装阻火器，并悬挂"危险品"标志。

（8）运输散装固体危险物品，应根据性质，采取防火、防爆、防水、防粉尘飞扬和遮阳等措施。

6.3.2　危险化学品道路运输相关方安全职责

1）危险化学品道路运输托运人应当遵守的规定

（1）托运人必须委托具有危险货物运输资质的企业承运。

（2）购买剧毒化学品的，必须办理剧毒化学品购买凭证或剧毒化学品准购证；通过道路运输剧毒化学品的，托运人须向目的地的县级人民政府公安部门申请办理剧毒化学品公路运输通行证。

（3）托运人必须检查托运的产品外包装上是否加贴或拴挂危险化学品安全标签，对未加贴或拴挂标签的，不得予以托运。

（4）运输危险化学品需要添加抑制剂或者稳定剂的，托运人必须添加抑制剂或者稳定剂，并告知承运人。

（5）托运人不得在托运的普通货物中夹带危险化学品，也不得将危险化学品匿报或者谎报为普通货物。

（6）托运人必须向承运人提供危险化学品安全技术说明书或其品名、危险特性、应急处置措施、应急电话以及托运单位名称和联系人、联系方式等材料；运输剧毒化学品的，还要提供剧毒化学品公路运输通行证。

2）危险化学品道路运输承运人应当遵守的规定

（1）承运人必须取得交通部门认定的危险化学品运输资质。

（2）承运人必须定期将运输车辆、运输工具、罐车罐体和配载容器送质量监督部门认可的机构进行检测检验，取得检测检验合格证明；为运输车辆配备应急处置器材和防护用品；运输车辆必须安装符合《道路运输危险货物车辆标志》（GB 13392—2005）要求的标志灯、标志牌；运输剧毒化学品的车辆还要安装载明品名、种类、施救方法等内容的安全标示牌。

（3）承运人必须为运输车辆配备押运人员。驾驶人和押运人员应经交通部门安全知识培训，考核合格取得上岗资格证，并随身携带上岗证件。

（4）承运人应查收托运人提交的承运的危险化学品安全技术说明书或其品名、危险特性、应急处置措施、应急电话等材料。不提交的，不得承运。

（5）运输剧毒化学品的，承运人必须向托运人索取公安部门核发的剧毒化学品公路运输通行证。

（6）运输剧毒化学品的，运输车辆的驾驶人和押运人员必须在剧毒化学品公路运输通行证规定的有效期内，按照指定的路线、时间和速度行驶。

（7）驾驶人必须遵守道路交通安全和道路运输法律法规，并随车携带本单位的营业执照、危险货物运输资质、运输车辆（包括运输工具、罐车罐体和配载容器）定期检验合格证等有效证件的复印件和本单位负责人姓名、托运单位名称和联系人、联系方式等材料。

（8）运输剧毒化学品的押运人员应当随车携带有效的剧毒化学品公路运输通行证。

（9）运输车辆发生交通事故或者剧毒化学品发生被盗、丢失、流散、泄漏等情况时，承运人、押运人员必须立即向当地公安部门报告，向本单位负责人、托运人报告，并及时采取一切可能的应急处置和警示措施。

（10）运输车辆途中需要停车住宿或者无法正常行驶时，驾驶人、押运人员必须向当地公安部门报告。

6.3.3　危险货物公路运输安全要求

1）运输车辆的安全要求

（1）全挂汽车列车、拖拉机、三轮机动车、非机动车（含畜力车）和摩托车不准装运爆炸品、一级氧化剂、有机过氧化剂；拖拉机还不准装运压缩气体和液化气体、一级易燃物品；自卸车辆不准装运除二级固体危险货物（指散装硫黄、萘饼、粗蒽、煤焦沥青等）之外的危险货物。运输危险化学品的车辆不宜采用金属车厢，以防摩擦、震动等引起事故。如必须采用时，应落实可靠的防护措施。

（2）运输车辆的栏板应坚实、稳固、可靠，确保在转弯时不会使物品滑动或跌落。危险化学品的装载高度不得超过车辆拦板高度。车厢底板应平整、密实、无缝隙，不致造成液化危险化学品渗漏接触传动轴摩擦起火。

（3）道路危险货物运输企业或者单位应当采取必要措施，防止危险货物脱落、扬散、丢失以及燃烧、爆炸、泄漏等。

（4）专用车辆应当配备符合有关国家标准以及与所载运的危险货物相适应的应急处理器材和安全防护设备。

（5）专用车辆应当按照国家标准《道路运输危险货物车辆标志》（GB 13392—2005）的要求悬挂标志。

（6）采用槽车运送易燃液体时，槽车顶部应有阻火器和呼吸阀；底部有导除静电的装置；排气管应加防火（星）罩，并宜设在车头位置（易燃液体装卸操作一般在车尾部及侧部）；储槽内应有若干金属板分隔，使罐体具有足够的刚度，并能减少车辆行驶时液体不致剧烈晃动、摩擦而产生静电；车辆的电气点火系统应确保接触良好和完善，防止电气火花引起事故。

（7）采用槽车装卸液化石油气时，除槽车储罐应检测、探伤、耐压试验符合有关要求外，罐体上应设有符合安全要求的安全阀、压力表、液位计、过流阀、紧急切断阀、防静电接地线、着火应急灭火器等防火安全设施，并定期检查，使之随时处于完好状态。

2）装卸作业的安全要求

（1）危险化学品的运输应有固定的装卸作业点或专用装卸站。危险物品不能与客运或一般货运站混设在一起，应有单独的装卸点。

（2）装卸危险化学品应定人、定车、定点。对不同性质、灭火方法相抵触、防护方法不同的物品不得混装，不得同车运输。

（3）装卸危险化学品前，应对车辆的车厢进行认真彻底的清扫，严防杂物和其他化学物品相混而引起事故。

（4）危险化学品应注意防震，可根据情况在车厢底部垫木板等柔性垫层，物品的排列应紧密合理，防止途中发生晃动或滑动。

（5）装卸时要轻拿轻放，防止撞击、拖拉和倾倒，不要用撬棍滚动，不能重压，以防止震动、撞击等引起事故。装卸时应及时检查包装是否牢固密封，是否完好，发现有破损或异常情况不应装运，要另行单独处理。

（6）运输时应有专人负责押运。运输途中驾驶员应集中精力，严守有关规定，防止急刹车、急转弯，以免产生撞击、物品严重移位等引起事故。

（7）运输途中应随时注意装运物品的动态，驾驶、押运人员应严禁吸烟，也不准无关人员搭乘。

3）行驶路线的安全要求

（1）通过公路运输危险化学品，必须配备押运人员，并随时处于押运人员的监管之下，不得超装、超载，不得进入危险化学品运输车辆禁止通行的区域；确需进入禁止通行区域的，应当事先向当地公安部门报告，由公安部门为其指定行车时间和路线，运输车辆必须遵守公安部门规定的行车时间和路线。

（2）长途运输危险化学品的车辆不得沿途任意停靠，确需在中途用膳、住宿或者遇有无法正常运输的情况时，应当向当地公安部门报告，且应选择空旷地点或指定停车场停放，运输车辆不得离人。

（3）盛夏高温期间，车辆运输可在早、晚气温较低时进行。

（4）危险化学品的公路运输实行"运输通行证"制度。从事危险化学品运输的单位，应取得交通部门的资质认定；在进行危险化学品运输时，应事先填写运输危险化学品申请表，报当地公安部门申领"运输通行证"，并应严格按照批准的日期、地点、路线进行运输。没有"运输通行证"一律不准运输。

4）运输过程安全防护和医疗急救

（1）运输、装卸危险货物的单位，必须配备必要的劳动防护用品和现场急救用品。

（2）进行危险货物装卸操作时，必须穿戴相应的防护用品，并采取相应的人身安全保护措施；防护用品使用后，必须集中进行清洗；对被剧毒物品、放射性物品和恶臭物品污染的防护用品应分别清洗、消毒。

（3）承运危险货物运输的专业单位，应配备或指定医务人员负责对装运现场人员定期进行保健检查，并进行预防急救知识的培训教育工作。

（4）危险货物一旦对人体造成灼伤、中毒等危害，应立即进行现场急救，必要时迅速送医院治疗。

5）运输过程事故处理

在运输危险货物的过程中，发生燃烧、爆炸、污染、中毒等事故，驾乘人员必须根据承运危险货物的性质，按规定要求，采取相应的应急措施，防止事态扩大；并应及时向当地道路运政机关和有关部门报告，共同采取措施，消除危害。

发生重大危险货物运输事故时，当地道路运政管理机关应及时赶赴现场，协助有关部门组织抢救，做好现场记录，并按有关规定进行处理。

6.3.4 铁路运输安全

为了保证铁路危险货物的运输安全，在托运、保管（储存）、装卸、运输这4个重要环节上，必须严格执行《道路危险货物运输管理规定》《铁路危险货物运输管理规则》的有关规定，采取安全措施，以保证危险货物的运输安全。

1）装卸搬运安全要求

危险货物装车前，要对列车进行检查，车内不得留有任何残渣。如装过剧毒气体、剧毒品的车厢，卸车后必须进行洗刷消毒。未经洗刷、消毒的车严禁使用。

装卸前，要准备必要的消防器材和防护用品，装卸作业时要轻拿轻放，堆码整齐牢固，严禁倒放。

搬运货物的电瓶铲车必须有防止产生火花的装置，内燃铲车必须加防火罩。

危险货物装车时，应根据危险货物配装表规定的要求办理，起爆器材和炸药不能混装。装卸爆破器材的人员，必须懂得装卸器材的安全常识。装卸时，应有专人在场监督。装卸现场，应当设置警戒岗哨，禁止无关人员进入。分层装载爆破器材时，不准站在下层箱的上面装上一层箱。利用吊车装卸爆破器材时，一次起吊的重量不得超过设备能力的50%。爆破器材的装卸应尽量在白天进行，悬挂红旗和警标。必须在夜晚装卸时，应有足够的照明，并悬挂红灯。暴风雷雨天禁止装卸爆破器材。装卸爆破器材严禁摩擦、震动、撞击、重压、抛掷，严禁烟火和携带发火物品。

油罐车如果在车站货场的货物线进行卸车，应和其他货物及有明火作业的建筑或场所保持安全距离。

为防止铁路石油产品槽车静电的产生，油槽车装卸工，需先空手接触金属体进行人体放电后再操作，一般操作工应当穿防静电工作服、鞋。装车开始前，要把接地线接在槽车某一指定的位置，并用专门的接地夹，以防车体积聚电荷。对铁路罐车来说，因铁路对地电阻很低，可不再另行接地，但对鹤管等活动部件则应分别单独接地。装轻质油品等易燃液体时，要求先以1m/s流速装入，直到鹤管管口完全浸入在油中以后，方可逐渐提高流速。过滤器至装油台间要留有足够的距离，或者应用消电器，以消散过滤器所产生的电荷。检测取样时，当测温盒等设备是金属制品时，其吊线必须用导体材料制作，并且上端用特制金属夹与槽车接地线相连。当测温盒等器具是绝缘材料制品时，其吊线应用尼龙绳，测量尺、取样器等也应与测温盒一样处理。

2）危险货物铁路运输安全要求

危险货物铁路运输企业应凭准运手续办理运输。运输爆破器材（包括各类炸药、雷管、导火索、非电导爆系统、起爆药和爆破剂）和黑火药、烟火剂、民用信号弹及烟花爆竹等民用爆炸物品，均应持有《爆炸物品购买证》和《爆炸物品准运证》。

危险货物的托运人和承运人应当按照操作规程包装、装卸、运输，防止危险货物泄漏、爆炸。运输危险货物应当按照国家规定，使用专用设施、设备，托运人应配备熟悉危险货物性能和事故处置方法的押运人员和应急处理器材、设备、防护用品，并使危险货物始终处于押运人员的监管之下。如发生盗窃、丢失、泄漏等情况，应当按照国家有关规定及时报告，采取应急措施。

装运爆炸品、氯酸钠、氯酸钾和铁桶包装的一级易燃液体时，不得使用全铁底板棚车。

爆破器材货物车运行时包装应牢固、严密。雷管必须装在专用的保险箱里，雷管箱（盒）内的空隙部分，用泡沫塑料之类的软材料填满。箱子应紧固于运输工具的前部。炸药箱（袋）不得放在雷管箱上。禁止爆破器材与其他货物混装。

硝化甘油类炸药或雷管装运量，不准超过运输工具额定载重量。爆破器材的装运高度不得超过车厢边缘，雷管或硝化甘油类炸药的装载高度不得超过2层。

装载爆破器材的车厢内，不准同时载运旅客和其他易燃、易爆物品，装有爆破器材的车厢与机车之间，炸药车厢与雷管车厢之间应用未装爆破器材的车厢隔开。

运输爆破器材列车应挂有明显的危险标志。装有爆破器材的车厢停车线应与其他线路隔开，停放装有爆炸品车厢线路的转撤器应锁住，车辆必须楔牢，车厢前后50m要设危险标志。

铁路油罐车的装载，要根据油料的膨胀系数和罐车在运输途中的最高油温确定罐装高度。应根据《铁路油罐车按温差装载高度表》和《全国各地区铁路油罐车运输途中最高油温表》计算。

使用铁路棚车装运桶装油料，要根据车型、标记载重，正确计算所装油品的桶数。要注意合理安全码堆。整装发运汽油、煤油、轻柴油，无论棚车或敞车，均不得卧装。

6.3.5　水路运输安全

水路危险化学品的运输，除严格执行《水路危险货物运输规则》《船舶装载危险货物安全监督管理规定》《港口危险货物安全管理规定》和《集装箱装运包装危险货物监督管理规定》外，还应做到以下几点。

（1）甲类易燃液体采用船舶运输时，一旦发生泄漏，流散漂浮在河面上，极易酿成大火；凡遇湿易燃的物品，接触水或湿空气会产生可燃气体而引起燃烧爆炸。故上述两类危险品均不应采用内河运输。

（2）托运人应提供承运人须了解所运输的危险化学品的主要理化性质和危险特性，以及船舶运输、装卸作业的注意事项、安全防护措施和发生意外事故时的应急处理措施。

（3）危险化学品要有适合于水上运输的包装。根据需要采用外层包装、内部包装和衬垫材料，防止由于储运过程中因气候、温度、湿度、动态影响和堆压等因素而造成包装损坏的危险化学品"外溢"。包装材料应不致对所盛装货物造成不良的化学影响。

（4）包装上应标有能反映内装化学品危险特性的危险货物标志，标注化学品的名称并附有安全技术说明书。

（5）使用可移动罐柜、集装箱、货物托盘等"运输组件"装运危险化学品时，应注意危险化学品与运输组件的结构构造和装置相适应，堆码要牢固，要能经受住水上运输的正常风险。

（6）承运人要做好验货把关工作，对已发现不适宜水上运输的危险化学品，在未采取有效的安全改善措施前，不得承运。

（7）承运船舶的构造及其电气系统、通风、报警、消防、温度、湿度等装置、设备、设施应符合所装运的危险化学品的安全要求。装运乙类易燃液体的船舶应是坚固、密封、符合安全要求的专用船舶，应当设有透气管、阻火器、消防设施、装卸设施等，并应有防止液体在舱内晃动、摩擦聚积静电起火的设施。

（8）性质不相容的、堆放在一起能引起或增加货物危害性的以及消防、救护等应急处理措施不同或相抵触的危险化学品，不得堆放在一起，且必须采取可靠的有效的隔离措施。

（9）船舶上应配备符合要求的装卸、照明机具，保证危险化学品安全、正确地装卸。同时，船上还必须配备必要的、与危险化学品相适应的灭火器材、防护器具和紧急救援用品，并定期检查，确保其随时处于完好状态。

（10）机动拖轮与装货的驳船一般应保持50m间隔距离，并有良好可靠的防火措施。

（11）拖轮应设有危险物品的旗帜标志、灯光信号及其他信号设施，以引起其他船只警惕与注意。

（12）大型货轮装载危险化学品时，机舱与货舱应有相应的防火间距，货舱与货舱之间应有良好的防火分隔和密封措施。

（13）在运输途中应有懂得危险化学品性能的专业人员检测温度、湿度、包装情况等。发现异常，应立即报告负责人，及时采取相应措施进行处理。

第7章 化学反应过程热风险分析与评价

7.1 简介

化工过程的根本目的和特点就是物质转化。正常的化学反应过程要在受控的反应器中进行，以使反应物、中间体、反应产物及过程本身处于规定的温度、压力等的安全范围之内。但化学反应本身受多种因素影响，若这些条件发生变化，以致温度升高、压力增大到无法控制，导致反应失控。反应失控即反应系统因反应放热而使温度升高，在经过一个"放热反应加速——温度再升高"，以至超过了反应器冷却能力的控制极限，形成恶性循环后，反应物、产物分解，生成大量气体，压力急剧升高，最后导致喷料，反应器破坏，甚至燃烧、爆炸的现象。这种反应失控的危险不仅可以发生在作业的反应器里，而且也可能发生在其他的操作单元甚至储存过程中。由此可见，化学反应过程的热安全问题是决定过程本质安全化的核心之一。

本节主要介绍化工过程热风险评价的基本概念、基本理论以及评估方法与程序。

7.2 基本概念与基本知识

7.2.1 化学反应的热效应

1）反应热

精细化工行业中的大部分化学反应是放热的，即在反应期间有热能的释放。显然，一旦发生事故，能量的释放量与潜在的损失（严重度）有着直接的关系。因此，反应热是其中的一个关键数据，这些数据是工业规模下进行化学反应热风险评估的依据。用于描述反应热的参数有摩尔反应焓 ΔH_r（kJ/mol）以及比反应热 Q'_r（kJ/kg）。

（1）摩尔反应焓

摩尔反应焓是指在一定状态下发生了 1mol 化学反应的焓变。如果在标准状态下，则为标准摩尔反应焓。表 7 – 1 列出了一些典型的反应焓值。

表7-1 典型的反应焓值

反应类型	摩尔反应焓 $\Delta H_r/(\text{kJ/mol})$	反应类型	摩尔反应焓 $\Delta H_r/(\text{kJ/mol})$
中和反应(HCl)	-55	环氧化	-100
中和反应(H_2SO_4)	-105	聚合反应(苯乙烯)	-60
重氮化反应	-65	加氢反应(烯烃)	-200
磺化反应	-150	加氢(氢化)反应(硝基类)	-560
胺化反应	-120	硝化反应	-130

（2）比反应热

比反应热是单位质量反应物料反应时放出的热。比反应热是与安全有关的具有重要实用价值的参数，大多数量热设备直接以 kJ/kg 来表述。反应热和摩尔反应焓的关系如下：

$$Q'_r = \rho^{-1}c(-\Delta H_r) \tag{7-1}$$

式中 ρ——反应物料的密度，kg/m^3；

$\quad\quad c$——反应物的浓度，mol/m^3；

$\quad \Delta H_r$——摩尔反应焓，kJ/mol。

2）分解热

化工行业所使用的化合物中，有相当比例的化合物处于亚稳定状态。其后果就是一旦有一定强度的外界能量的输入（如通过热作用、机械作用等），可能会使这样的化合物变成高能和不稳定的中间状态，这个中间状态通过难以控制的能量释放使其转化成更稳定的状态。图7-1显示了这样的一个反应路径。沿着反应路径，能量首先增加，然后降到一个较低的水平，分解热（ΔH_D）沿着反应路径释放。它通常比一般的反应热数值高，但比燃烧热低。分解产物往往未知或者不易确定，这意味着很难由标准生成焓估算分解热。

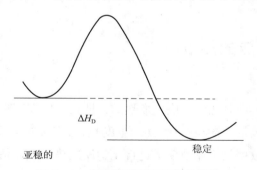

图7-1 自由能沿反应路径的变化

3）热容

根据定义，体系的热容是指体系温度上升1K时所需要的能量，单位 J/K。工程上常用单位质量物料的热容即比热容来计算和比较。比热容的量纲为 kJ/(K·kg)，用 c'_p 表示。典型物质的比热容见表7-2。相对而言，水的比热容较高，无机化合物的比热容较低，有机化合物比较适中。混合物的比热容可以根据混合规则由不同化合物的比热容估算得到：

$$c'_p = \frac{\sum\limits_i M_i c'_{pi}}{\sum\limits_i M_i} \tag{7-2}$$

表 7-2 典型物质的比热容

化合物	比热容 c'_p/ [kJ/(K·kg)]	化合物	比热容 c'_p/ [kJ/(K·kg)]
水	4.2	甲苯	1.69
甲醇	2.55	对二甲苯	1.72
乙醇	2.45	氯苯	1.3
2-丙醇	2.58	四氧化碳	0.86
丙酮	2.18	三氯甲烷	0.97
苯胺	2.08	10% 的 NaOH 水溶液	1.4
n-己烷	2.26	10% H_2SO_4	1.4
苯	1.74	NaCl	4.0

4）绝热温升 ΔT_{ad}

在冷却失效等失控条件下，体系不能进行能量交换，放热反应放出的热量，全部用来升高反应体系的温度，是反应失控可能达到的最坏情形。

对于失控体系，反应物完全转化时所放出的热量导致物料温度的升高，称为绝热温升。绝热温升与反应的放热量成正比，对于放热反应来说，反应的放热量越大，绝热温升越高，导致的后果越严重。绝热温升是反应安全风险评估的重要参数，是评估体系失控的极限情况，可以评估失控体系可能导致的严重程度。

绝热温升（ΔT_{ad}）由比反应热除以比热容得到：

$$\Delta T_{ad} = \frac{(-\Delta H_r) c_{A0}}{\rho c'_p} = \frac{Q'_r}{c'_p} \tag{7-3}$$

5）工艺温度 T_p

目标工艺操作温度，也是反应过程中冷却失效时的初始温度。

冷却失效时，如果反应体系同时存在物料最大量累积和物料具有最差稳定性的情况，在考虑控制措施和解决方案时，必须充分考虑反应过程中冷却失效时的初始温度，安全地确定工艺操作温度。

6）技术最高温度 MTT

技术最高温度可以按照常压体系和密闭体系两种方式考虑。

对于常压反应体系来说，技术最高温度为反应体系溶剂或混合物料的沸点；对于密封体系而言，技术最高温度为反应容器最大允许压力时所对应的温度。

7.2.2　压力效应

化学反应发生失控后,除了前文描述的热效应外,其破坏作用还常常与压力效应有关。导致反应器压力升高的因素主要有以下几个方面:

(1)目标反应过程中产生的气体产物,例如脱羧反应形成的 CO_2 等。

(2)二次分解反应常常产生小分子的分解产物,这些物质常呈气态,从而造成容器内的压力增长。分解反应常伴随高能量的释放,温度升高导致反应混合物的高温分解,在此情况下,热失控总是伴随着压力增长。

(3)反应(含目标反应及二次分解反应)过程中低沸点组分挥发形成的蒸气。这些低沸点组分可能是反应过程中的溶剂,也可能是反应物,例如甲苯磺化反应过程中的甲苯。

化工过程中,反应釜(或有关容器)的破裂总是与其内部的压力效应有关,因此必须对目标反应及其可能引发的二次分解反应的压力效应进行评估。

1)气体释放

无论是目标反应还是二次分解反应,均可能产生气体。操作条件不同,产气速率等气体释放的过程参数也会不一样。在封闭容器中,压力增长可能导致容器破裂,并进一步导致气体泄漏或气溶胶的形成乃至容器爆炸。在封闭体系中可以利用理想气体定律近似估算压力:

$$pV = nRT \tag{7-4}$$

式中　p——封闭体系中由于产气形成的压力,Pa;

　　　V——封闭体系的体积,m^3;

　　　R——普适气体常数,8.314J/(mol·K);

　　　n——产生气体的物质的量,mol;

　　　T——体系中气体的温度,K。

在开放容器中,气体产物可能导致气体、液体的逸出或气溶胶的形成,这些也可能产生如中毒、火灾、无约束蒸气云爆炸等二次效应。因此,对于评估事故的潜在严重度而言,反应或分解过程中释放的气体量也是一个重要的因素。

2)蒸气压

对于封闭体系来说,随着物料体系的温度升高,低沸点组分逐渐挥发,体系中蒸气压也相应增加。蒸气产生的压力可以通过 Clausius – Clapeyron 方程进行估算:

$$\ln \frac{p}{p_0} = \frac{-\Delta H_v}{R}\left(\frac{1}{T} - \frac{1}{T_0}\right) \tag{7-5}$$

式中　T_0、p_0——初始状态的温度及压力;

　　　R——普适气体常数,8.314J/(mol·K);

　　　ΔH_v——摩尔蒸发焓,J/mol。

由于蒸气压随温度呈指数关系增加,温升的影响(如在失控反应中)可能会很大。为了便于工程应用,可以采用一个经验法则(Rule of Thumb)说明这个问题:温度每升高20K,

蒸气压加倍。

3）溶剂蒸发量

如果反应物料在失控过程中达到溶剂的沸点，体系中低沸点溶剂将大量蒸发。如果产生的蒸气出现泄漏，将可能带来二次效应：形成爆炸性的蒸气云，遇到合适的点火源将发生严重的蒸气云爆炸。为此，需要计算溶剂蒸发量。

溶剂蒸发量可以由反应热或分解热来计算，如下式：

$$M_v = \frac{Q_r}{-\Delta H'_v} = \frac{M_r Q'_r}{-\Delta H'_v} \qquad (7-6)$$

式中　M_v——溶剂的蒸发量，kg；

　　　M_r——反应物料的总质量，kg；

　　　Q_r——反应热，$Q_r = M_r Q'_r$；

　　　$\Delta H'_v$——比蒸发焓，即单位质量溶剂的蒸发焓，kJ/kg。

通常情况下，反应体系的温度低于溶剂的沸点。冷却系统失效后，反应释放的热量首先将反应物料加热到溶剂的沸点，然后其余部分的热量将用于物料蒸发。此时，溶剂蒸发量也可以由到沸点的温差来计算：

$$M_v = \left(1 - \frac{T_b - T_0}{\Delta T_{ad}}\right) \frac{Q_r}{\Delta H'_v} \qquad (7-7)$$

式中　T_b——溶剂沸点；

　　　T_0——反应体系开始失控时的温度。

7.2.3　热平衡方面的基本概念

1）热平衡项

考虑工艺热风险时，必须充分理解热平衡的重要性。这方面的知识对于反应器或储存装置的工业放大同样适用，当然也是实验室规模量热实验结果解析之必须。事实上，两种情况均有相同的热平衡关系。为此，首先介绍反应器热平衡中的不同表达项，然后介绍常用的和简化的热平衡关系。

（1）热生成

热生成对应于反应的反应速率（r_A）。因此，放热速率与摩尔反应焓成正比：

$$q_{rx} = (-r_A) V (-\Delta H_r) \qquad (7-8)$$

对反应器安全来说，热生成非常重要，因为控制反应放热是反应器安全的关键。对于简单的 n 级反应，反应速率可以表示成：

$$-r_A = k_0 e^{\frac{-E}{RT}} c_{A0}^n (1-X)^n \qquad (7-9)$$

式中　X——反应转化率。

该方程强调了这样一个事实：放热速率是转化率的函数，因此，在非连续反应器或储存过程中，放热速率会随时间发生变化。间歇反应器（Batch Reactor，BR）不存在稳定状态。在连续搅拌釜式反应器(Continuous Stirred Tank Reactor, CSTR)中, 放热速率为常数; 在管式反应器(Tubular Reactor, TR)中放热速率随位置变化而变化。放热速率为:

$$q_{rx} = k_0 e^{-E/RT} c_{A0} (1-X)^n V (-\Delta H_r) \tag{7-10}$$

从这个表达式中可以看出:

①反应的放热速率是温度的指数函数;

②放热速率与体积成正比, 故随含反应物料容器线尺寸的立方值(L^3)而变化。

就安全问题而言, 上述两点是非常重要的。

(2)热移出

反应介质和载热体(heat carrier)之间的热交换存在几种可能的途径: 热辐射、热传导、强制或自然热对流。这里只考虑对流。通过强制对流, 载热体通过反应器壁面的热移出速率 q_{ex} 与传热面积(A)及传热驱动力成正比, 这里的驱动力就是反应介质与载热体之间的温差($T_r - T_c$), 比例系数就是综合传热系数 U。

$$q_{ex} = UA(T_r - T_c) \tag{7-11}$$

需要注意的是, 如果反应混合物的物理化学性质发生显著变化, 综合传热系数 U 也将发生变化, 成为时间的函数。热传递特性通常是温度的函数, 反应物料的黏度变化起着主作用。

就安全问题而言, 这里必须考虑两个重要方面: ①热移出是温度差的线性函数; ②由于热移出速率与热交换面积成正比, 因此它正比于设备线尺寸的平方值(L^2)。这意味着当反应器尺寸必须改变时(如工艺放大), 热移出能力的增加远不及热生成速率。因此, 对于较大的反应器来说, 热平衡问题是比较严重的问题。

(3)热累积

热累积速率(q_{ac})体现了体系能量随温度的变化:

$$q_{ac} = \frac{d \sum_i (M_i c'_{p,i} T_i)}{dt} = \sum_i \left(\frac{dM_i}{dt} c'_{p,i} T_i \right) + \sum_i \left(M_i c'_{p,i} \frac{dT_i}{dt} \right) \tag{7-12}$$

计算总的热累积时, 要考虑到体系每一个组成部分, 既要考虑反应物料也要考虑设备。因此, 反应器或容器——至少与反应体系直接接触部分的热容是必须要考虑的。对于非连续反应器, 热积累可以用如下考虑质量或容积的表达式来表述:

$$q_{ac} = M_r c'_p \frac{dT_r}{dt} = \rho V c'_p \frac{dT_r}{dt} \tag{7-13}$$

由于热累积速率源于产热速率和移热速率的不同(前者大于后者), 它导致反应器内物料温度的变化。因此, 如果热交换不能精确平衡反应的放热速率, 温度将发生如下变化:

$$\frac{dT_r}{dt} = \frac{q_{rx} - q_{ex}}{\sum_i M_i c'_{p,i}} \tag{7-14}$$

式(7-12)与式(7-14)中, i 是指反应物料的各组分和反应器本身。然而实际过程中, 相比于反应物料的热容, 搅轴釜式反应器的热容常常可以忽略, 为了简化表达式, 设备的热容可以忽略不计。可以用一个例子来说明这样处理的合理性：对于一个 $10m^3$ 的反应器，反应物料热容的数量级大约为 20000kJ/K，而与反应介质接触的金属质量大约为 400kg，其热容大约为 200kJ/K，也就是说大约为总热容的 1%。另外，这种误差会导致更保守的评价结果，这对安全而言是有利的。然而，对于某些特定的应用场合，容器的热容是必须要考虑的，如连续反应器，尤其是管式反应器，可以有意识地增大反应器本身的热容，从而增大总热容，实现反应器的安全。

（4）物料流动引起的对流热交换

在连续体系中，加料时原料的入口温度并不总是和反应器出口温度相同，反应器进料温度（T_0）和出料温度（T_f）之间的温差导致物料间的对流热交换。热流与比热容、体积流率成正比：

$$q_{ex} = \rho \dot{v} c'_p \Delta T = \rho \dot{v} c'_p (T_f - T_0) \tag{7-15}$$

（5）加料引起的显热

如果加入反应器物料的入口温度（T_{fd}）与反应器内物料温度（T_r）不同，那么进料的热效应必须在热平衡中予以考虑。这个效应被称为"加料显热（Sensible Heat）效应"。

$$q_{fd} = \dot{m}_{fd} c'_{pfd} (T_{fd} - T_r) \tag{7-16}$$

此效应在半间歇反应器（Semi-batch Reactor，SBR）中尤其重要。如果反应器和原料之间温差大，或加料速率很高，加料引起的显热可能起主导作用，加料显热效应将明显有助于反应器冷却。在这种情况下，一旦停止进料，可能导致反应器内温度的突然升高。这一点对量热测试也很重要，必须进行适当的修正。

（6）搅拌装置

搅拌器产生的机械能耗散转变成黏性摩擦能，最终转变为热能。大多数情况下，相对于化学反应释放的热量，这可忽略不计。然而，对于黏性较大的反应物料（如聚合反应），这点必须在热平衡中考虑。当反应物料存放在一个带搅拌的容器中时，搅拌器的能耗（转变为体系的热能）可能会很重要。它可以由下式估算：

$$q_s = N_e \rho n^3 d_s^5 \tag{7-17}$$

式中　q_s——搅拌引入的能量流率；

N_e——搅拌器的功率数（Power Number，也称为牛顿数或湍流数），不同形状搅拌器的功率数不一样；

n——搅拌器的转速；

d_s——搅拌器的叶尖直径。

（7）热散失

出于安全原因（如考虑设备热表面可能引起人体的烫伤）和经济原因（如设备的热散失），工业反应器的表面都是隔热的。然而，在温度较高时，热散失（Heat Loss）可能变得比较重要。热散失的计算比较烦琐，因为热散失通常要考虑辐射热散失和自然对流热散失。工程上，为了简化，热散失流率（q_{loss}）可利用总的热散失系数 α 来简化估算：

$$q_{loss} = \alpha(T_{amb} - T_r) \tag{7-18}$$

式中　T_{amb}——环境温度。

表 7-3 列出了一些比热散失系数 α 的数值(以单位质量物料的热散失系数,即比热散失系数表示),并对比列出了实验室设备的比热散失系数。可见,工业反应器和实验室设备的比热散失系数可能相差 2 个数量级,这就解释了为什么放热化学反应在小规模实验中发现不了其热效应,而在大规模设备中却可能变得很危险。确定工业规模装置总的比热散失系数的最简单办法就是直接进行测量。

表 7-3　工业容器和实验室设备的典型比热散失系数

容器	比热散失系数/[W/(kg·K)]
2.5m³ 反应器	0.054
5m³ 反应器	0.027
12.7m³ 反应器	0.020
25m³ 反应器	0.005
10mL 试管	5.91
100mL 玻璃烧杯	3.68
DSC-DTA	0.5-5
1L 杜瓦瓶	0.018

2)热平衡的简化表达式

如果考虑到上述所有因素,可建立如下的热平衡方程:

$$q_{ac} = q_{rx} + q_{ex} + q_{fd} + q_s + q_{loss} \tag{7-19}$$

然而,在大多数情况下,只包括上式右边前两项的简化热平衡表达式对于安全问题来说已经足够了。考虑一种简化热平衡,忽略如搅拌器带来的热输入或热散失之类的因素,则间歇反应器的热平衡可写成:

$$q_{ac} = q_{rx} + q_{ex}$$

$$\rho V c'_p \frac{dT_r}{dt} = (-r_A)V(-\Delta H_r) - UA(T_r - T_c) \tag{7-20}$$

对一个 n 级反应,着重考虑温度随时间的变化,于是:

$$\frac{dT_r}{dt} = \Delta T_{ad} \frac{-r_A}{c_{A0}^{n-1}} - \frac{UA}{\rho V c'_p}(T_r - T_c) \tag{7-21}$$

式中　$\frac{UA}{\rho V c'_p}$——反应器热时间常数(Thermal Time Constant of Reactor)的倒数。

利用该时间常数可以方便地估算出反应器从室温升温到工艺温度(加热时间)以及从工艺温度降温到室温(冷却时间)。

7.2.4　温度对反应速率的影响

考虑工艺热风险必须考虑如何控制反应进程,而控制反应进程的关键在于控制反应速率，这是失控反应的原动力。因为反应的放热速率与反应速率成正比，所以在一个反应体系的热行为中，反应动力学起着根本性的作用。本节对工艺安全有关的反应动力学方面的内容进行介绍。

1）单一反应

单一反应 $A \longrightarrow P$，如果其反应级数为 n，转化率为 X_A，反应速率可由下式得到：

$$-r_A = kc_{A0}^n (1 - X_A)^n \tag{7-22}$$

这表明反应速率随着转化率的增加而降低。根据 Arrhenius 方程，速率常数 k 是温度的指数函数：

$$k = k_0 e^{-E/RT} \tag{7-23}$$

式中 k_0——频率因子，也称指前因子；

$\quad\quad E$——反应的活化能，$J \cdot mol^{-1}$。

式中，气体常数 R 取 $8.314J/(mol \cdot K)$。当然，工程上也常用 Van't Hoff 方程粗略地考虑温度对反应速率影响：温度每上升 10K，反应速率加倍。

活化能是反应动力学中一个重要参数，有两种解释：第一，反应要克服的能垒（图7-2）；第二，反应速率对温度变化的敏感度。对于合成反应，活化能通常在 50～100kJ/mol 之间变化。在分解反应中，活化能可达到 160kJ/mol，甚至更大。低活化能（<40kJ/mol）可能意味着反应受传质控制，较高活化能则意味着反应对温度的敏感性较高，一个在低温下很慢的反应可能在高温时变得剧烈，从而带来危险。

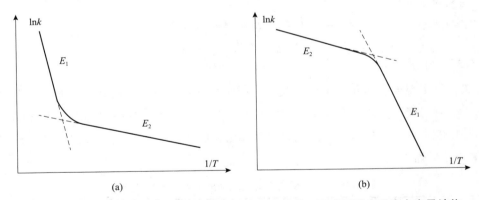

图7-2 复杂反应的表观活化能可随温度变化而变化，取决于哪个反应占主导地位

2）复杂反应

工业实践中接触的反应混合物常常表现出复杂的行为，且总反应速率由若干单一反应组成，构成复杂反应的模式。有两个基本反应模式能说明复杂反应。

第一个基本反应模式是连续反应，也叫作连串反应。

$$A \xrightarrow{k_1} P \xrightarrow{k_2} S \quad 且 \begin{cases} r_A = -k_1 c_A \\ r_P = k_1 c_A - k_2 c_P \\ r_S = k_2 c_P \end{cases} \tag{7-24}$$

第二个基本反应模式是竞争反应，也叫作平行反应。

$$
\begin{cases} A \xrightarrow{k_1} P \\ A \xrightarrow{k_2} S \end{cases} \text{和} \begin{cases} r_A = -(k_1 + k_2)c_A \\ r_P = k_1 c_A \\ r_S = k_2 c_A \end{cases} \tag{7-25}
$$

在式(7-24)和式(7-25)中，认为是一级反应，但实际上也存在不同的反应级数。对于复杂反应，每一步的活化能都不同，因此不同反应对温度变化的敏感性不同。其结果取决于温度，在这些多步反应中，有一个反应或反应机理占主导。当需要将动力学参数外推到一个大的温度范围的情形时，要非常小心。图7-2(a)中，如果为了得到较好的测试信号，在高温下进行量热测试，获得活化能为 E_1，并用外推法外推到较低温度的情形，从而得到较低的反应速率，但这样做是不安全的。图7-2(b)，测得活化能是 E_2，如果外推到较低温度时所获得的结果又过于保守。基于这些原因，进行量热测试的温度必须在操作温度或储存温度附近，只有这样才有意义。

7.2.5 绝热条件下的反应速率

绝热条件下进行放热反应，导致温度升高，并因此使反应加速，但同时反应物的消耗导致反应速率的降低。因此，这两个效应相互对立：温度升高导致速率常数和反应速率的指数性增加，而反应物的消耗减慢反应。这两个相反变化因素作用的综合结果将取决于两个因素的相对重要性。

假定绝热条件下进行的是一级反应，速率随温度的变化如下：

$$
-r_A = \underbrace{k_0 e^{-E/RT}}_{\text{温度因素}} \underbrace{c_{A0}(1-X_A)}_{\text{物料转化因素}} \tag{7-26}
$$

绝热条件下温度和转化率呈线性关系。反应热不同，一定转化率导致的温升有可能支配平衡，也有可能不支配平衡。为了说明这点，分别计算两个反应的速率与温度的函数关系：第一反应是弱放热反应，绝热温升只有20K，而第二个反应是强放热反应，绝热温升为200K，结果列于表7-4中。

表7-4 不同反应热的反应绝热条件下的反应速率

温度/K	100	104	108	112	116	120	...	200
速率常数/s^{-1}	1.00	1.27	1.61	2.02	2.53	3.15	...	118
反应速率($\Delta T_{ad}=20K$)	1.00	1.02	0.96	0.81	0.51	0.00	...	—
反应速率($\Delta T_{ad}=200K$)	1.00	1.25	1.54	1.90	2.33	2.84	...	59

对于第一个只有20K绝热温升的反应，反应速率仅仅在第一个4K过程中缓慢增加，随后反应物的消耗占主导，反应速率下降。这不能视为热爆炸，而只是一个自加热现象。对于第二个200K绝热温升的反应来说，反应速率在很大的温度范围内急剧增加。反应物的消耗仅仅在较高温度时才有明显的体现。这种行为称为热爆炸。

图 7-3 显示了一系列具有不同反应热，但具有相同初始放热速率和活化能的反应绝热条件下的温度变化。对于较低反应热的情形，即 $\Delta T_{ad} < 200K$，反应物的消耗导致一条 S 形曲线的温度-时间关系，这样的曲线并不体现热爆炸的特性，而只是体现了自加热的特征。很多放热反应不存在这种效应，意味着反应物的消耗实际上对反应速率没有影响。事实上，只有在高转化率情形时才出现速率降低。对于总反应热高（相应绝热温升高至 200K）的反应，即使大约5%的转化就可导致10K的温升或者更多。因此，由温升导致的反应加速远远大于反应物消耗带来的影响，这相当于认为它是零级反应。基于这样的原因，从热爆炸的角度出发，常常将反应级数简化成零级。这也代表了一个保守的近似，零级反应比具有较高级数的反应有更短的热爆炸形成时间（或诱导期）。

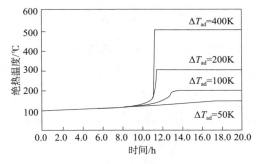

图 7-3　不同反应热的反应绝热温度与时间的函数关系

7.2.6　失控反应

1）热爆炸

若反应器冷却系统的冷却能力低于反应的热生成速率，反应体系的温度将升高，反应将进入失控状态。温度越高，反应速率越大，这反过来又使热生成速率进一步加大。因为反应放热随温度呈指数增加，而反应器的冷却能力随着温度只是线性增加。于是冷却能力不足，温度进一步升高，最终发展成反应失控或热爆炸。

2）热温图

考虑一个涉及零级动力学放热反应（即强放热反应）的简化热平衡。反应放热速率 $q_{rx} = f(T)$ 随温度呈指数关系变化。热平衡的第二项，用牛顿冷却定律表示，通过冷却系统移去的热量流率 $q_{ex} = g(T)$ 随温度呈线性变化，直线的斜率为 UA，与横坐标的交点是冷却介质的温度 T_c。热平衡可通过 Semenov 热温图（图 7-4）体现出来。热量平衡是放热速率等于热移出速率（$q_{rx} = q_{ex}$）的平衡状态，这发生在 Semenov 热温图中指数放热速率曲线 q_{rx} 和线性移热速率曲线 q_{ex} 的两个交点上，较低温度下的交点（S）是一个稳定平衡点。

当温度由 S 点向高温移动时，热移出占主导地位，温度降低直到热生成速率等于移热速率，系统恢复到其稳态平衡。反之，温度由 S 点向低温移动时，热生成占主导地位，温度升高直到再次达到稳态平衡。因此，这个较低温度处的 S 交点对应于一个稳定的工作点。对较高温度处交点 I 作同样的分析，发现系统变得不稳定。从这点向低温方向的一个小偏差，冷却占主导地位，温度降低直到再次到达 S 点，而从这点向高温方向的一个小偏差导致产生过量热，因此形成失控条件。

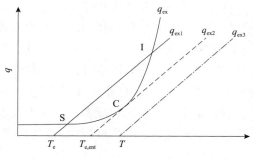

图 7 – 4　Semenov 热温图

冷却线 q_{ex1}（实线）和温度轴的交点代表冷却系统（介质）的温度 T_c。因此，当冷却系统温度较高时，相当于冷却线向右平移（图 7 – 4 中虚线 q_{ex2}）。两个交点相互逼近直到重合为一点。这个点对应于切点，是一个不稳定工作点，此时冷却系统的温度叫作临界温度（$T_{c,crit}$），相应的反应体系的温度为不回归温度（T_{NR}，Temperature of No Return）。当冷却介质温度大于 $T_{c,crit}$ 时，冷却线 q_{ex3}（点划线）与放热曲线 q_{rx} 没有交点，意味着热平衡方程无解，失控不可避免。

3）参数敏感性

若反应器在临界冷却温度运行，冷却温度一个无限小的增量也会导致失控状态。这就是所谓的参数敏感性，即操作参数的一个小的变化导致状态由受控变为失控。此外，除了冷却系统温度改变会产生这种情形，传热系数的变化也会产生类似的效应。

由于移热曲线的斜率等于 U_A，综合传热系数 U 的减小会导致 q_{ex} 斜率的降低，从 q_{ex1} 变化到 q_{ex2}，从而形成临界状态（图 7 – 5 中点 C），这可能发生在热交换系统存在污垢、反应器内壁结皮或固体物沉淀的情况下。在传热面积 A 发生变化（如工艺放大）时，也可以产生同样的效应。即使在操作参数如 U、A 和 T_c 发生很小变化时，也有可能产生由稳定状态到不稳定状态的"切换"。其后果就是反应器稳定性对这些参数具有潜在的高的敏感性，实际操作时反应器很难控制。因此，化学反应器的稳定性分析需要了解反应器的热平衡知识，从这个角度来说，临界温度的概念也很有用。

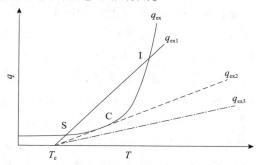

图 7 – 5　Semenov 热温图：反应器传热参数 U_A 发生变化的情景

4）临界温度

如上所述，如果反应器运行时的冷却介质温度接近其临界温度，冷却介质温度的微小变化就有可能会导致过临界（Over‑critical）的热平衡，从而发展为失控状态。因此，为了分析操作条件的稳定性，了解反应器运行时冷却介质温度是否远离或接近临界温度就显得很重要了。这可以利用 Semenov 热温图（图7‑6）来评估。

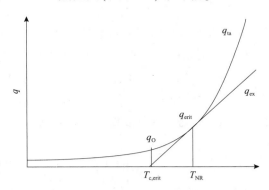

图7‑6　Semenov 热温图：临界温度的计算

考虑零级反应的情形，其放热速率表示为温度的函数：

$$q_{rx} = k_0 e^{-E/RT_{NR}} Q_r \tag{7-27}$$

式中　　T_{NR}——上述的不回归温度。

考虑临界情况，则反应的放热速率与反应器的冷却能力相等：

$$q_{rx} = q_{ex} \Leftrightarrow k_0 e^{-E/RT_{NR}} Q_r = UA(T_{NR} - T_{c,crit}) \tag{7-28}$$

由于两线相切于此点，则其导数相等：

$$\frac{dq_{rx}}{dT} = \frac{dq_{ex}}{dT} \Leftrightarrow k_0 e^{-E/RT_{NR}} Q_r \frac{E}{RT_{NR}^2} = UA \tag{7-29}$$

两个方程同时满足，得到临界温度的差值（即临界温差 ΔT_{crit}）：

$$\Delta T_{crit} = T_{NR} - T_{c,crit} = \frac{RT_{NR}^2}{E} \tag{7-30}$$

由此可见，临界温差实际上是保证反应器稳定所需的最低温度差（注意：这里的温度差是指反应体系温度与冷却介质温度之间的差值）。所以，在一个给定的反应器（指该反应器的热交换系数 U 与 A、冷却介质温度等参数 T_0 已知）中进行特定的反应（指该反应的热力学参数 Q_r 及动力学参数 k_0、E 已知），只有当反应体系温度与冷却介质温度之间的差值大于临界温差时，才能保持反应体系（由化学反应与反应器构成的体系）稳定。

反之，如果需要对反应体系的稳定性进行分析，必须知道两方面的参数：反应的热力学、动力学参数和反应器冷却系统的热交换参数。可以运用同样的原则来分析物料储存过程的热稳定状态，即需要知道分解反应的热力学、动力学参数和储存容器的热交换参数，才能进行分析。

5）绝热条件下热爆炸形成时间

失控反应的另一个重要参数就是绝热条件下热爆炸的形成时间，或称为绝热条件下最大反应速率到达时间(Time to Maximum Rate under Adiabatic Conditions，TMR_{ad})，也有的文献称为绝热诱导期。考虑到推导过程的复杂性，这里仅给出有关结论，有兴趣的读者可以参考有关书籍。

对于一个零级反应，绝热条件下的最大反应速率到达时间为：

$$TMR_{ad} = \frac{c'_p RT_0^2}{q'_{T_0} E} \qquad (7-31)$$

TMR_{ad}是一个反应动力学参数的函数，如果初始条件T_0下的反应比放热速率已知，且知道反应物料的比热容c'_p和反应活化能E，那么TMR_{ad}可以计算得到。由于q'_{T_0}就是温度的指数函数，所以TMR_{ad}随温度呈指数关系降低，且随活化能的增加而降低。

如果初始条件T_0下的反应比放热速率q'_{T_0}已知，且反应过程的机理不变(即动力参数不变)，则不同引发温度T下的绝热诱导期可以如下计算得到：

$$TMR_{ad}(T) = \frac{c'_p RT^2}{q'_{T_0} \exp\left[\frac{-E}{R}\left(\frac{1}{T} - \frac{1}{T_0}\right)\right] E} \qquad (7-32)$$

6)绝热诱导期为24h时引发温度进行工艺热风险评价时，还需要用到一个很重要的参数——绝热诱导期为24h时的引发温度，T_{D24}。该参数常常作为制定工艺温度的一个重要依据。

如上，绝热诱导期随温度呈指数关系降低，如图7-7。一旦通过实验测试等方法得到绝热诱导期与温度的关系，可以由图解或求解有关方程获得T_{D24}。

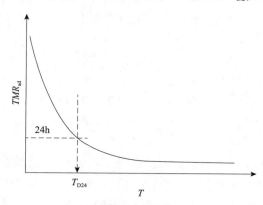

图7-7　TMR_{ad} - T关系图

7)失控反应最大反应速率到达时间 TMR_{ad}

失控反应体系的最坏情形为绝热条件。在绝热条件下，失控反应到达最大反应速率所需要的时间，称为失控反应最大反应速率到达时间，可以通俗地理解为致爆时间。TMR_{ad}是温度的函数，是一个时间衡量尺度，用于评估失控反应最坏情形发生的可能性，是人为控制最坏情形发生所拥有的时间长短。

8)失控体系能达到的最高温度 MTSR

当放热化学反应处于冷却失效、热交换失控的情况下，由于反应体系存在热量累积，整个体系在一个近似绝热的情况下发生温度升高。在物料累积最大时，体系能够达到的最高温度称为失控体系能达到的最高温度。*MTSR* 与反应物料的累积程度相关，反应物料的累积程度越大，反应发生失控后，体系能达到的最高温度 *MTSR* 越高。

7.2.7　精细化工产品

原化学工业部对精细化工产品分为：农药、染料、涂料(包括油漆和油墨)、颜料、试剂和高纯物、信息用化学品(包括感光材料、磁性材料等能接受电磁波的化学品)、食品和饲料添加剂、黏合剂、催化剂和各种助剂、化工系统生产的化学药品(原料药)和日用化学品、高分子聚合物中的功能高分子材料(包括功能膜、偏光材料等)等 11 个大类。

根据《国民经济行业分类》(GB/T 4754—2017)，生产精细化工产品的企业中反应安全风险较大的有：化学农药、化学制药、有机合成染料、化学品试剂、催化剂以及其他专业化学品制造企业。

7.3　化学反应安全风险的评价方法

7.3.1　物质分解热评估

对物质进行测试，获得物质的分解放热情况，开展风险评估，评估准则参见表 7-5。

表 7-5　分解热评估

等级	分解热/(J/g)	说明
1	分解热 <400	潜在爆炸危险性
2	400≤分解热≤1200	分解放热量较大，潜在爆炸危险性较高
3	1200<分解热<3000	分解放热量大，潜在爆炸危险性高
4	分解热≥3000	分解放热量很大，潜在爆炸危险性很高

分解放热量是物质分解释放的能量，分解放热量大的物质，绝热温升高，潜在较高的燃爆危险性。实际应用过程中，要通过风险研究和风险评估，界定物料的安全操作温度，避免超过规定温度，引发爆炸事故的发生。

7.3.2　冷却失效模型

以一个放热间歇反应为例来说明失控情形时化学反应体系的行为。对此行为的描述，目前普遍接受的是 R. Gygax 提出的冷却失效模型。该模型认为：在室温下将反应物加入反应器，在搅拌状态下将目标反应的物料体系加热到反应温度，然后使其保持在反应停留时间和产率都经过优化的水平上。反应完成后，冷却并清空反应器(图 7-8 中虚线)。假定反应器处于反应温度时发生冷却失效(图中点 4)，则冷却系统发生故障后体系的温度变化如该情形所示。在发生故障的瞬间，如果未反应物质仍存在于反应器中（即存在物料累积），则后续进行的反应将导致温度升高。此温升取决于未反应物料的累积量，即取决于工艺操作条件。温度将到达合成反应的最高温度（Maximum Temperature of the Synthesis Reaction，MTSR）。该温度有可能引发反应物料的分解反应（即二次分解反应），而二次分解反应放热会导致温度的进一步上升（图中阶段 6），到达最终温度 T_{end}。

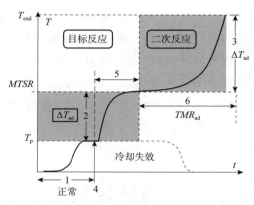

图 7 - 8 冷却失效模型

由图 7 - 8 可知，由于目标反应的失控，有可能会引发一个二次反应。目标反应与二次反应之间存在的这种差别可以使评估工作简化，因为这两个由 MTSR 联系在一起的反应阶段事实上是分开的，允许分别进行研究。于是，对目标反应热风险的评价就转化为下列 6 个问题的研究。

（1）正常反应时，通过冷却系统是否能控制反应物料的工艺温度？

正常操作时，必须保证足够的冷却能力来控制反应器的温度，从而控制反应历程。工艺研发阶段必须考虑到这个问题。为了确保能对反应体系的放热进行控制，冷却系统必须具有足够的冷却能力，以移出反应释放的能量。为此，必须获得反应的放热速率 q_{rx} 和反应器的冷却能力 q_{ex}。

在回答这个问题的过程中，还需要特别注意①反应物料可能出现的黏性变化问题（如聚合反应）；②反应器壁面可能出现的积垢问题；③反应器是否处于动态稳定性区内运行（即反应器内的目标反应是否存在参数敏感的问题）。

（2）目标反应失控后体系温度会达到什么样的水平？

反应器发生冷却系统失效后，如果反应混合物中累积有未转化的反应物，则这些未转化的反应物将在不受控的状态下继续反应并导致绝热温升，累积物料产生的放热与积累百分数成正比。所以，要回答这个问题就需要研究反应物的转化率和时间的函数关系，以确定未转化反应物的累积度 X_{ac}。由此可以得到合成反应的最高温度 MTSR：

$$MTSR = T_P + X_{ac} \Delta T_{ad,rx} \tag{7-33}$$

这些数据可以通过反应量热测试获得。反应量热仪器可以提供目标反应的反应热，从而确定物料累积度为 100% 时的绝热温升 $\Delta T_{ad,rx}$。对放热速率进行积分就可以确定热转化

率和热累积 X_{ac}，当然，累积度也可以通过其他测试获得。

（3）二次反应失控后温度将达到什么样的水平？

由于 $MTSR$ 温度高于设定的工艺温度，有可能触发二次反应。不受控制的二次反应，将导致进一步的失控。由二次反应的热数据可以计算出绝热温升，并确定从 $MTSR$ 开始物料体系将到达的最终温度：

$$T_{end} = MTSR + \Delta T_{ad,d} \qquad (7-34)$$

式中　温度 T_{end}——失控的可能后果；

$\Delta T_{ad,d}$——物料体系发生绝热二次分解时的温升。

这些数据可以由量热法获得，量热法通常用于二次反应和热稳定性的研究。相关的量热设备有差示扫描量热仪（DSC）、Calvet 量热和绝热量热等。

（4）目标反应在什么时刻发生冷却失效会导致最严重的后果？

正如本章事故案例中描述的情形，反应器发生冷却系统失效的时间不定，更无法预测，为此必须假定其发生在最糟糕的瞬间。即假定发生在物料累积达到最大或反应混合物的热稳定性最差的时候。未转化反应物的量以及反应物料的热稳定性会随时间发生变化，因此知道在什么时刻累积度最大（潜在的放热最大）是很重要的。反应物料的热稳定性也会随时间发生变化，这常常发生在反应需要中间步骤才能进行的情形中。因此，为了回答这个问题必须了解合成反应和二次反应。即具有最大累积又存在最差热稳定性的情况是最糟糕的情况，必须采取安全措施予以解决。

对于这个问题，可以通过反应量热获取物料累积方面的信息，并同时组合采用 DSC，Calvet 量热和绝热量热来研究物料体系的热稳定性问题。

（5）目标反应发生失控有多快？

从工艺温度开始到达 $MTSR$ 需要经过一定的时间。然而，为了获得较好的经济性，工业反应器通常在物料体系反应速率很快的情况运行（反应温度较高）。因此，正常工艺温度之上的温度升高将显著加快反应速率。大多数情况下，这个时间很短（见图 7-8 阶段 5）。

可通过反应的初始比放热速率 q'_{T_p} 来估算目标反应失控后的绝热诱导期 $TMR_{ad,rx}$：

$$TMR_{ad,rx} = \frac{c'_p R T_p^2}{q'_{T_p} E_{rx}} \qquad (7-35)$$

式中　E_{rx}——目标反应的活化能。

（6）从 $MTSR$ 开始，二次分解反应的绝热诱导期有多长？

由于 $MTSR$ 温度高于设定的工艺温度，有可能触发二次反应，从而导致进一步的失控。二次分解反应的动力学对确定事故发生可能性起着重要的作用。运用 $MTSR$ 温度下分解反应的比放热速率 $q'_{T_{MTSR}}$ 可以估算其绝热诱导期 $TMR_{ad,d}$：

$$TMR_{ad,d} = \frac{c'_p R T_{MTSR}^2}{q'_{T_{MTSR}} E_d} \qquad (7-36)$$

式中　E_d——二次分解反应的活化能。

以上 6 个关键问题说明了工艺热风险知识的重要性。从这个意义上说，它体现了工艺热风险分析和建立冷却失效模型的系统方法。

一旦模型建立，下面要做的就是对工艺热风险进行实际评价。

7.3.3 严重度评估

严重度是指失控反应在不受控的情况下能量释放可能造成破坏的程度。由于精细化工行业的大多数反应是放热反应，反应失控的后果与释放的能量有关。反应释放出的热量越大，失控后反应体系温度的升高情况越显著，容易导致反应体系中温度超过某些组分的热分解温度，发生分解反应以及二次分解反应，产生气体或者造成某些物料本身的气化，而导致体系压力的增加。在体系压力增大的情况下，可能致使反应容器的破裂以及爆炸事故的发生，造成企业财产人员损失、伤害。失控反应体系温度的升高情况越显著，造成后果的严重程度越高。反应的绝热温升是一个非常重要的指标，绝热温升不仅仅是影响温度水平的重要因素，同时还是失控反应动力学的重要影响因素。

绝热温升与反应热成正比，可以利用绝热温升来评估放热反应失控后的严重度。当绝热温升达到200K或200K以上时，反应物料的多少对反应速率的影响不是主要因素，温升导致反应速率的升高占据主导地位，一旦反应失控，体系温度会在短时间内发生剧烈的变化，并导致严重的后果。而当绝热温升为50K或50K以下时，温度随时间的变化曲线比较平缓，体现的是一种体系自加热现象，反应物料的增加或减少对反应速率产生主要影响，在没有溶解气体导致压力增长带来的危险时，这种情况的严重度低。

利用严重度评估失控反应的危险性，可以将危险性分为四个等级，评估准则参见表7-6。

表7-6 失控反应严重度评估

等级	$\Delta T_{ad}/K$	后果
1	≤50 且无压力影响	单批次的物料损失
2	$50 < \Delta T_{ad} < 200$	工厂短期破坏
3	$200 \leqslant \Delta T_{ad} < 400$	工厂严重损失
4	≥400	工厂毁灭性的损失

绝热温升为200K或200K以上时，将会导致剧烈的反应和严重的后果；绝热温升为50K或50K以下时，如果没有压力增长带来的危险，将会造成单批次的物料损失，危险等级较低。

7.3.4 可能性评估

可能性是指由于工艺反应本身导致危险事故发生的可能概率大小。利用时间尺度可以对事故发生的可能性进行反应安全风险评估，可以设定最危险情况的报警时间，便于在失控情况发生时，在一定的时间限度内，及时采取相应的补救措施，降低风险或者强制疏散，最大限度地避免爆炸等恶性事故发生，保证化工生产安全。

对于工业生产规模的化学反应来说，如果在绝热条件下失控反应最大反应速率到达时间大于等于24h，人为处置失控反应有足够的时间，导致事故发生的概率较低。如果最大反应速率到达时间小于等于8h，人为处置失控反应的时间不足，导致事故发生的概率升高。采用上述的时间尺度进行评估，还取决于其他许多因素，例如化工生产自动化程度的高低、操作人员的操作水平和培训情况、生产保障系统的故障频率等，工艺安全管理也非常重要。

利用失控反应最大反应速率到达时间 TMR_{ad} 为时间尺度，对反应失控发生的可能性进行评估，评估准则参见表7-7。

表7-7 失控反应发生可能性评估

等级	TMR_{ad}/h	后果
1	$TMR_{ad} \geqslant 24$	很少发生
2	$8 < TMR_{ad} < 24$	偶尔发生
3	$1 < TMR_{ad} \leqslant 8$	很可能发生
4	$TMR_{ad} \leqslant 1$	频繁发生

7.3.5 工艺热风险评估

上述冷却系统失效情形利用温度尺度来评价严重度，利用时间尺度来评价可能性。一旦发生冷却故障，温度从工艺温度（T_p）出发，首先上升到合成反应的最高温度（$MTSR$），在该温度点必须确定是否会发生由二次反应引起的进一步升温。为此，二次分解反应的绝热诱导期 $TMR_{ad,d}$ 很有用，因为它是温度的函数。从 $TMR_{ad,d}$ 随温度的变化关系出发，可以寻找一个温度点使 $TMR_{ad,d}$ 达到一个特定值如24h或8h，对应的温度为 T_{D24} 或 T_{D8}，因为这些特定的时间参数对应于不同的可能性评价等级（从热风险发生可能性的三等级分级准则来看，诱导期超过24h的可能性属于"低的"级别；少于8h的属于"高的"级别）。

除了温度参数 T_p、$MTSR$ 及 T_{D24}，还有另外一个重要的温度参数：设备的技术极限对应的温度（Maximum Temperature for Technical Reasons，MTT）。这取决于结构材料的强度、反应器的设计参数如压力或温度等。在开放的反应体系里（即在标准大气压下），常常把沸点看成是这样的一个参数。在封闭体系中（即带压运行的情况），常常把体系达到压力泄放系统设定压力所对应的温度看成是这样的一个参数。

因此，考虑到温度尺度，对于放热化学反应，以下4个温度可以视为热风险评价的特征温度：

（1）工艺操作温度（T_p） 目标反应出现冷却失效情形的温度，对于整个失控模型来说，是一个初始引发温度。

（2）合成反应的最高温度（$MTSR$） 这个温度本质上取决于未转化反应物料的累积度，

因此，该参数强烈地取决于工艺设计。

（3）二次分解反应的绝热诱导期为24h的温度（T_{D24}）　这个温度取决于反应混合物的热稳定性。

（4）技术原因的最高温度（MTT）　对于开放体系而言即为沸点，对于封闭体系是最大允许压力（安全阀或爆破片设定压力）对应的温度。

根据这4个温度参数出现的不同次序，可以对工艺热风险的危险度进行分级，对应的危险度指数（Criticality Index）为1～5级（图7-9）。该指数不仅对风险评价有用，对选择和确定足够的风险降低措施也非常有帮助。

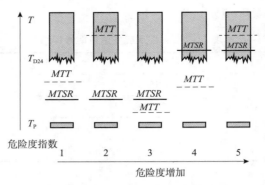

图7-9　四个温度水平对危险度分级

需要说明的是，根据图7-9对合成工艺进行的热风险分级体系主要基于4个特征温度参数，没有考虑到压力效应、溶剂蒸发速率、反应物料液位上涨等更加复杂的因素，因而是一种初步的热风险分级体系。

1）1级危险度情形

在目标反应发生失控后，没有达到技术极限（$MTSR < MTT$），且由于$MTSR$低于T_{D24}，不会触发分解反应。只有当反应物料在热累积情况下停留很长时间，才有可能达到MTT，且蒸发冷却能充当一个辅助的安全屏障。这样的工艺是热风险低的工艺。

对于该级危险度的情形不需要采取特殊的措施，但是反应物料不应长时间停留在热累积状态。只要设计适当，蒸发冷却或紧急泄压可起到安全屏障的作用。

2）2级危险度情形

目标反应发生失控后，温度达不到技术极限（$MTSR < MTT$），且不会触发分解反应（$MTSR < T_{D24}$）。情况类似于1级危险度情形，但是由于MTT高于T_{D24}，如果反应物料长时间停留在热累积状态，会引发分解反应，达到MTT。在这种情况下，如果MTT时的放热速率很高，到达沸点可能会引发危险。只要反应物料不长时间停留在热累积状态，则工艺过程的热风险较低。

对于该级危险度情形，如果能避免热累积，不需要采取特殊措施。如果不能避免出现热累积，蒸发冷却或紧急泄压最终可以起到安全屏障的作用。所以，必须依照这个特点来设计相应的措施。

3）3 级危险度情形

目标反应发生失控后，温度达到技术极限（$MTSR > MTT$），但不触发分解反应（$MTSR < T_{D24}$）。这种情况下，工艺安全取决于 MTT 时目标反应的放热速率。

第一个措施就是利用蒸发冷却或减压来使反应物料处于受控状态。必须依照这个特点来设计蒸馏装置，且即使是在公用工程发生失效的情况下该装置也必须能正常运行。还需要采用备用冷却系统、紧急放料或骤冷（Quenching）等措施。也可以采用泄压系统，但其设计必须能处理可能出现的两相流情形，为了避免反应物料泄漏到设备外，必须安装一个集料罐（Catch Pot）。当然，所有的这些措施的设计都必须保证能实现这些目标，而且必须在故障发生后立即投入运行。

4）4 级危险度情形

在合成反应发生失控后，温度将达到技术极限（$MTSR > MTT$），并且从理论上说会触发分解反应（$MTSR > T_{D24}$）。这种情况下，工艺安全取决于 MTT 时目标反应和分解反应的放热速率。蒸发冷却或紧急泄压可以起到安全屏障的作用。情况类似于 3 级危险度情形，但有一个重要的区别：如果技术措施失效，则将引发二次反应。

所以需要一个可靠的技术措施。它的设计与 3 级危险度情形一样，但还应考虑到二次反应附加的放热速率，因为放热速率加大后的风险更大。

需要强调的是，对于该级危险度情形，由于 $MTSR$ 高于 T_{D24}，这意味着如果温度不能稳定于 MTT 水平，则可能引发二次反应。因此，二次反应的潜能不可忽略，且必须包括在反应严重度的评价中，即应该采用体系总的绝热温升（$\Delta T_{ad} = \Delta T_{ad,rx} + \Delta T_{ad,d}$）进行严重度分级。

5）5 级危险度情形

在目标反应发生失控后，将触发分解反应（$MTSR > T_{D24}$），且温度在二次反应失控的过程中将达到技术极限。这种情况下，蒸发冷却或紧急泄压很难再起到安全屏障的作用。这是因为温度为 MTT 时二次反应的放热速率太高，会导致一个危险的压力增长。所以，这是一种很危险的情形。另外，其严重度的评价同 4 级危险度情形一样，需同时考虑到目标反应及二次反应的潜能。

因此，对于该级危险度情形，目标反应和二次反应之间没有安全屏障。所以，只能采用骤冷或紧急放料措施。由于大多数情况下分解反应释放的能量很大，必须特别关注安全措施的设计。为了降低严重度或至少是减小触发分解反应的可能性，非常有必要重新设计工艺。作为替代的工艺设计，应考虑到下列措施的可能性：降低浓度，将间歇反应变换为半间歇反应，优化半间歇反应的操作条件从而使物料累积最小化、转为连续操作等。

7.3.6　矩阵评估

风险矩阵是以失控反应发生后果严重度和相应的发生概率进行组合，得到不同的风险类型，从而对失控反应的反应安全风险进行评估，并按照可接受风险、有条件接受风险和不可接受风险，分别用不同的区域表示，具有良好的辨识性。

以最大反应速率到达时间作为风险发生的可能性，失控体系绝热温升作为风险导致的严重程度，通过组合不同的严重度和可能性等级，对化工反应失控风险进行评估。风险评估矩阵参见图 7 - 10。

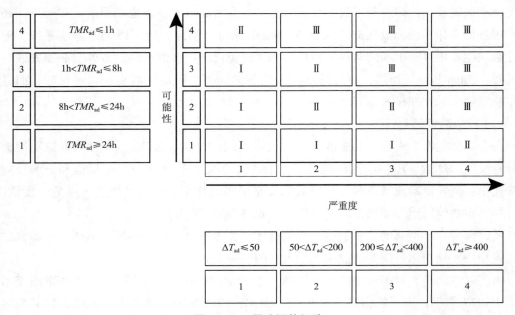

图 7 - 10　风险评估矩阵

失控反应安全风险的危险程度由风险发生的可能性和风险带来后果的严重度两个方面决定，风险分级原则如下：

Ⅰ级风险为可接受风险：可以采取常规的控制措施，并适当提高安全管理和装备水平。

Ⅱ级风险为有条件接受风险：在控制措施落实的条件下，可以通过工艺优化、工程、管理上的控制措施，降低风险等级。

Ⅲ级风险为不可接受风险：应当通过工艺优化、技术路线的改变，工程、管理上的控制措施，降低风险等级，或者采取必要的隔离方式，全面实现自动控制。

7.3.7　反应工艺危险度评估

反应工艺危险度评估是精细化工反应安全风险评估的重要评估内容。反应工艺危险度指的是工艺反应本身的危险程度，危险度越大的反应，反应失控后造成事故的严重程度就越大。

温度作为评价基准是工艺危险度评估的重要原则。考虑四个重要的温度参数，分别是工艺操作温度 T_p、技术最高温度 MTT、失控体系最大反应速率到达时间 TMR_{ad} 为 24h 对应的温度 T_{D24}，以及失控体系可能达到的最高温度 $MTSR$，评估准则参见表 7 - 8。

表 7 – 8 反应工艺危险度等级评估

等级	温度	后果
1	$T_p < MTSR < MTT < T_{D24}$	反应危险性较低
2	$T_p < MTSR < T_{D24} < MTT$	潜在分解风险
3	$T_p \leq MTT < MTSR < T_{D24}$	存在冲料和分解风险
4	$T_p \leq MTT < T_{D24} < MTSR$	冲料和分解风险较高，潜在爆炸风险
5	$T_p < T_{D24} < MTSR < MTT$	爆炸风险较高

针对不同的反应工艺危险度等级，需要建立不同的风险控制措施。对于危险度等级在 3 级及以上的工艺，需要进一步获取失控反应温度、失控反应体系温度与压力的关系、失控过程最高温度、最大压力、最大温度升高速率、最大压力升高速率及绝热温升等参数，确定相应的风险控制措施。

7.4 化学反应安全风险的评价程序

7.4.1 化学反应安全风险评价的一般规则

从上面的介绍看，用于热风险评价的数据和概念较复杂且不易搞懂。实际上，有两个规则可以简化程序并将工作量降低到最低程度。

(1)简化评价法将问题尽可能地简化，从而把所需要的数据量减少到最小。这种方法比较经济，适合于初步的评价。

(2)深入评价法该方法从最坏情形出发，需要更多、更准确的数据才能做出评价。如果由简化评价法得到的结果为正结果(即被评价的工艺、操作在安全上可行)，则应保证有足够大的安全裕度。如果简化法评价得到的是一个负结果，也就是说得到的结果不能保证工艺、操作的安全，这意味着需要更加准确的数据来做最后的决定，即需要进一步采用深入得更加复杂的评价体系与方法进行评价。通过这样的评价，可以为一些工艺参数的调整提供充分的依据并解决安全上的难点问题。

7.4.2 化学反应安全风险评价的程序

1)物料热稳定性风险评估

对所需评估的物料进行热稳定性测试，获取热稳定性评估所需要的技术数据。主要数据包括物料热分解起始分解温度、分解热、绝热条件下最大反应速率到达时间为 24h 对应的温度。对比工艺温度和物料稳定性温度，如果工艺温度大于绝热条件下最大反应速率到达时间为 24h 对应的温度，物料在工艺条件下不稳定，需要优化已有工艺条件，或者采取一定的技术控制措施，保证物料在工艺过程中的安全和稳定。根据物质分解放出的热量大小，对物料潜在的燃爆危险性进行评估，分析分解导致的危险性情况，对物料在使用过程中需要避免受热或超温，引发危险事故的发生提出要求。

2）目标反应安全风险发生可能性和导致的严重程度评估

实验测试获取反应过程绝热温升、体系热失控情况下工艺反应可能达到的最高温度，以及失控体系到达最高温度对应的最大反应速率到达时间等数据。考虑工艺过程的热累积度为100%，利用失控体系绝热温升，按照分级标准，对失控反应可能导致的严重程度进行反应安全风险评估；利用最大反应速率到达时间，对失控反应触发二次分解反应的可能性进行反应安全风险评估。综合失控体系绝热温升和最大反应速率到达时间，对失控反应进行复合叠加因素的矩阵评估，判定失控过程风险可接受程度。如果为可接受风险，说明工艺潜在的热危险性是可以接受的；如果为有条件接受风险，则需要采取一定的技术控制措施，降低反应安全风险等级；如果为不可接受风险，说明常规的技术控制措施不能奏效，已有工艺不具备工程放大条件，需要重新进行工艺研究、工艺优化或工艺设计，保障化工过程的安全。

3）目标反应工艺危险度评估

实验测试获取包括目标工艺温度、失控后体系能够达到的最高温度、失控体系最大反应速率到达时间为24h对应的温度、技术最高温度等数据。在反应冷却失效后，四个温度数值大小排序不同，根据分级原则，对失控反应进行反应工艺危险度评估，形成不同的危险度等级；根据危险度等级，有针对性地采取控制措施。应急冷却、减压等安全措施均可以作为系统安全的有效保护措施。对于反应工艺危险度较高的反应，需要对工艺进行优化或者采取有效的控制措施，降低危险度等级。常规控制措施不能奏效时，需要重新进行工艺研究或工艺优化，改变工艺路线或优化反应条件，减少反应失控后物料的累积程度，实现化工过程安全。

7.5 实验测试仪器

反应安全风险评估需要的设备种类较多，除了闪点测试仪、爆炸极限测试仪等常规测试仪以外，必要的设备还包括差热扫描量热仪、热稳定性筛选量热仪、绝热加速度量热仪、高性能绝热加速度量热仪、微量热仪、常压反应量热仪、高压反应量热仪、最小点火能测试仪等；配备水分测试仪、液相色谱仪、气相色谱仪等分析仪器设备；具备动力学研究手段和技术能力。反应安全风险评估包括但不局限于上述设备。

7.6 措施建议

综合反应安全风险评估结果，考虑不同的工艺危险程度，建立相应的控制措施，在设计中体现，并同时考虑厂区和周边区域的应急响应。

对于反应工艺危险度为 1 级的工艺过程，应配置常规的自动控制系统，对主要反应参数进行集中监控及自动调节（DCS 或 PLC）。

对于反应工艺危险度为 2 级的工艺过程，在配置常规自动控制系统，对主要反应参数进行集中监控及自动调节（DCS 或 PLC）的基础上，要设置偏离正常值的报警和联锁控制，在非正常条件下有可能超压的反应系统，应设置爆破片和安全阀等泄放设施。根据评估建议，设置相应的安全仪表系统。

对于反应工艺危险度为 3 级的工艺过程，在配置常规自动控制系统，对主要反应参数进行集中监控及自动调节，设置偏离正常值的报警和联锁控制，以及设置爆破片和安全阀等泄放设施的基础上，还要设置紧急切断、紧急终止反应、紧急冷却降温等控制设施。根据评估建议，设置相应的安全仪表系统。

对于反应工艺危险度为 4 级和 5 级的工艺过程，尤其是风险高但必须实施产业化的项目，要努力优先开展工艺优化或改变工艺方法降低风险，例如通过微反应、连续流完成反应；要配置常规自动控制系统，对主要反应参数进行集中监控及自动调节，要设置偏离正常值的报警和联锁控制，设置爆破片和安全阀等泄放设施，设置紧急切断、紧急终止反应、紧急冷却等控制设施；还需要进行保护层分析，配置独立的安全仪表系统。对于反应工艺危险度达到 5 级并必须实施产业化的项目，在设计时，应设置在防爆墙隔离的独立空间中，并设置完善的超压泄爆设施，实现全面自控，除装置安全技术规程和岗位操作规程中对于进入隔离区有明确规定的，反应过程中操作人员不应进入所限制的空间内。

7.7　反应安全风险评估过程示例

7.7.1　工艺描述

标准大气压下，向反应釜中加入物料 A 和 B，升温至 60℃，滴加物料 C，体系在 75℃ 时沸腾。滴完后 60℃ 保温反应 1h。此反应对水敏感，要求体系含水量不超过 0.2%。

7.7.2　研究及评估内容

根据工艺描述，采用联合测试技术进行热特性和热动力学研究，获得安全性数据，开展反应安全风险评估，同时还考虑了反应体系水分偏离为 1% 时的安全性研究。

7.7.3　研究结果

（1）反应放热，最大放热速率为 89.9 W/kg，物料 C 滴加完毕后，反应热转化率为 75.2%，摩尔反应热为 −58.7kJ/mol，反应物料的比热容为 2.5kJ/(kg·K)，绝热温升为 78.2K。

（2）目标反应料液起始放热分解温度为 118℃，分解放热量为 130J/g。放热分解过程中，最大温升速率为5.1℃/min，最大压升速率为0.67MPa/min。

含水达到1%时，目标反应料液起始放热分解温度为105℃，分解放热量为206J/g。放热分解过程最大温升速率为9.8℃/min，最大压升速率为1.26MPa/min。

（3）目标反应料液自分解反应初期活化能为75kJ/mol，中期活化能为50kJ/mol。

目标反应料液热分解最大反应速率到达时间为2h对应的温度T_{D2}为126.6℃，T_{D4}为109.1℃，T_{D8}为93.6℃，T_{D24}为75.6℃，T_{D168}为48.5℃。

7.7.4 反应安全风险评估

根据研究结果，目标反应安全风险评估结果如下：

（1）此反应的绝热温升ΔT_{ad}为78.2K，该反应失控的严重度为"2级"。

（2）最大反应速率到达时间为1.1h对应的温度为138.2℃，失控反应发生的可能性等级为3级，一旦发生热失控，人为处置时间不足，极易引发事故。

（3）风险矩阵评估的结果：风险等级为Ⅱ级，属于有条件接受风险，需要建立相应的控制措施。

（4）反应工艺危险度等级为4级（$T_p < MTT < T_{D24} < MTSR$）。合成反应失控后体系最高温度高于体系沸点和反应物料的T_{D24}，意味着体系失控后将可能爆沸并引发二次分解反应，导致体系发生进一步的温升。需要从工程措施上考虑风险控制方法。

（5）自分解反应初期活化能大于反应中期活化能，样品一旦发生分解反应，很难被终止，分解反应的危险性较高。

该工艺需要配置自动控制系统，对主要反应参数进行集中监控及自动调节，主反应设备设计安装爆破片和安全阀、加料紧急切断、温控与加料联锁自控系统，并按要求配置独立的安全仪表保护系统。

建议：进一步开展风险控制措施研究，为紧急终止反应和泄爆口尺寸设计提供技术参数。

第8章　化工过程安全管理

化工过程(chemical process)伴随易燃易爆、有毒有害等物料和产品，涉及工艺、设备、仪表、电气等多个专业和复杂的公用工程系统。据统计，2011～2019年全国在危险化学品生产、运输、废弃处置等环节共发生重特大事故12起，死亡233人。特别是近年河北盛华"11·28"爆燃和江苏天嘉宜"3·21"燃爆等重特大事故的发生，表明我国化工企业安全生产形势依然严峻复杂。加强化工过程安全管理，是国际先进的重大工业事故预防和控制方法，是企业及时消除安全隐患、预防事故、构建安全生产长效机制的重要基础性工作。

过程安全管理(Process Safety Management，PSM)是在印度Bhopal事故之后发展起来的，目的是防止此类事故的再次发生。作为美国职业安全健康署(OSHA)的标准之一，PSM是一整套主动识别、评估、缓解和防止石油化工企业内由于过程操作与设备导致安全事故的整体管理体系。OSHA PSM标准有14个管理要素，分别是员工参与、过程安全信息、过程危险分析、操作规程管理、培训、承包人管理、启动前安全复审、设备完整性管理、动火许可、变更管理、事故调查、应急预案和响应、实施审查和商业秘密管理。

在借鉴国外化工PSM的基础上，1997年中国石油天然气总公司颁布《石油天然气加工工艺危害管理》，从企业角度开创了中国PSM规范理性化的第一步。随后，原国家安监总局从政府角度逐步推进和规范，于2008年制订《危险化学品从业单位安全标准化通用规范》(AQ 3013—2008)；于2010年颁布《化工企业工艺安全管理实施导则》(AQ/T 3034—2010)，完善了动火、受限空间等高风险作业许可管理；并于2013年印发《关于加强化工过程安全管理的指导意见》(安监总管三〔2013〕88号)，明确了与AQ/T 3034—2010的12个要素相对应的化工PSM的主要内容和任务，旨在帮助化工企业实施全员、全过程、全方位、全天候化工PSM。

国内外各PSM法规标准及实施具有一定差异。有的规定侧重于企业内部的具体管理流程，可以被企业直接应用；有的规定或是对国家作为行动主体的要求，或者采用一般性表述，需要企业结合自身实际情况制定内部安全管理制度。

化工过程安全管理的主要内容和任务包括收集和利用化工过程安全生产信息；风险辨识和控制；不断完善并严格执行操作规程；通过规范管理，确保装置安全运行；开展安全教育和操作技能培训；严格新装置试车和试生产的安全管理；保持设备设施完好性；作业安全管理；承包商安全管理；变更管理；应急管理；事故和事件管理；化工过程安全管理的持续改进等。化工过程安全管理框架体系如图 8-1 所示。

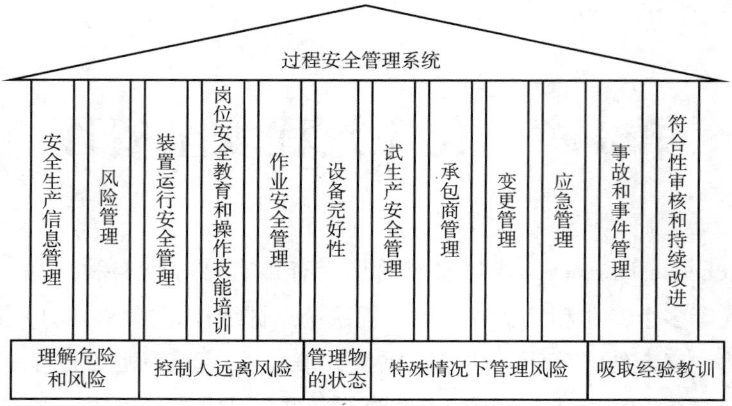

图 8-1　化工过程安全管理框架体系

8.1　安全生产信息管理

8.1.1　全面收集安全生产信息

企业要明确责任部门，按照《化工企业工艺安全管理实施导则》(AQ/T 3034—2010)的要求，全面收集生产过程涉及的化学品危险性、工艺和设备等方面的全部安全生产信息，并将其文件化。安全生产信息可以帮助我们理解工厂的过程系统如何运行，以及为什么要以这样的方式运行。安全生产信息产生于工厂生命周期的各个阶段，是识别与控制风险的依据，也是落实过程安全管理系统其他要素的基础。

其中收集的化学品危险性信息至少应包括：

(1)毒性；

(2)允许暴露限值；

(3)物理参数，如沸点、蒸气压、密度、溶解度、闪点、爆炸极限；

(4)反应特性，如分解反应、聚合反应；

(5)腐蚀性数据，腐蚀性以及材质的不相容性；

(6)热稳定性和化学稳定性，如受热是否分解、暴露于空气中或被撞击时是否稳定；与其他物质混合时的不良后果，混合后是否发生反应；

(7)对于泄漏化学品的处置方法。

工艺技术信息通常包含在技术手册、操作规程、操作法、培训材料或其他类似文件中，至少应包括：

(1)工艺流程简图；

(2)工艺化学原理资料；

（3）设计的物料最大存储量；

（4）安全操作范围（温度、压力、流量、液位或组分等）；

（5）偏离正常工况后果的评估，包括对员工的安全和健康的影响。

工艺设备信息至少应包括：

（1）材质；

（2）工艺控制流程图（P&ID）；

（3）电气设备危险等级区域划分图；

（4）泄压系统设计和设计基础；

（5）通风系统的设计图；

（6）设计标准或规范；

（7）物料平衡表、能量平衡表；

（8）计量控制系统；

（9）安全系统（如：联锁、监测或抑制系统）。

8.1.2　充分利用安全生产信息

企业要综合分析收集到的各类信息，明确提出生产过程安全要求和注意事项。通过建立安全管理制度、制定操作规程、制定应急救援预案、制作工艺卡片、编制培训手册和技术手册、编制化学品间的安全相容矩阵表等措施，将各项安全要求和注意事项纳入自身的安全管理中。

8.1.3　建立安全生产信息管理制度

企业要建立安全生产信息管理制度，工艺安全信息文件应纳入企业文件控制系统予以管理，并及时更新信息文件，保持最新版本。企业要保证生产管理、过程危害分析、事故调查、符合性审核、安全监督检查、应急救援等方面的相关人员能够及时获取最新安全生产信息。安全信息不全，版本的不统一将直接造成员工对风险认识的不完整和不统一，增加风险不受控的概率。

工艺安全信息通常包含在技术手册、操作规程、培训材料或其他工艺文件中。企业可以通过以下途径获得所需的工艺安全信息：

（1）从制造商或供应商处获得物料安全技术说明书（MSDS），但是混合物的安全信息需要实验测量或者利用化学品安全的有关研究结果进行理论预测；

（2）从项目工艺技术包的提供商或工程项目总承包商处可以获得基础的工艺技术信息；

（3）从设计单位获得详细的工艺系统信息，包括各专业的详细图纸、文件和计算书等；

（4）从设备供应商处获取主要设备的资料，包括设备手册或图纸、维修和操作指南、故障处理等相关的信息；

（5）机械完工报告、单机和系统调试报告、监理报告、特种设备检验报告、消防验收报告等文件和资料；

(6)为了防止生产过程中误将不相容的化学品混合，宜将企业范围内涉及的化学品编制成化学品互相反应的矩阵表；通过查阅矩阵表确认化学品之间的相容性。

8.2 风险管理

8.2.1 建立风险管理制度

企业要制定化工过程风险管理制度，明确风险辨识范围、方法、频次和责任人，规定风险分析结果应用和改进措施落实的要求，对生产全过程进行风险辨识分析。风险辨识分析最好是由一个小组来完成并应明确一名负责人，小组成员由具备工程和生产经验、掌握工艺系统相关知识以及工艺危害分析方法的人员组成。

企业应在工艺装置建设期间进行一次风险辨识分析，在装置投产后，需要与设计阶段的风险分析比较，由于经常需要对工艺系统进行更新，对于复杂的变更或者变更可能增加危害的情形，需要对发生变更的部分进行风险分析。在役装置的风险分析还需要审查过去几年的变更、本企业或同行业发生的事故和严重未遂事故。

识别、评估和控制工艺系统相关的危害，所选择的方法要与工艺系统的复杂性相适应。企业应每三年对以前完成的风险辨识分析重新进行确认和更新，涉及剧毒化学品的工艺可结合法规对现役装置评价要求频次进行。对涉及重点监管危险化学品、重点监管危险化工工艺和危险化学品重大危险源(以下统称"两重点一重大")的生产储存装置进行风险辨识分析，要采用危险与可操作性分析(HAZOP)技术，一般每3年进行一次。对其他生产储存装置的风险辨识分析，针对装置不同的复杂程度，选用安全检查表、工作危害分析、预危险性分析、故障类型和影响分析(FMEA)、HAZOP技术等方法或多种方法组合，可每5年进行一次。企业管理机构、人员构成、生产装置等发生重大变化或发生生产安全事故时，要及时进行风险辨识分析。企业要组织所有人员参与风险辨识分析，力求风险辨识分析全覆盖。企业应确保风险分析建议可以及时得到解决，并且形成相关文件和记录。如：建议采纳情况、改进实施计划、工作方案、时间表、验收、告知相关人员等。

8.2.2 确定风险辨识分析内容

化工过程风险分析应包括：工艺技术的本质安全性及风险程度；工艺系统可能存在的风险；对严重事件的安全审查情况；控制风险的技术、管理措施及其失效可能引起的后果；现场设施失控和人为失误可能对安全造成的影响。在役装置的风险辨识分析还要包括发生的变更是否存在风险，吸取本企业和其他同类企业事故及事件教训的措施等。

8.2.3　制定可接受的风险标准

企业要按照《危险化学品重大危险源监督管理暂行规定》（国家安全监管总局令第40号）的要求，根据国家有关规定或参照国际相关标准，确定本企业可接受的风险标准。对辨识分析发现的不可接受风险，企业要及时制定并落实消除、减小或控制风险的措施，将风险控制在可接受的范围。

8.3　装置运行安全管理

8.3.1　操作规程管理

操作规程（Operating Procedure）是工艺装置和设备从初始状态通过一定顺序过渡到最终状态的一系列准确的操作步骤、规则和程序，以及对超出工艺参数范围的危害（安全、环境及质量方面）应采取的纠正或避免偏差措施的说明。

企业要制定操作规程管理制度，规范操作规程内容，其内容应根据生产工艺和设备的结构运行特点以及安全运行等要求，对操作人员在全部过程中所必须遵守的事项、程序及动作等做出的规定；明确操作规程编写、审查、批准、分发、使用、控制、修改及废止的程序和职责。操作规程的内容应至少包括：开车、正常操作、临时操作、应急操作、正常停车和紧急停车的操作步骤与安全要求；工艺参数的正常控制范围，偏离正常工况的后果，防止和纠正偏离正常工况的方法及步骤；操作过程的人身安全保障、职业健康注意事项等。

操作规程应及时反映安全生产信息、安全要求和注意事项的变化。企业每年要对操作规程的适应性和有效性进行确认，至少每3年要对操作规程进行审核修订；当工艺技术、设备发生重大变更时，要及时审核修订操作规程。

企业要确保作业现场始终存有最新版本的操作规程文本，以方便现场操作人员随时查用；定期开展操作规程培训和考核，建立培训记录和考核成绩档案；鼓励从业人员分享安全操作经验，参与操作规程的编制、修订和审核。

8.3.2　异常工况监测预警

操作规程为工艺操作人员解释安全操作参数的确切含义，阐述违背工艺限制的操作对安全、健康和环境的影响，并说明用以纠正或避免偏差的步骤，达成安全与操作融合的目的。

企业要装备自动化控制系统，对重要工艺参数进行实时监控预警；要采用在线安全监控、自动检测或人工分析数据等手段，及时判断发生异常工况的根源，评估可能产生的后果，制定安全处置方案，避免因处理不当造成事故。

8.3.3 开停车安全管理

企业要制定开停车安全条件检查确认制度。在正常开停车、紧急停车后的开车前，都要进行安全条件检查确认。开停车前，企业要进行风险辨识分析，制定开停车方案，编制安全措施和开停车步骤确认表，经生产和安全管理部门审查同意后，要严格执行并将相关资料存档备查。

企业要落实开停车安全管理责任，严格执行开停车方案，建立重要作业责任人签字确认制度。开车过程中装置依次进行吹扫、清洗、气密试验时，要制定有效的安全措施；引进蒸汽、氮气、易燃易爆介质前，要指定有经验的专业人员进行流程确认；引进物料时，要随时监测物料流量、温度、压力、液位等参数变化情况，确认流程是否正确。要严格控制进退料顺序和速率，现场安排专人不间断巡检，监控有无泄漏等异常现象。

停车过程中的设备、管线低点的排放要按照顺序缓慢进行，并做好个人防护；设备、管线吹扫处理完毕后，要用盲板切断与其他系统的联系。抽堵盲板作业应在编号、挂牌、登记后按规定的顺序进行，并安排专人逐一进行现场确认。

8.4 岗位安全教育和操作技能培训

8.4.1 建立并执行安全教育培训制度

企业要建立厂、车间、班组三级安全教育培训体系，制定安全教育培训制度，根据岗位特点和应具备的技能，明确制订各个岗位的具体培训要求，培训是对员工工作和任务要求以及执行方法的实践性指导；要制定并落实教育培训计划，定期评估教育培训内容、方式和效果，并作为改进和优化培训方案的依据。确保员工了解工艺系统的危害，以及这些危害与员工所从事工作的关系，帮助员工采取正确的工作方式避免工艺安全事故。从业人员应经考核合格后方可上岗，特种作业人员必须持证上岗。

8.4.2 从业人员安全教育培训

企业要按照国家和企业要求，定期开展从业人员安全培训，使从业人员掌握安全生产基本常识及本岗位操作要点、操作规程、危险因素和控制措施，掌握异常工况识别判定、应急处置、避险避灾、自救互救等技能与方法，熟练使用个体防护用品。当工艺技术、设备设施等发生改变时，需要按照变更管理程序的要求，就变更的内容和要求告知或培训操作人员及其他相关人员，对操作人员进行再培训。要重视开展从业人员安全教育，使从业人员不断强化安全意识，充分认识化工安全生产的特殊性和极端重要性，自觉遵守企业安全管理规定和操作规程。企业要采取有效的监督检查评估措施，利用笔试、口试、现场实际操作、质量审查等手段保证安全教育培训工作质量和效果。

8.4.3　新装置投用前的安全操作培训

新建企业应规定从业人员文化素质要求，变招工为招生，加强从业人员专业技能培养。工厂开工建设后，企业就应招录操作人员，使操作人员在上岗前先接受规范的基础知识和专业理论培训。装置试生产前，企业要完成全体管理人员和操作人员岗位技能培训，确保全体管理人员和操作人员考核合格后参加全过程的生产准备。

8.4.4　建立教育培训档案制度

企业应保存好员工的培训记录。包括员工的姓名、培训时间和培训效果等都要以记录形式保存。

为了保证相关员工接触到必需的工艺安全信息和程序，又保护企业利益不受损失，企业可依具体情况与接触商业秘密的员工签订保密协议。

8.5　试生产安全管理

8.5.1　明确试生产安全管理职责

企业要明确试生产安全管理范围，合理界定项目建设单位、总承包商、设计单位、监理单位、施工单位等相关方的安全管理范围与职责。

项目建设单位或总承包商负责编制总体试生产方案、明确试生产条件，设计、施工、监理单位要对试生产方案及试生产条件提出审查意见。对采用专利技术的装置，试生产方案经设计、施工、监理单位审查同意后，还要经专利供应商现场人员书面确认。

项目建设单位或总承包商负责编制联动试车方案、投料试车方案、异常工况处置方案等。试生产前，项目建设单位或总承包商要完成工艺流程图、操作规程、工艺卡片、工艺和安全技术规程、事故处理预案、化验分析规程、主要设备运行规程、电气运行规程、仪表及计算机运行规程、联锁整定值等生产技术资料、岗位记录表和技术台账的编制工作。

8.5.2　试生产前各环节的安全管理

试生产前安全审查工作应由一个有组织的小组及责任人来完成，并应明确试生产前安全审查的职责是确保新建项目或重大工艺变更项目安全投用和预防灾难性事故的发生。小组的成员和规模根据具体情况而定。检查小组应该具备如下知识和技能：

（1）熟悉相关的工艺过程；

（2）熟悉相关的政策、法规、标准；

（3）熟悉相关设备，能够分辨设备的设计与安装是否符合设计意图；

(4)熟悉工厂的生产和维修活动；

(5)熟悉企业项目的风险控制目标。

建设项目试生产前，建设单位或总承包商要及时组织设计、施工、监理、生产等单位的工程技术人员开展"三查四定"（三查：查设计漏项、查工程质量、查工程隐患；四定：对整改工作定任务、定人员、定时间、定措施），确保施工质量符合有关标准和设计要求，确认工艺危害分析报告中的改进措施和安全保障措施已经落实。

试生产前的安全管理包括如下环节：

(1)系统吹扫冲洗安全管理

在系统吹扫冲洗前，要在排放口设置警戒区，拆除易被吹扫冲洗损坏的所有部件，确认吹扫冲洗流程、介质及压力。蒸汽吹扫时，要落实防止人员烫伤的防护措施。

(2)气密试验安全管理

要确保气密试验方案全覆盖、无遗漏，明确各系统气密的最高压力等级。高压系统气密试验前，要分成若干等级压力，逐级进行气密试验。真空系统进行真空试验前，要先完成气密试验。要用盲板将气密试验系统与其他系统隔离，严禁超压。气密试验时，要安排专人监控，发现问题，及时处理；做好气密检查记录，签字备查。

(3)单机试车安全管理

企业要建立单机试车安全管理程序。单机试车前，要编制试车方案、操作规程，并经各专业确认。单机试车过程中，应安排专人操作、监护、记录，发现异常立即处理。单机试车结束后，建设单位要组织设计、施工、监理及制造商等方面人员签字确认并填写试车记录。

(4)联动试车安全管理

联动试车应具备下列条件：所有操作人员考核合格并已取得上岗资格；公用工程系统已稳定运行；试车方案和相关操作规程、经审查批准的仪表报警和联锁值已整定完毕；各类生产记录、报表已印发到岗位；负责统一指挥的协调人员已经确定。引入燃料或窒息性气体后，企业必须建立并执行每日安全调度例会制度，统筹协调全部试车的安全管理工作。

(5)投料安全管理

投料前，要全面检查工艺、设备、电气、仪表、公用工程和应急准备等情况，具备条件后方可进行投料。投料及试生产过程中，管理人员要现场指挥，操作人员要持续进行现场巡查，设备、电气、仪表等专业人员要加强现场巡检，发现问题及时报告和处理。投料试生产过程中，要严格控制现场人数，严禁无关人员进入现场。

现场检查完成后，检查小组应编制试生产前安全检查报告，记录检查清单中所有要求完成的检查项的状态。

在装置投产后，项目经理或负责人还需要完成"试生产后需要完成检查项"。在检查清单中所有的检查项都完成后，对试生产前安全检查报告进行最后更新，得到最终版本，并予以保留。

8.6 设备完好性(完整性)

设备完整性管理涵盖了对设备安装、使用、维护、修理、检验、变更、报废等各个环节的管理。其根据不同的行业、规范要求、地理位置和装置特点而异,但是所有成功的设备完整性管理计划,都有着共同的特性:

(1)为保证预期应用,对设备进行了良好的设计、制造、采购、安装、操作和维修;

(2)根据确定的准则,清晰地列出了计划中所包括的设备;

(3)将设备进行了优先等级排序,以利于优化资源分配(如人力、费用、储存空间等);

(4)帮助企业员工执行计划性维修,减少非计划性维修;

(5)帮助企业员工在缺陷产生时知道如何辨别并进行控制,以防止设备缺陷引起严重后果;

(6)认识和接受良好的工程经验;

(7)可以确保安排执行工艺设备检验、试验、采购、制造、安装、报废和再用的人员经过相应的培训,并且有相应的执行程序;

(8)包含文件及记录要求,保证设备完整性管理执行的连续性,并为其他用户提供准确的设备信息,包括过程安全和风险管理等。

设备完整性管理的目的是保证关键设备在其生命周期内达到预期的应用,如缺陷维修、腐蚀监控等。

8.6.1 建立并不断完善设备管理制度

1)建立设备台账管理制度

企业要对所有设备进行编号,建立设备台账、技术档案和备品配件管理制度,编制设备操作和维护规程。设备操作、维修人员要进行专门的培训和资格考核,培训考核情况要记录存档。

2)建立装置泄漏监(检)测管理制度

企业要统计和分析可能出现泄漏的部位、物料种类和最大量。定期监(检)测生产装置动静密封点,发现问题及时处理。定期标定各类泄漏检测报警仪器,确保准确有效。要加强防腐蚀管理,确定检查部位,定期检测,建立检测数据库。对重点部位要加大检测检查频次,及时发现和处理管道、设备壁厚减薄情况;定期评估防腐效果和核算设备剩余使用寿命,及时发现并更新更换存在安全隐患的设备。

3)建立电气安全管理制度

企业要编制电气设备设施操作、维护、检修等管理制度。定期开展企业电源系统安全可靠性分析和风险评估。要制定防爆电气设备、线路检查和维护管理制度。

4）建立仪表自动化控制系统安全管理制度

新（改、扩）建装置和大修装置的仪表自动化控制系统投用前、长期停用的仪表自动化控制系统再次启用前，必须进行检查确认。要建立健全仪表自动化控制系统日常维护保养制度，建立安全联锁保护系统停运、变更专业会签和技术负责人审批制度。

5）建立设备报废和拆除制度

企业应建立设备报废和拆除程序，明确报废的标准和拆除的安全要求。

8.6.2　设备安全运行管理

1）新设备的安装

企业应建立适当的程序确保设备的现场安装符合设备设计规格要求和制造商提出的安装指南，如防止材质误用、安装过程中的检验和测试。检验和测试应形成报告，并予以留存。

压力容器、压力管道、特种设备等国家有强制的设计、制造、安装、登记要求的，必须满足法规要求，并保留相关证明文件和记录。

2）开展设备预防性维修

关键设备要装备在线监测系统。要定期监（检）测检查关键设备、连续监（检）测检查仪表，及时消除静设备密封件、动设备易损件的安全隐患。定期检查压力管道阀门、螺栓等附件的安全状态，及早发现和消除设备缺陷，以防止小缺陷和故障演变成灾难性的物料泄漏，酿成严重的工艺安全事故。预防性维修包括但不限于以下内容：

（1）检验压力容器和储罐、校验安全阀，对换热器管程测厚或进行压力试验；

（2）清理阻火器、更换爆破片、更换泵的密封件；

（3）测试消防水系统、对可燃、有毒气体报警系统、紧急切断阀、报警和联锁进行功能测试；

（4）监测压缩机的振动状况、对电气设备进行测温分析等。

3）加强动设备管理

企业要编制动设备操作规程，确保动设备始终具备规定的工况条件。自动监测大机组和重点动设备的转速、振动、位移、温度、压力、腐蚀性介质含量等运行参数，及时评估设备运行状况。加强动设备润滑管理，确保动设备运行可靠。

4）开展安全仪表系统安全完整性等级评估

企业要在风险分析的基础上，确定安全仪表功能（SIF）及其相应的功能安全要求或安全完整性等级（SIL）。企业要按照《过程工业领域安全仪表系统的功能安全》（GB/T 21109—2007）和《石油化工安全仪表系统设计规范》（GB/T 50770—2013）的要求，设计、安装、管理和维护安全仪表系统。

5）落实机械完整性相关的培训

企业应安排参与设备管理、使用、维修、维护的相关人员接受培训，达到以下目的。

（1）了解开展维修作业所设计的工艺的基本情况，包括存在的危害和维修过程中正确的应对措施。

（2）掌握作业程序，包括作业许可证、维修、维护程序和要求。

（3）熟悉与维修活动相关的其他安全作业程序，如动火程序、变更程序等。

（4）检验和测试人员取得法规要求的资质。

8.7　作业安全管理

8.7.1　建立危险作业许可制度

企业要建立并不断完善危险作业许可制度，规范动火、受限空间、动土、临时用电、高处作业、断路、吊装、抽堵盲板等特殊作业的安全条件和审批程序。

作业许可管理的原则是：

（1）选择更安全的方式　只有在没有任何其他更加安全、合理和切实可行的替代方法完成工作任务时，才考虑进行高危作业，实施作业许可管理。

（2）程序不可逾越　从事高危作业以及非常规作业必须实行作业许可管理，否则，不得组织作业；对不能确定是否需要办理许可证的作业，应选择办理作业许可证。

（3）直线责任和属地管理　遵循落实直线责任和属地管理的原则，作业许可证由有权提供、调配、协调相应资源的直线领导、属地主管或其授权人审批。

（4）授权不授责　遵循授权不授责的原则，作业的最终安全责任由相应级别的安全第一责任人承担。

（5）现场确认　作业许可审批前，必须确认作业现场的所有安全措施都已落实，例如已经完成了作业风险评价和承包商的培训，准备好了应急预案，使用盲板对危险源进行了隔离，可燃气体含量在安全的范围内，完成了挂牌上锁等；当作业完成时，查作业区域，确保阀门开关正确、工艺管线上的盲板已经拆除、下水道和排水沟已经盖好、挂牌上锁已经摘除等。

实施特殊作业前，必须办理审批手续。企业应保留作业许可票证，以了解作业许可程序执行的情况，以便持续改进。

8.7.2　落实危险作业安全管理责任

实施危险作业前，必须进行风险分析、确认安全条件，确保作业人员了解作业风险和掌握风险控制措施、作业环境符合安全要求、预防和控制风险措施得到落实。危险作业审批人员要在现场检查确认后签发作业许可证。现场监护人员要熟悉作业范围内的工艺、设备和物料状态，具备应急救援和处置能力。作业过程中，管理人员要加强现场监督检查，严禁监护人员擅离现场。

8.8 承包商管理

随着社会分工的专业化和精细化，化工企业越来越倾向于寻找承包商，承包商为企业提供设备设施维护、维修、安装等多种类型的作业，企业的工艺安全管理应包括对承包商的特殊规定，确保每名工人谨慎操作而不危及工艺过程和人员的安全。

8.8.1 严格承包商管理制度

企业要建立承包商安全管理制度，将承包商在本企业发生的事故纳入企业事故管理。企业选择承包商时，要严格审查承包商有关资质，定期评估承包商安全生产业绩，及时淘汰业绩差的承包商。企业要对承包商作业人员进行严格的入厂安全培训教育，经考核合格的方可凭证入厂，禁止未经安全培训教育的承包商作业人员入厂。企业要妥善保存承包商作业人员安全培训教育记录。

8.8.2 落实安全管理责任

承包商进入作业现场前，企业要与承包商作业人员进行现场安全交底，审查承包商编制的施工方案和作业安全措施，与承包商签订安全管理协议，明确双方安全管理范围与责任。现场安全交底的内容包括：作业过程中可能出现的泄漏、火灾、爆炸、中毒窒息、触电、坠落、物体打击和机械伤害等方面的危害信息。承包商要确保作业人员接受了相关的安全培训，掌握与作业相关的所有危害信息和应急预案。企业要对承包商作业进行全程安全监督。

8.9 变更管理

8.9.1 建立变更管理制度

企业在工艺、设备、仪表、电气、公用工程、备件、材料、化学品、生产组织方式和人员等方面发生的所有变化，都要纳入变更管理。变更管理制度至少包含以下内容：变更的事项、起始时间，变更的技术基础、可能带来的安全风险，消除和控制安全风险的措施，是否修改操作规程，变更审批权限，变更实施后的安全验收等。变更管理应考虑以下方面内容：变更的技术基础；变更对员工安全和健康的影响；是否修改操作规程；为变更选择正确的时间；为计划变更授权。实施变更前，企业要组织专业人员进行检查，确保变更具备安全条件；明确受变更影响的本企业人员和承包商作业人员，并对其进行相应的培训。变更完成后，企业要及时更新相应的安全生产信息，建立变更管理档案。

8.9.2　严格变更管理

（1）工艺技术变更　主要包括生产能力，原辅材料（包括助剂、添加剂、催化剂等）和介质（包括成分比例的变化），工艺路线、流程及操作条件，工艺操作规程或操作方法，工艺控制参数，仪表控制系统（包括安全报警和联锁整定值的改变），水、电、气、风等公用工程方面的改变等。

（2）设备设施变更　主要包括设备设施的更新改造、非同类型替换（包括型号、材质、安全设施的变更）、布局改变，备件、材料的改变，监控、测量仪表的变更，计算机及软件的变更，电气设备的变更，增加临时的电气设备等。

（3）管理变更　主要包括人员、供应商和承包商、管理机构、管理职责、管理制度和标准发生变化等。

8.9.3　变更管理程序

（1）申请　按要求填写变更申请表，由专人进行管理。

（2）审批　变更申请表应逐级上报企业主管部门，并按管理权限报主管负责人审批。

（3）实施　变更批准后，由企业主管部门负责实施。没有经过审查和批准，任何临时性变更都不得超过原批准范围和期限。

（4）验收　变更结束后，企业主管部门应对变更实施情况进行验收并形成报告，及时通知相关部门和有关人员。相关部门收到变更验收报告后，要及时更新安全生产信息，载入变更管理档案。

具体的变更管理流程如图8-2所示。

8.10　应急管理

应急管理是指为了迅速、有效地应对可能发生的事故，控制或降低其可能造成的后果和影响，而进行的一系列有计划、有组织的管理，包括准备、响应、恢复、调查四个阶段。（如图8-3所示）

应急管理主要内容包括：

（1）对可能发生的事故做好应急预案；

（2）为应急预案的执行提供必要的资源；

（3）不断演练并完善应急预案；

（4）通过不断的培训与沟通，使员工、承包商、相邻单位、政府管理部门了解应急响应中应该做什么、如何做、如何沟通；

（5）事件发生以后有效地与相关方沟通。

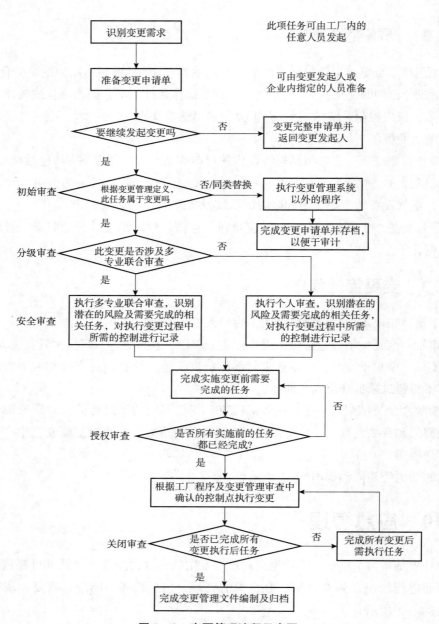

图 8-2 变更管理流程示意图

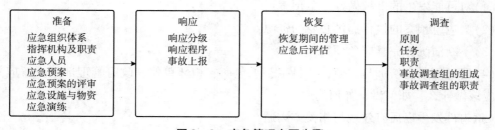

图 8-3 应急管理主要步骤

8.10.1 编制应急预案并定期演练完善

企业要建立完整的应急预案体系，包括综合应急预案、专项应急预案、现场处置方案等。化工装置设施的类型不同，应急预案的内容也不同。但编制及准备应急预案的基本过程是一致的：

(1)通过不同的风险辨识、风险分析的手段，识别并对潜在的紧急事件进行分类与分级；

(2)明确应急计划中必需的要素；

(3)明确可用于应急的资源；

(4)准备演练测试应急计划；

(5)通过不断的培训与沟通，使员工、承包商、相邻单位、政府管理部门了解应急响应中应该做什么、如何做、如何沟通；

(6)不断从紧急事件处理中吸取经验，持续完善应急计划。

要定期开展各类应急预案的培训和演练，评估预案演练效果并及时完善预案。应急预案的培训内容应该有助于员工了解：

(1)工厂可能发生的紧急情况；

(2)如何报告所发生的紧急情况；

(3)工厂的平面位置、紧急撤离路线和紧急出口；

(4)安全警报及其应急响应的要求。

企业制定的预案要与周边社区、周边企业和地方政府的预案相互衔接，并按规定报当地政府备案。企业要与当地应急体系形成联动机制。企业还需要根据实际情况决定，是否有必要针对可能发生的紧急情况与工厂附近的社区进行交流，或给予他们必要的培训。通常使社区了解下列信息，以便在发生紧急情况时，知道如何撤离和保护自己：

(1)工厂的基本情况；

(2)工厂生产过程中存在的主要危害；

(3)工厂目前采取的主要安全措施；

(4)紧急情况或事故发生时，会给周边带来什么影响；

(5)紧急情况或事故发生时，周边社区应该如何正确应对。

8.10.2 做好应急准备

应急准备是针对可能发生的事故，为迅速、有序地开展应急行动而预先进行的组织准备和应急保障。

应急准备包括：制定应急救援方针与原则，应急机构的设立和职责的落实，编制应急预案，应急队伍的建设，应急设备(施)、物资的准备和维护，应急预案培训与应急演练等。

8.10.3 提高应急响应能力

企业要建立应急响应系统，明确组成人员(必要时可吸收企外人员参加)，并明确每位成员的职责，确保成员对于责任和授权不存在疑问。要建立应急救援专家库，对应急处置提供技术支持。发生紧急情况后，应急处置人员要在规定时间内到达各自岗位，按照应急预案的要求进行处置，相关的负责人可以根据应急反应手册，确定安全区域，并指挥人员撤离到安全的地方。应急小组成员需要根据以往培训获得的技能，或借助应急反应手册的指导，启动工艺系统的紧急操作，如紧急停车、操作应急阀门、切断电源、开启消防设备、控制无关人员进入控制区域等。要授权应急处置人员在紧急情况下组织装置紧急停车和相关人员撤离。企业要建立应急物资储备制度，加强应急物资储备和动态管理，定期核查并及时补充和更新。

8.11 事故和事件管理

8.11.1 未遂事故等安全事件的管理

企业要制定安全事件管理制度，加强未遂事故等安全事件(包括生产事故征兆、非计划停车、异常工况、泄漏、轻伤等)的管理。要建立未遂事故和事件报告激励机制，鼓励员工报告未遂事故事件。要深入调查分析安全事件，找出事件的根本原因，及时消除人的不安全行为和物的不安全状态，预防事故发生。

8.11.2 制订事故(事件)调查和处理程序

企业应制订事故(事件)调查和处理程序，通过事故(事件)调查识别性质和原因，制定纠正和预防措施，防止类似事故(事件)的再次发生。该程序应能够：

(1)准确划分事故的类别；

(2)明确调查小组的要求和职责；

(3)提出与事故调查有关的培训要求；

(4)鼓励员工报告各类事故、事件，包括未遂事故；

(5)通过事故调查找出导致事故的直接原因和根源，并提出对应的改进措施，以防止发生类似事故或减轻事故发生时的后果；

(6)及时落实事故调查报告中的改进措施；

(7)提出事故调查的文件要求。

上报事故的首要原则是及时，快速上报事故，有利于上级部门及时掌握情况，迅速开展应急救援工作；有利于快速、妥善安排事故的善后工作；有利于及时向社会公布事故的有关情况，引导社会舆论。报告事故应当包括下列内容：

(1)事故发生单位概况；

(2)事故发生的时间、地点以及事故现场情况；

(3)事故的简要经过；

(4)事故已经造成或者可能造成的伤亡数(包括下落不明的人数)和初步估计的直接经济损失；

（5）已经采取的措施；

（6）其他应当报告的情况。

事故调查处理的主要任务和内容包括以下几个方面：

（1）及时、准确地查清事故经过、事故直接原因与系统原因和事故损失；

（2）查明事故性质，认定事故责任。事故性质是指事故是人为事故还是自然事故，是意外事故还是责任事故；

（3）总结事故教训，提出整改措施。通过查明事故经过和事故原因，发现安全生产管理工作的漏洞，从事故中总结血的经验教训，并提出整改措施，防止今后类似事故再次发生，这是事故调查处理的重要任务和内容之一，也是事故调查处理的最根本目的；

（4）对事故责任者依法追究责任。《安全生产法》明确规定，国家建立生产安全事故责任追究制度；

（5）特别重大事故由国务院或者国务院授权有关部门组织事故调查组进行调查；

（6）重大事故、较大事故、一般事故分别由事故发生地省级人民政府、设区的市级人民政府、县级人民政府负责调查。省级人民政府、设区的市级人民政府、县级人民政府可以直接组织事故调查组，也可以授权或者委托有关部门组织事故调查组进行调查；

（7）未造成人员伤亡的一般事故，可委托事故发生单位组织事故调查组进行调查；

（8）无论是直接组织事故调查组，还是授权有关部门组织事故调查组进行调查，组织事故调查的职责都属于县级以上各级人民政府。

事故调查应成立调查组，根据事故的具体情况，事故调查组由有关人民政府、安全生产监督管理部门、负有安全生产监督管理职责的有关部门、监察机关、公安机关以及工会派人组成，并应当邀请人民检察院派人参加。事故调查组可以聘请有关专家参与调查。调查组要包括至少一名工艺方面的专家，如果事故涉及承包商还要包括承包商员工，还有其他具备相关知识的人员和有调查和分析事故经验的人员。事故调查组的组成要精简、效能，这是缩短事故处理时限，降低事故调查处理成本，尽最大可能提高工作效率的前提。

事故调查的启动应尽可能迅速，一般不晚于事故发生后48h，可以选择的事故根源分析方法有很多种，如头脑风暴（Brainstorming）、事故树（FTA）等。

事故调查的步骤通常包括事故描述、搜索证据、直接原因分析、系统原因分析、采取纠正措施。

在事故调查过程中收集的证据如表8-1所示。

表8-1　事故调查中涉及的主要证据类型

证据类型	简要说明
物理证据	残余的物料、受损的设备、仪表、管线等
位置证据	事故发生时人、设备等所处的位置，工艺系统的位置状态
电子证据	控制系统中保存的工艺数据、电子版的操作规程、电子文档记录、操作员操作记录等
书面证据	交接班记录、开具的作业许可证、书面的操作规程、培训记录、检验报告、相关标准
相关人员	目击者、受害人、现场作业人员及相关人员面谈、情况说明等

对于事故发生的原因分析必须要深入到根原因上，即事故调查的原因分析必须深入到过程安全管理系统层次和企业安全文化层次，而停留在人为失误、设备完整性问题、装置运行安全管理问题、风险控制问题这几个层级的事故调查都是表面原因分析，尽管设备完整性和装置运行安全管理是过程安全管理系统两个要素。过程安全管理系统层次的根原因分析不仅要分析到某个过程安全管理要素，而且要分析到一个要素问题对另外一个要素问题的影响。例如，如果装置运行安全管理出现问题，可能是变更管理不严格造成的，在出现变更之后，没有及时更新操作规程；也可能是危险管理不彻底造成的，没有能识别出潜在的安全隐患。因此，没能够针对该安全隐患制定出相应的操作规程；还有可能是没有进行符合性审核造成的，不能及时发现上述操作规程的更新问题、变更管理问题和危险管理问题。化工安全事故原因分析层次模型如图 8-4 所示。

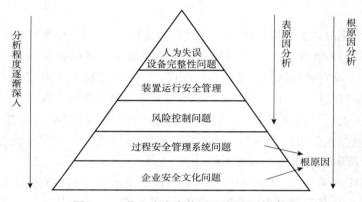

图 8-4　化工安全事故原因分析层次模型

事故调查完成后，需要编制事故调查报告，报告至少包括以下内容：

（1）事故发生的日期；

（2）调查初始数据；

（3）事故过程、损失的描述；

（4）造成事故的原因；

（5）调查过程中提出的改进措施。

重大事故报告永久保存，一般事故至少保存 5 年。除政府要求的报告外，企业应对事故报告保存的期限予以明确。

8.11.3　吸取事故（事件）或未遂事故教训，落实改进措施

企业完成事故（事件）或未遂事故调查后，要及时落实防范措施，组织开展内部分析交流，吸取事故（事件）教训。要重视外部事故信息收集工作，认真吸取同类企业、装置的事故教训，提高安全意识和防范事故能力。

企业应规定如何跟踪、落实事故调查小组提出的改进措施。在实际执行改进措施的过程中，可能会发现因为客观条件的限制，某些最初提出的改进措施难以实际落实，或者有更好的方案可以采用，都需要有书面的说明和记录。

8.12 符合性审核和持续改进

8.12.1 建立企业工艺安全符合性审核程序

符合性审核的意义在于风险是否被有效控制，以往提出的整改措施是否已经落实。在建立了过程安全管理之后，需要定期的符合性审核，及时发现过程安全管理各个要素在实施方面的问题，减少过程安全管理漏洞。

企业应建立并实施工艺安全符合性审核程序，至少每三年进行一次工艺安全的符合性审查，以确保工艺安全管理的有效性。

策划工艺安全符合性审核的范围时，需要考虑以下因素：

(1)企业的政策和适用的法规要求；

(2)工厂的性质(加工、储存、其他)；

(3)工厂的地理位置；

(4)覆盖的装置、设施、场所；

(5)需要审核的工艺安全管理要素；

(6)上次审核后相关因素的变更(如：法规、标准、工艺设备相邻建筑、设备或人员等)；

(7)人力资源。

在进行化工过程安全管理的符合性审核时，需要成立审核组。审核组中至少包括一名工艺方面的专家。如果只是对个别工艺安全系统管理要素进行审核，也可以由一名审核人员完成。审核组成员应接受过相关培训、掌握审核方法；并具有相关经验和良好的沟通能力。

企业的符合性审核程序中应明确如何确定审核的频率。在确定符合性审核频率时需要考虑的因素包括：

(1)法规要求、标准规定、企业的政策；

(2)工厂风险的大小；

(3)工厂的历史情况；

(4)工厂安全状况；

(5)类似工厂或工艺出现的安全事故。

在审核过程要形成文件，发现的工艺管理系统及其执行过程中存在的差距，应予以记录，并提出和落实改进措施。现场审核完成后，审核组需要编制工艺审核报告，提出需要改进的方面。最近两次的审核报告应存档。

8.12.2 持续改进化工过程安全管理工作

企业要成立化工过程安全管理工作领导机构，由主要负责人负责，组织开展本企业化工过程安全管理工作。

　　企业要把化工过程安全管理纳入绩效考核，要组成由生产负责人或技术负责人负责，工艺、设备、电气、仪表、公用工程、安全、人力资源和绩效考核等方面的人员参加的考核小组，定期评估本企业化工过程安全管理的功效，分析查找薄弱环节，及时采取措施，限期整改，并核查整改情况，持续改进。要编制功效评估和整改结果评估报告，并建立评估工作记录。

　　化工企业要结合本企业实际，认真学习贯彻落实相关法律法规和指导意见，完善安全生产责任制和安全生产规章制度，开展全员、全过程、全方位、全天候化工过程安全管理。

8.13　PSM 各要素的内在联系

　　PSM 的各个要素之间存在紧密的内在联系，需要相互协同，不出现管理要素之间衔接的漏洞，才能发挥好事故预防的作用。以风险管理与其他 PSM 要素之间的内在关系为例：按照变更管理流程，依据已有安全信息、事故调查信息和设备完整性数据（例如有关设备或仪表的故障率）进行风险管理，如果发现了管道仪表流程图上的错误，则需要及时更改有关的安全信息；如果发现了操作规程上的不足，则需要完善操作规程，并给操作人员提供相应的培训；如果发现了一个高风险隐患，则需要给出降低风险的建议措施，并完善有关应急预案；而在实施了有关变更之后，在开车前，又必须进行试生产前安全审查，确保风险管理的所有建议措施都已得到解决，确保风险得到有效控制。正如 8.9 小节所述，企业的变更管理不善是事故发生的一个主要原因，而监督和审核企业的变更管理效果则需要符合性审核这一要素来发挥作用。试想，如果中间任何一个环节没有有机地联系起来，就会为企业埋下事故的隐患。

　　过程安全管理未来的进一步发展已经呈现两个发展趋势。一个发展趋势是过程安全管理与企业的环境、职业健康、质量管理等不同的管理需求相结合，管理要素逐渐融合，各种风险辨识与评估的手段与成果相互借鉴。如适用于安全管理中的危害辨识、后果模拟等成果可同样指导环境风险管理；机械完整性中的各项内容，也往往是质量管理的重要内容。另一个发展趋势是过程安全管理中知识管理的作用日益突出，一个有效的过程安全管理体系应该确保管理所需要的知识能够在这个体系中有效地获得、记录、传播与使用。这需要管理体系、企业文化、数据库与软件系统的多方面支持。

参考文献

［1］赵劲松. 化工过程安全［M］. 北京：化学工业出版社，2015.

［2］孙金华，丁辉. 化学物质热危险性评价［M］. 北京：科学出版社，2005.

［3］崔克清，张礼敬，陶刚. 化工安全设计［M］. 北京：化学工业出版社教材出版中心，2004.

［4］GB 18218—2018，危险化学品重大危险源辨识［S］.

［5］GB 36894—2018，危险化学品生产装置和储存设施风险基准［S］.

［6］GB/T 35622—2017，重大毒气泄漏事故应急计划区划分方法［S］.

［7］AQ 3035—2010，危险化学品重大危险源安全监控通用技术规范［S］.

［8］Song D，Yoon E S，Jang N. A framework and method for the assessment of inherent safety to enhance sustainability in conceptual chemical process design［J］. Journal of Loss Prevention in the Process Industries，2018，54：10 – 17.

［9］Tututi – Avila S，Jiménez – Gutiérrez A，Ramírez – Corona N，et al. An index to account for safety and controllability during the design of a chemical process［J］. Journal of Loss Prevention in the Process Industries，2021，70：104427.

［10］Warnasooriya S，Gunasekera M Y. Assessing inherent environmental，health and safety hazards in chemical process route selection［J］. Process Safety and Environmental Protection，2017，105：224 – 236.

［11］Ortiz – Espinoza A P，Jiménez – Gutiérrez A，El – Halwagi M M，et al. Comparison of safety indexes for chemical processes under uncertainty［J］. Process Safety and Environmental Protection，2021，148：225 – 236.

［12］Chen G，Li X，Zhang X，et al. Developing a talent training model related to chemical process safety based on interdisciplinary education in China［J］. Education for Chemical Engineers，2021，34：115 – 126.

［13］Sultana S，Haugen S. Development of an inherent system safety index（ISSI）for ranking of chemical processes at the concept development stage［J］. Journal of Hazardous Materials，2022，421：126590.

［14］Wang Y，Henriksen T，Deo M，et al. Factors contributing to US chemical plant process safety incidents from 2010 to 2020［J］. Journal of Loss Prevention in the Process Industries，2021，71：104512.

［15］Song B，Suh Y. Narrative texts – based anomaly detection using accident report documents：The case of chemical process safety［J］. Journal of Loss Prevention in the Process Industries，2019，57：47 – 54.

［16］Abrahamsen E B，Selvik J T，Milazzo M F，et al. On the use of the 'Return Of Safety Investments'（ROSI）measure for decision – making in the chemical processing industry［J］. Reliability Engineering & System Safety，2021，210：107537.

［17］García – Fayos B，Arnal J M，Sancho M，et al. Process safety training for chemical engineers in Spain：Overview and the example of the polytechnic university of Valencia［J］. Education for Chemical Engineers，2020，33：78 – 90.

［18］Gao X，Abdul Raman A A，Hizaddin H F，et al. Systematic review on the implementation methodologies of inherent safety in chemical process［J］. Journal of Loss Prevention in the Process Industries，2020，65：104092.

[19] Leveson N G. Applying systems thinking to analyze and learn from events[J]. Safety Science, 2009, 49(1): 55 – 64.

[20] Alvarez – Galvez J. Discovering complex interrelationships between socioeconomic status and health in Europe: A case study applying Bayesian Networks[J]. Social Science Research, 2016, 56: 133 – 143.

[21] Adedigba S A, Khan F, Yang M. Process accident model considering dependency among contributory factors [J]. Process Safety and Environmental Protection, 2016, 102: 633 – 647.

[22] Igor L, Seager T P. Coupling multi – criteria decision analysis, life – cycle assessment, and risk assessment for emerging threats. [J]. Environmental science & technology, 2011, 45(12): 5068 – 5074.

[23] Zarei E, Azadeh A, Khakzad N, et al. Dynamic safety assessment of natural gas stations using Bayesian network[J]. Journal of Hazardous Materials, 2017, 321: 830 – 840.